高等学校水土保持与荒漠化防治专业教材

水土保持与荒漠实验教程

赵雨森　王克勤　辛　颖　主编

中国林业出版社

内容提要

本教材分为水土保持与荒漠化防治两部分。水土保持部分内容主要包括：土壤性质与侵蚀实验、降雨因子与侵蚀实验、林地枯落物水文实验、植物根系抗剪强度的测定等室内实验，模拟（降雨）实验，各类侵蚀调查、水土流失综合治理评价等野外实验与实习。荒漠化防治部分内容主要包括：沙物质粒度测定与分析、沙物质矿物成分分析、盐碱土盐分测定等室内实验，模拟（风动）实验，荒漠化土壤类型识别与土壤剖面观察、林带结构参数测定、荒漠化成因调查与判别、天然植被恢复效果调查、沙地人工植被综合效益评价等野外实验与实习。

本教材可作为高等农林院校水土保持与荒漠化防治专业本科生和研究生的实验教学参考书，还可供相关从业人员学习参考。

图书在版编目（CIP）数据

水土保持与荒漠化防治实验教程/赵雨森，王克勤，辛颖主编．—北京：中国林业出版社，2013.3
高等学校水土保持与荒漠化防治专业教材
ISBN 978-7-5038-6957-0

Ⅰ.①水…　Ⅱ.①赵…　②王…　③辛…　Ⅲ.①水土保持—高等学校—教材　②沙漠化—防治—高等学校—教材　Ⅳ.①S157　②P941.73

中国版本图书馆CIP数据核字（2013）第028577号

中国林业出版社·教材出版中心
责任编辑：高红岩
电话：83221489　83220109　　**传真：**83220109

出版发行	中国林业出版社（100009　北京市西城区德内大街刘海胡同7号） E-mail:jiaocaipublic@163.com　电话:(010)83224477 http://lycb.forestry.gov.cn
经　销	新华书店
印　刷	北京市昌平百善印刷厂
版　次	2013年3月第1版
印　次	2013年3月第1次印刷
开　本	850mm×1168mm　1/16
印　张	19
字　数	400千字
定　价	35.00元

《水土保持与荒漠化防治实验教程》编写人员

主　编　赵雨森　王克勤　辛　颖

副主编　李钢铁　吴祥云　马建刚

编　委（按拼音排序）

丁国栋（北京林业大学）
胡兵辉（西南林业大学）
胡振华（山西农业大学）
雷泽勇（辽宁工程技术大学）
李钢铁（内蒙古农业大学）
李继红（东北林业大学）
李小英（西南林业大学）
卢炜丽（西南林业大学）
马建刚（西南林业大学）
脱云飞（西南林业大学）
王克勤（西南林业大学）
王曰鑫（山西农业大学）
吴祥云（辽宁工程技术大学）
辛　颖（东北林业大学）
赵雨森（东北林业大学）
郑子成（四川农业大学）
左合军（内蒙古农业大学）

主　审　朱清科（北京林业大学）

前 言

我国是世界上受水土流失和荒漠化危害最严重的国家之一，随着人类对生态环境问题认识程度的逐渐加深，水土保持与荒漠化防治已成为我国一项十分重要的战略任务。它不仅是经济建设的重要基础，是社会经济可持续发展的重要保障，也是保护和拓展中华民族生存与发展空间的长远大计。几十年来，我国虽然投入巨大的人力、物力和财力进行了大规模的防治工作，但生态环境仍然十分脆弱，面对水土流失与荒漠化的严峻形势，水土保持荒漠化防治工作任重道远，我们需要培养更多、更优秀的创新与创业型专业人才，以满足未来国土整治工作的需要。

水土保持与荒漠化防治是一门实践性很强的专业课程，使学生具备水土保持与荒漠化防治的基本理论、基本知识和基本技能是本课程教学的重要目标，只有理论学习没有实践教学，这一目标是很难达到的，因此实践环节必不可少。我国第一所农业院校，直隶公立农业专门学校校长、近代农业教育家郝元溥说过“农业教育非实习不能得真谛，非试验不能探精微，实习、试验二者不可偏废”。几十年来，水土保持工作者们在教学、科研和实践工作中不断丰富水土保持与荒漠化防治理论，出版了一批优秀的水土保持与荒漠化防治教材。但是已有的教材多以基本理论教学为主，还缺少专门的水土保持与荒漠化防治实验实习教材。随着水土保持事业的发展，越来越需要一本水土保持与荒漠化防治实验教程，以满足新时期人才培养的教学需求，并为水土保持工作者们提供参考。在高等学校水土保持与荒漠化防治专业教材编写指导委员会制订“十一五”规划教材的契机下，东北林业大学与北京林业大学、西南林业大学、内蒙古农业大学、辽宁工程技术大学、山西农业大学和四川农业大学等兄弟院校精诚合作，经过多次召开编写人员会议讨论教材的编写提纲，修订和审定教材内容，共同完成了《水土保持与荒漠化防治实验教程》。

本教材分为水土保持和荒漠化防治两篇。每一篇都包含室内实验、模拟实验和野外实验观测与调查三部分内容。第 1 篇水土保持部分的第Ⅰ部分室内实验以土壤物理性质、枯落物层的水文特性为主；第Ⅱ部分以模拟降雨实验为主；第Ⅲ部分主要介绍水土保持相关的野外实验观测与调查，包括截留降雨观测、径流泥沙观测、各类侵蚀调查、水土流失综合治理评价等。第 2 篇荒漠化防治部分的第Ⅳ部分室内实验以沙物质粒度测定、盐碱土盐分测定、植物抗旱性和耐盐性实验、沙生旱生植物和盐生植物识别、风成地貌和沙丘类型遥感影像识别为主；第Ⅴ部分以模拟风洞实验为主；第Ⅵ部分主要介绍荒漠化防治相关的野外实验观测与调查，包括沙粒起动风速观测、输沙率与风沙流结构特征观测、沙区和次生盐渍化土壤类型识别与土壤剖面观察、林带疏透度、透风系数、防护距离和有效防护距离观测、荒漠化成因调查、天然植被恢复效果调查、沙地人工植被综合效益评价等内容。教材所包含的内容基本能够满足水土保持与荒漠化防治专业教学及科研工作的要求。

本教材由赵雨森、王克勤和辛颖主编。具体编写分工如下：第1篇水土保持：第Ⅰ部分室内实验由胡兵辉和马建刚共同编写，第Ⅱ部分模拟(降雨)实验由卢炜丽、脱云飞、李小英和王克勤共同编写，第Ⅲ部分野外实验观测与调查由李小英、卢炜丽、马建刚、脱云飞和王克勤共同编写；第2篇荒漠化防治：第Ⅳ部分室内实验中实验45、46由赵雨森和辛颖共同编写，实验47～49由辛颖编写，实验50、51、77由吴祥云编写，实验52、53由李继红编写；第Ⅴ部分模拟(风洞)实验由李钢铁、左合军和丁国栋共同编写。第Ⅵ部分野外实验观测与调查中实验63～69由郑子成编写，实验70～76由王曰鑫和胡振华共同编写，实验78～80由雷泽勇编写。全书由赵雨森和辛颖统稿。

本教材由北京林业大学朱清科教授主审。高等学校水土保持与荒漠化防治专业教材编写指导委员会和中国林业出版社对本书出版给予了大力支持，在此表示衷心的感谢！

由于编者的水平有限，本书难免有不妥之处，衷心期望读者给予批评、指正，以便在今后教学和科研工作中不断改进和提高。

编　者
2012年11月

目录

第2篇 荒漠化防治

第1篇

水土保持

I　室内实验

实验 1　土壤物理性质测定

【实验目的】

土壤基质是土壤的固体部分，它是保持和传导物质（水、溶质、空气）和能量（热量）的介质，它的作用主要取决于土壤固体颗粒的性质和土壤孔隙状况。土粒密度、土壤容重和土壤孔隙度是反映土壤固体颗粒和孔隙状况最基本的参数，土粒密度反映了土壤固体颗粒的性质；土壤容重综合反映了土壤固体颗粒和土壤孔隙的状况，土壤孔隙状况与土壤团聚体直径、土壤质地及土壤中有机质含量有关，它们对土壤中的水、肥、气、热状况和农业生产有显著影响。

习惯上，常用基质中三相物质比表达土壤三相之间的关系，并用来定义土壤的一些物理参数，常用质量或容积为基础表示。图 1-1 为土壤三相关系示意图，图右侧表示固、液、气三相物质的质量，用 m 表示，图左侧表示各相位置的容积，用 V 表示。m，V 的下标分别用 s，w，a 表示土壤的固相、液相和气相，V_p 表示孔隙容积，m_t 和 V_t 分别表示土壤基质的总质量和总容积。

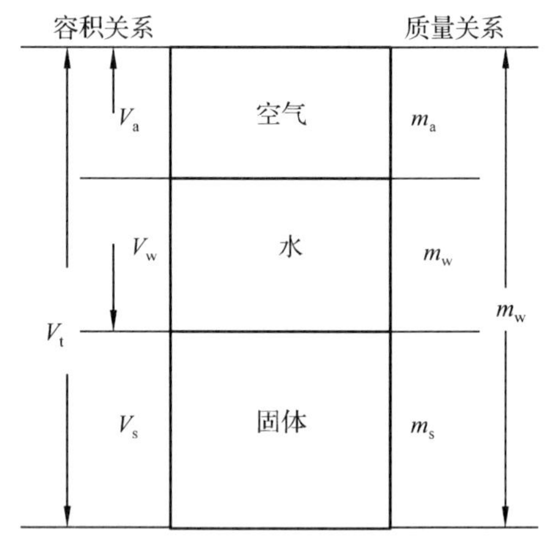

图 1-1　土壤三相关系

【实验内容】

土壤物理性质测定实验主要包括土粒密度、土壤容重、土壤孔隙度以及土壤颗粒分析 4 项。由于土粒密度、土壤容重和土壤孔隙度之间关系密切，故把这 3 个实验放在一起来介绍，便于学生理解和学习，具体的测定原理与方法见下面的具体实验。

（一）土粒密度的测定——比重瓶法

严格地说，土粒密度应称为土壤固相密度或土粒平均密度，用符号 ρ_s 表示，其公式是：

$$\rho_s = \frac{m_s}{V_s}$$

绝大多数矿质土壤的 ρ_s 在 2.6～2.7 g/cm^3之间，常规工作中多取平均值 2.65 g/

cm^3。这一数值很接近沙质土壤中存在丰富的石英的密度，各种铝硅酸盐黏粒矿物的密度也与此相近。土壤中氧化铁和各种重矿物含量多时则 ρ_s 增高，有机质含量高时则 ρ_s 降低。

文献中传统常用比重一词表示 ρ_s，其准确含义是指土粒的密度与标准大气压下 4.0℃时水的密度之比，又称相对密度，$d_s = \rho_s/\rho_w$。一般情况下水的密度取 1.0 g/cm^3。

【实验原理】

将已知质量的土样放入水中或其他液体，排尽空气，求出由土壤置换出的液体的体积，以 105.0℃烘干土的质量除以求得的土壤固相体积，即得土粒密度。

【器材与用品】

感量 0.001 g 天平、容积 50.0 mL 比重瓶、电热板、±0.01℃温度计、真空干燥器、真空泵和烘箱。

【实验步骤】

1. 称取通过 2.0 mm 筛孔的风干土样约 10.0 g(精确至 0.001 g)，倾入 50.0 mL 的比重瓶内，另称 10.0 g 土样测定吸湿水含量，由此可求出倾入比重瓶内的烘干土样重 m_s。

2. 向装有土样的比重瓶中加入蒸馏水，至瓶内容积约 1/2 处，然后徐徐摇动比重瓶，驱逐土壤中的空气，使土样充分湿润，与水均匀混合。

3. 将比重瓶放于砂盘，在电热板上加热，保持沸腾 1.0 h，煮沸过程中经常要摇动比重瓶，驱逐土壤中的空气，使土样和水充分接触混合。注意，煮沸时温度不可过高，否则易造成土液溅出。

4. 从砂盘上取下比重瓶，稍冷却，再把预先煮沸排除空气的蒸馏水加入比重瓶，至比重瓶水面略低于瓶颈为止。待比重瓶内悬液澄清且温度稳定后，加满已经煮沸排除空气并冷却的蒸馏水，然后塞好瓶塞，使多余的水自瓶塞毛细管中溢出，用滤纸擦干后称重(精确到 0.001g)，同时用温度计测定瓶内的水温 t_1（准确到 0.1℃），求得 m_{bws1}。

5. 将比重瓶中的土液倾出，洗净比重瓶，注满冷却的无气水，测量瓶内水温 t_2，加水至瓶口，塞上毛细管塞，擦干瓶外壁，称取 t_2 时的瓶、水合重 m_{bw2}。若每个比重瓶事先都经过校正，在测定时可省去此步骤，直接由 t_1 在比重瓶的校正曲线上求得 t_1 时这个比重瓶的瓶、水合重 m_{bw1}，否则要根据 m_{bw2} 计算 m_{bw1}。

6. 含可溶性盐及活性胶体较多的土样，须用惰性液体(如煤油、石油)代替蒸馏水，用真空抽气法排除土样中的空气，抽气时间不得少于 0.5 h，并经常搅动比重瓶，直至无气泡逸出为止，停止抽气后仍需在干燥器中静置 15.0 min 以上。

7. 真空抽气也可代替煮沸法排除土壤中的空气，并且可以避免在煮沸过程中由于土液溅出而导致的误差，同时较煮沸法快。

8. 风干土样都含有不同数量的水分，需测定土样的风干含水量，用惰性液体测定比重的土样，须用烘干土而不是风干土进行测定，且所用液体须经真空除气。

9. 如无比重瓶也可用 50.0 mL 容量瓶代替，这时应加水至标线。

【数据记录及结果分析】

1. 用蒸馏水测定时可按下式计算：

$$\rho_s = \frac{m_s}{m_s + m_{bw1} - m_{bws1}} \rho_{w1}$$

式中 ρ_s——土粒密度(g/cm³)；

ρ_{w1}——t_1时蒸馏水密度(g/cm³)；

m_s——烘干土样质量(g)；

m_{bw1}——t_1 时比重瓶+水质量(g)；

m_{bws1}——t_1 时比重瓶+水质量+土样质量(g)。

当 $t_1 \neq t_2$，必须将 t_2 时的瓶、水合重 m_{bw2} 校正至 t_1 时的瓶、水合重 m_{bw1}。由表 1-1 查得 t_1 和 t_2 时水的密度，忽略温度变化所引起的比重瓶的胀缩，t_1 和 t_2 时水的密度差乘以比重瓶容积 V 即得由 t_2 换算到 t_1 时比重瓶中水重的校正数，比重瓶的容积由下式求得：

$$V = \frac{m_{bw2} - m_b}{\rho_{w2}}$$

式中 V——比重瓶容积(cm³)

m_b——比重瓶质量(g)；

ρ_{w2}——t_2 时水的密度(g/cm³)。

表 1-1 不同温度下水的密度

温度(℃)	密度(g/cm³)	温度(℃)	密度(g/cm³)	温度(℃)	密度(g/cm³)
0.0~1.5	0.9999	20.5	0.9981	30.5	0.9955
2.0~6.5	1.0000	21.0	0.9980	31.0	0.9954
7.0~8.0	0.9999	21.5	0.9979	31.5	0.9952
8.5~9.5	0.9998	22.0	0.9978	32.0	0.9951
10.0~10.5	0.9997	22.5	0.9977	32.5	0.9949
11.0~11.5	0.9996	23.0	0.9976	33.0	0.9947
12.0~12.5	0.9995	23.5	0.9974	33.5	0.9946
13.0	0.9994	24.0	0.9973	34.0	0.9944
13.5~14.0	0.9993	24.5	0.9972	34.5	0.9942
14.5	0.9992	25.0	0.9971	35.0	0.9941
15.0	0.9991	25.5	0.9969	35.5	0.9939
15.5~16.0	0.9990	26.0	0.9968	36.0	0.9937
16.5	0.9989	26.5	0.9967	36.5	0.9935
17.0	0.9988	27.0	0.9965	37.0	0.9934
17.5	0.9987	27.5	0.9964	37.5	0.9932
18.0	0.9986	28.0	0.9963	38.0	0.9930
18.5	0.9985	28.5	0.9961	38.5	0.9928
19.0	0.9984	29.0	0.9960	39.0	0.9926
19.5	0.9983	29.5	0.9958	39.5	0.9924
20.0	0.9982	30.0	0.9957	40.0	0.9922

2. 用惰性液体测定时，按下式计算：

$$\rho_s = \frac{m_s}{m_s + m_{bk} - m_{bk1}} \rho_k$$

式中 ρ_s——土粒密度（g/cm^3）；

ρ_k——t_1 时煤油或其他惰性液体的密度（g/cm^3）；

m_s——烘干土样质量（g）；

m_{bk}——t_1 时比重瓶 + 煤油质量（g）；

m_{bk1}——t_1 时比重瓶 + 煤油质量 + 土样质量（g）。

用煤油代替其他惰性液体如不知其密度时，可将此液体注满比重瓶称重，并测定液体温度，以液体质量除以比重瓶容积，便可求得此液体在该温度下的密度。

样品须进行两次平行测定，取其算术平均值，小数点后取两位，两次平行测定结果允许差为0.02。

【注意事项】

比重瓶的校正步骤：

1. 洗净比重瓶，置于烘箱中105.0℃烘干，取出放入干燥器中，冷却后称其质量（精确至0.001g）。

2. 向比重瓶内加入煮沸过并已冷却的蒸馏水或煤油，使水面近至刻度。

3. 将盛水的比重瓶全部放入恒温水槽中，控制温度，使槽中水的温度自5.0℃逐步升高到35.0℃。在各个温度下，调整各比重瓶液面到标准刻度或达到瓶塞口，然后塞紧瓶塞，擦干比重瓶外部，称其质量（精确至0.001g）。

4. 用上述称得的各个温度下相应的瓶加上水（或煤油）质量的数值做纵坐标，以温度为横坐标，绘制出比重瓶校正曲线，每一比重瓶都必须做相应的校正曲线。

（二）土壤容重（土壤密度）的测定——环刀法

严格来讲，土壤容重应称干容重，又称土壤密度，用符号 ρ_s 表示，其含意是干基物质的质量与总容积之比：

$$\rho_s = \frac{m_s}{V_t} = \frac{m_s}{V_s + V_w + V_a}$$

总容积 V_t 包括基质和孔隙的容积，大于 V_s，因而 ρ_b 必然小于 ρ_s。若土壤孔隙 V_p 占土壤总容量 V_t 的1/2，则 ρ_b 为 ρ_s 的1/2，约为1.30～1.35 g/cm^3，压实的沙土 ρ_b 可高达1.60 g/cm^3，不过即使最紧实的土壤 ρ_b 也显著低于 ρ_s，因为土粒不可能将全部孔隙堵实，土壤基质仍保持多孔体的特征。松散的土壤，如有团粒结构的土壤或耕翻耙碎的表土，ρ_b 可低至1.00～1.10 g/cm^3，泥炭土和膨胀的黏土，ρ_b 也低，所以 ρ_b 可以作为土壤松紧程度的一项尺度。

【实验原理】

用一定容积的环刀切割未搅动的自然状态土样，使土样充满其中，烘干后称量计算单位容积的烘干土质量，本法适用一般土壤，对坚硬和易碎的土壤不适用。

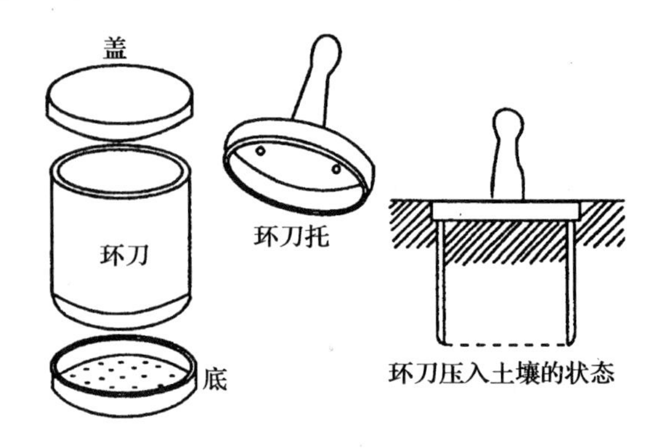

图 1-2　环刀

【器材与用品】

容积为 100.0 cm^3 的环刀（见图 1-2）、天平、烘箱、环刀托、削土刀、钢丝锯和干燥器等。

【实验步骤】

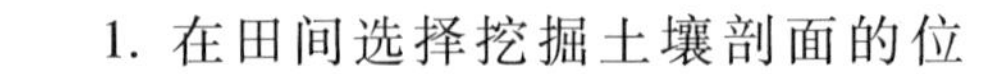

1. 在田间选择挖掘土壤剖面的位置，按使用要求挖掘土壤剖面，若只测定耕层土壤容重，则不必挖土壤剖面。

2. 用修土刀修平土壤剖面，并记录剖面的形态特征，按剖面层次，分层取样，耕层 4 个，下面层次每层重复 3 个。

3. 将环刀托放在已知质量的环刀上，环刀内壁稍涂点凡士林，将环刀刃口向下垂直压入土中，直至环刀筒中充满土样为止。

4. 用修土刀切开环刀周围的土样，取出已充满土的环刀，细心削平环刀两端多余的土，并擦净环刀外面的土，同时在同层取样处，用铝盒采样，测定土壤含水率。

5. 把装有土样的环刀两端立即加盖，以免水分蒸发，随即称重（精确到 0.01g），并记录。

6. 在室内将装有土样的铝盒烘干称重（精确到 0.01g），测定土壤含水率，或者直接从环刀筒中取出土样测定土壤含水量。

【数据记录及结果分析】

$$\rho_b = \frac{m}{V(1 + \theta_m)}$$

式中　ρ_b ——土壤容重（g/cm^3）；

m ——环刀内湿样质量（g）；

V ——环刀容积，一般为 100.0 cm^3；

θ_m ——样品质量含水量（%）。

允许平行绝对误差 $<0.03g$，取算术平均值。

（三）土壤孔隙度的测定——计算法

【计算方法】

土壤孔隙度 f 也称土壤孔度，指单位容积土壤中孔隙容积所占的分数或百分数，可用下式计算：

$$f = \frac{V_t - V_s}{V_t} = \frac{V_p}{V_t}$$

大体上，粗质地土壤孔隙度较低，但粗孔隙较多，细质地土壤正好相反。土壤孔隙度一般都不直接测定，而是由土粒密度和容重计算求得，由上式可得：

$$f = \frac{V_p}{V_t} = 1 - \frac{\rho_b}{\rho_s}$$

判断土壤孔隙状况优劣，最重要的是看土壤孔径分布，即大小孔隙的搭配情况，土壤孔径分布在土壤水分保持和运动，以及土壤对植物的供水研究中有非常重要的意义。

(四)土壤颗粒分析——比重计法

【实验原理】

土壤经过分散剂的处理使土粒分散于悬液中，让土粒在一定容积的水液中自由降落，利用物理学上司笃克斯定律，计算出粒径大于某一粒级的土粒下沉至某一深度(如10.0cm)以下所需要的时间，在这个时间测定一定深度液层内小于某种粒径土粒悬浊液的密度，则为比重计法，如果测定该粒径土粒的总数则为吸管法。特制的鲍氏土壤比重计(甲种)的刻度范围为0～60cm，单位(度)为每升悬液内含土的克数。

司笃克斯定律说明一种密度为 d_1 的光滑球体(此处相当于土粒)、在密度为 d_2 及黏度为 η 的介质(此处为水)中自由下沉的速度 V 和球体的半径 r，有如下的关系：

$$V = \frac{2}{9}gr^2\frac{d_1 - d_2}{\eta}$$

式中 V——半径为 r 的土粒在介质中沉降的速度(cm/s)；

g——物体自由下落时的重力加速度，为981cm/s^2；

r——土粒的半径(cm)；

d_1——土粒的密度，平均为2.65g/cm^3；

d_2——介质(水)的密度(g/cm^3)；

η——介质(水)的黏滞系数[g/(cm·s)]。

本实验采用卡庆斯基的土壤质地分类法，只测定<0.01mm粒径的土粒含量，便可确定土壤质地。

【器材与用品】

器材：土壤比重计(甲种)、温度计、橡皮头玻棒、100mL量筒、1 000mL量筒、搅拌棒、秒表、600mL塑料杯、洗瓶、粗天平、称样纸和角匙。

试剂：0.5mol/L草酸钠溶液、0.5mol/L氢氧化钠溶液、0.5mol/L六偏磷酸钠溶液、软水(在普通自来水中加入2.0%的碳酸钠溶液，调节至pH 9.5放置一夜，使碳酸钙及碳酸镁等皆沉淀析出，取出清液即为软水)。

【实验步骤】

1. 土壤样本的处理

称取通过3mm筛的风干样本两份各50.0g，分别置于600mL塑料杯中，其中一份加入分散剂0.5mol/L氢氧化钠溶液40mL(石灰性土壤加0.5mol/L六偏磷酸钠60mL；中性土壤加0.5mol/L草酸钠20mL)。先将20~30mL氢氧化钠溶液注入土壤中，至土壤湿润成糊状，放置约0.5h，然后用橡皮头玻棒研磨5~10min，再加剩余的氢氧化钠溶液再研磨5min，将泥糊倒入1 000mL的量筒中，再用软水将杯内余下土粒冲洗至量筒中，加软水至1 000mL刻度。

另一份土壤直接加软水湿润成糊状，放置约0.5h，然后研磨约5min，用上法洗入1 000mL的量筒中，并加软水至1 000mL刻度。

2. 粒径小于0.01mm土粒含量的测定

先用特制的搅拌棒上下搅拌几次，放入温度计测量溶液温度，然后再搅拌1min，上下各30次，搅拌时下达量筒底，然后提至接近液面，搅拌后静置，记下时间，按照溶液的温度，查表1-2可知道粒径小于0.01mm土粒沉降所需时间为在到达所需时间前20s(如温度约20℃时所需时间为26min，则在差20s到26min时)将比重计徐徐放入，至所达时间立即读数 R 。

没有加分散剂的悬液，亦同法测定。

表1-2　小于某粒径土粒下沉时所需时间

温度(℃)	<0.05mm			<0.01mm			<0.005mm			<0.001mm		
	h	min	s	h	min	s	h	min	s	h	min	s
10		1	18		35		2	25		48		
11		1	15		34		2	25		48		
12		1	12		33		2	20		48		
13		1	10		32		2	15		48		
14		1	10		31		2	15		48		
15		1	8		30		2	15		48		
16		1	6		29		2	5		48		
17		1	5		28		2	0		48		
18		1	2		27	30	1	55		48		
19		1	0		27		1	55		48		
20			58		26		1	50		48		
21			56		26		1	50		48		
22			55		25		1	50		48		
23			54		24	30	1	45		48		
24			54		24		1	45		48		
25			53		23	30	1	40		48		
26			51		23		1	35		48		
27			50		22		1	30		48		
28			48		21	30	1	30		48		
29			46		21		1	30		48		
30			45		20		1	28		48		
31			45		19	30	1	25		48		
32			45		19		1	25		48		
33			44		19		1	20		48		
34			44		18	30	1	20		48		
35			42		18		1	20		48		

【数据记录及结果分析】

1. 结果计算

由于水质、温度、分散剂对读数有影响，因而首先要将读数进行校正，校正的方法是：取实验中所用的水，加入实验中所用的分散剂，在温度与实验时温度相同的情况下，读水平面与比重计相交处的读数(在0点以上为负值，0点以下为正值)得校正值 C，将在土壤悬液中的读数 R 减去 C 即可计算粒径小于0.01mm土粒的百分率，其计算公式如下：

$$粒径小于0.01mm土粒(\%) = \frac{R-C}{烘干土重} \times 100\%$$

$$烘干土重(g) = \frac{风干土样重(g)}{1+吸湿水\%}$$

2. 质地确定

根据计算得到的粒径小于0.01mm土粒的百分率，查表1-3中草原土分类标准，再参照粒径大于3mm石砾含量查表1-4，即可确定土壤质地名称。

表1-3 卡庆斯基土壤质地分类

<0.01mm粒径的含量(%)	土壤质地名称	<0.01mm粒径的含量(%)	土壤质地名称
草原土类及红黄壤类		草原土类及红黄壤类	
0~5	松砂土	45~60	重壤土
5~10	紧砂土	60~75	轻黏土
10~20	砂壤土	75~85	中黏土
20~30	轻壤土	85~100	重黏土
30~45	中壤土		

表1-4 粒径大于3.0mm砾石含量与石质程度

粒径大于3mm砾石含量(%)	石质程度	石质性类型
<0.5	非石质的	根据粗骨部分的特征，确定为漂砾性、石砾性或碎石性的石质土
0.5~5	轻石质土	
5~10	中石质的	
>10	重石质的	

3. 微结构系数的计算

土壤微结构的测定是在没有分散剂作用下，通过比重计法测定粒径小于0.01mm土粒含量，根据在分散剂作用下和没有分散剂作用下的两种测定结果，求出微结构系数 K。

$$K = \frac{b-a}{b} \times 100$$

式中 K——微结构系数；

a——微结构分析时的物理黏粒含量；

b ——机械分析时的物理黏粒含量。

（五）土壤颗粒分析——吸管法

【实验原理】

先把土粒充分分散，然后让分散的土粒在一定容积的水液中自由降落，根据司笃克斯定律计算出粒径大于某一粒级的土粒下沉至某一深度（如10.0cm）以下所需要的时间，即以这一时间为标准，在该深度用吸管吸取一定体积的土液，这份土液中所含土粒的直径必然都小于计算时所依据的粒径，将这份土液蒸发烘干所得的土粒质量即为直径小于计算时所依据的粒径的粒级质量。根据不同粒径如此重复地进行沉降、定时、吸液、烘干等操作，即可把不同粒级的质量测定出来，最后通过换算求出土壤机械组成中各粒级所占的百分数。

土粒的密度 d_1 可以实测或者采用矿质土粒的平均值2.65g/cm^3，而水的密度 d_2 和黏度 η 在一定温度下都是常数，在20℃下分别为0.998 2g/mL和0.010 06g/（cm·s），g 为981cm/s^2。把这些数值代入式（1-1）得土粒半径为 r 的下沉速率 V：

$$V = \frac{2}{9} \times 981 \times \frac{2.65 - 1.00}{0.01006} \times r^2 = 35754r^2 (\text{cm/s}) \tag{1-1}$$

土粒下沉时所经过的距离应等于速率 V 和时间 t 的乘积，如果用吸管吸取土液的位置固定为 L（cm）处，则半径 r（cm）的土粒自液面下沉至 L（cm）深度处所需的时间 t 应为：

$$t = \frac{L}{V} = \frac{L}{35\ 754r^2} = 2\ 796 \times 10^{-8} \times \frac{L}{r^2} (\text{s}) \tag{1-2}$$

机械分析的粒级分级标准，一般都以直径的毫米数 D 表示，为了应用方便，式（1-2）中的半径厘米数 r，也可改为直径毫米数 D 来代替，即 $D / 20 = r$，这样就可得到下列计算公式，即直径为 D 的土粒下沉至 L 深度处所需时间：

$$t = 11\ 184 \times 10^{-6} \times \frac{L}{D^2} (\text{s}) \tag{1-3}$$

土壤密度为2.65g/cm^{3}的各级土粒在不同温度的水中下降至10.0cm时所需的沉降时间列于表1-5。

表1-5 土壤颗粒下降10.0cm时在不同温度时不同粒径颗粒所需的时间表

温度（℃）	黏滞系数	不同粒径颗粒所需的时间					
		0.05mm	0.02mm	0.01mm	0.005mm	0.002mm	0.001mm
10	0.013 08	58"	6′4"	24′11"	1h 36′57"	10h 8′10"	40h 18′20"
11	0.012 71	57"	5′53"	23′34"	1h 34′13"	9h 51′0"	39h 16′40"
12	0.012 36	55"	5′44"	22′54"	1h 31′18"	9h 43′40"	38h 10′0"
13	0.012 03	53"	5′34"	22′18"	1h 29′11"	9h 29′20"	37h 10′0"
14	0.011 71	52"	5′26"	21′42"	1h 26′40"	9h 2′40"	36h 10′0"

（续）

温度(℃)	黏滞系数	不同粒径颗粒所需的时间					
		0.05mm	0.02mm	0.01mm	0.005mm	0.002mm	0.001mm
15	0.011 40	51"	5′17"	21′8"	1h 24′31"	8h 48′10"	35h 13′20"
16	0.011 11	49"	5′9"	20′35"	1h 22′22"	8h 34′40"	34h 18′20"
17	0.010 83	48"	5′1"	20′4"	1h 20′17"	8h 21′40"	33h 26′45"
18	0.010 56	47"	4′54"	19′34"	1h 18′18"	8h 9′20"	32h 36′40"
19	0.010 30	46"	4′46"	19′5"	1h 16′21"	7h 57′10"	31h 46′30"
20	0.010 05	45"	4′39"	18′38"	1h 14′34"	7h 45′40"	32h 3′20"
21	0.009 810	44"	4′33"	18′11"	1h 12′44"	7h 34′30"	30h 18′20"
22	0.009 579	43"	4′26"	17′45"	1h 11′1"	7h 23′50"	29h 35′0"
23	0.009 358	42"	4′20"	17′20"	1h 9′21"	7h 13′30"	28h 53′20"
24	0.009 142	41"	4′14"	16′56"	1h 7′46"	7h 3′30"	28h 13′20"
25	0.008 937	40"	4′8"	16′38"	1h 6′16"	6h 54′0"	27h 36′20"
26	0.008 737	39"	4′3"	16′11"	1h 4′44"	6h 44′50"	26h 59′0"
27	0.008 545	38"	3′58"	15′50"	1h 3′22"	6h 35′50"	26h 24′0"
28	0.008 360	37"	3′52"	15′29"	1h 1′58"	6h 27′26"	25h 49′20"
29	0.008 180	36"	3′47"	15′10"	1h 0′39"	6h 9′0"	25h 16′10"
30	0.008 007	35"	3′43"	14′50"	59′22"	6h 11′0"	24h 14′0"

注：“h”“′”“"”分别代表时、分、秒，土壤密度为2.65g/cm^3。

【器材与用品】

25.0mL吸管、电热板、分析天平、铝盒、直径6.0cm孔径0.25mm的铜筛、直径12.0cm大漏斗、50.0mL瓷蒸发皿、其他仪器用具和药品同比重计法。

【实验步骤】

1. 样本处理

称通过1.0mm筛孔的土壤10.0～20.0g(黏质土、壤质土称10.0g，砂壤质土称20.0g)，倒入塑料杯中，用量筒取60.0mL 0.5mol/L氢氧化钠溶液，先加少许在土中，使成糊状后，停置0.5h，然后用与比重计法相同的方法研磨，如果土壤含有机质、钙质较多，则应在分散前进行除有机质、钙的处理，处理方法参考土壤理化性质分析书。

2. 筛分的处理(粗砂的测定)

在一个1 000mL量筒上置一漏斗，漏斗上置一个0.25mm孔径的筛，将悬液倾于筛上，用软水洗涤，使小于筛孔的土粒全部流入量筒中。

将筛上的粗砂粒洗至已知质量的小瓷蒸发皿中，在砂浴电热板上蒸发至干，称重，则为0.25～3.0mm之间的粗砂粒含量。

3. 沉降和吸样(粒径小于0.01mm土粒含量测定)

将经过上述筛分的悬液，加水至1 000mL刻度，测悬液温度，用特制搅拌棒上下到底地轻轻搅拌，15次/min。

先将25mL吸管与多向洗耳球连接，在吸管下端10cm高度处用红笔画一记号，按粒径小于0.01mm土粒所需时间前30s把吸管小心地放入悬液中，下达到吸管刻画记号处，到指定时间查表1-5就吸取悬液，将吸出的悬液注入已知质量的瓷蒸发皿中，先在电热板蒸至将干，然后烘干，称重 W，同样方法也可测定其他粒径的土粒含量。

【数据记录及结果分析】

$$\text{粒径小于0.01mm土粒} = \frac{W \times 1\ 000/25}{\text{烘干土重}} \times 100$$

在计算结果中，应减去所加入氢氧化钠溶液的质量。

根据计算得到的数字，查表1-3中的草原土分类标准，再参照粒径大于3.0mm石砾含量查表1-4，即可确定土壤质地。

【思考题】

1. 简述土粒密度、土壤容重和土壤孔隙度之间的关系?
2. 土粒密度和土壤容重测定的原理分别是什么?并说明测定方法。
3. 说明土壤孔隙度的计算方法?
4. 简述进行土壤颗粒分析的吸管法和比重计法之间的异同?
5. 土壤矿物质颗粒大小及其组合比例测定方法的原理是什么?

【参考文献】

1. 黄昌勇.2000. 土壤学[M]. 北京：中国农业出版社.
2. 鲁如坤.1999. 土壤农化分析法[M]. 北京：中国农业科技出版社.
3. 鲍士旦.2000. 土壤农化分析[M]. 北京：中国农业出版社.
4. 南京农业大学.1981. 土壤农化分析[M]. 北京：农业出版社.

实验2 土壤水分测定

【实验目的】

土壤水分是植物生长所需水分的主要来源，也是土壤内生物活动和养分转化过程必须的条件。土壤水分是土壤的重要组成部分，对作物的生长、节水灌溉等有着非常重要的作用。

决定土壤水分变化的主要因子有大气降水、有无植被覆盖、土壤蒸发和土壤结构等。

通过野外调查和测定裸地及植被覆盖下表层土壤的水分状况、土壤水分的垂直分布状况、坡向坡位对土壤水分分布的影响等，达到了解森林土壤水文特征的目的。

【实验内容】

室外观测和室内分析相结合。

1. 观测不同地类表层土壤(0～20cm)水分状况。
2. 观测不同坡向、坡位林地土壤的水分分布状况。
3. 观测林地土壤水分的垂直分布状况。

【器材与用品】

可购买土壤水分测定仪，如TZS系列土壤水分测定仪，CS830中子土壤水分测定仪是集多种高技术于一体的野外土壤含水量测量仪器。

【实验步骤】

1. 不同地类表层土壤水分观测

在实验区有林地附近选择4个毗邻的裸地、草地、灌丛、乔木林地，不同地类分别挖掘深30cm的土壤剖面，采用“土钻法”在深0～20cm处取出混合土样，带回实验室在105℃下烘干至恒重，计算土壤失水质量占烘干土重的质量百分数。

2. 不同坡向、坡位林地土壤的水分分布测定

在同一树种林地内选择不同的坡向(阳坡、阴坡)、不同坡位(上、中、下)，挖掘深30cm的土壤剖面，采用“土钻法”在深0～20cm处取出混合土样，带回实验室在105℃下烘干至恒重，计算土壤失水质量占烘干土重的质量百分数。

3. 林地土壤水分的垂直分布测定

在标准地内布设土壤水分测定仪，采用水分测定仪与烘干法相结合测定土壤水分。土壤水分测定仪测深100 cm，其中0～60 cm每20 cm为一层，100 cm处测定一次。0～20 cm再采用烘干法测定。每层重复3次。

4. 土壤容重采用环刀法测定

【思考题】

1. 土壤水分的时空变化与哪些因素有关系？
2. 林地土壤水分的变化与哪些因素有关？

【参考文献】

吴钦孝．2004．森林保持水土机理及功能调控技术[M]．北京：科学出版社．

实验3 土壤可蚀性测定

【实验目的】

深入研究土壤可蚀性对进一步发展和完善土壤侵蚀学科以及对我国土壤可蚀性研究向规范性和系统性发展都具有重要的意义。土壤可蚀性研究是土壤侵蚀预报模型建立的基础，同时，用土壤可蚀性指标可以间接地预测土壤侵蚀的严重程度和侵蚀量，进行土壤侵蚀的现状分析和未来预测，为政府和水土保持职能部门在制定政策和规划方面提供科学依据，为水土保持和生态建设提供基础资料。

【实验内容】

本实验主要介绍怎样运用诺谟公式对土壤可蚀性因子 K 值进行估算，从而确定区域土壤的可蚀性状况，具体的估算方法、计算步骤和有关参数的确定都有详细的介绍。要求掌握土壤可蚀性因子 K 值的估算方法，同时注意诺谟公式区域适应性。

【实验原理】

所谓土壤可蚀性因子 K 值的估算，就是利用容易获得的数据资料，给出特定土壤可蚀性指标，最直接的方法就是通过分析典型土壤的 K 值与其理化性质的关系，建立起利用土壤理化性质推求土壤可蚀性因子 K 值的关系方程。在已有的研究中应用最广泛的是威斯奇迈尔等建立的土壤可蚀性指数 K 值的估算方法，即诺谟公式，诺谟公式是1971年威斯奇迈尔根据实测的23种美国主要土壤可蚀性因子的 K 值与土壤性质的相关性，建立的土壤可蚀性 K 值与土壤质地、土壤有机质、土壤结构和土壤渗透性的关系式：

$$K = [2.1 \times 10^{-4} \times (N_1 \cdot N_2)^{1.14}(12 - O_M) + 3.25(S - 2) + 2.5(P - 3)]/100$$

式中 N_1 ——N_1 = 极细砂(0.05～0.1mm)% + 粉砂(0.002～0.05mm)%，且 N_1 值应小于70.0%；

N_2 ——N_2 = 100% − 黏粒(<0.002mm)%；

O_M ——有机质的百分含量(0～6.0%)；

S ——土壤结构等级系数，分为4级：极细团粒、细团粒、中等或粗团粒、块状、片状或块状结构；

P ——土壤渗透等级系数，分6级：快、中快、中、中慢、慢和极慢。

对于有机质含量小于等于4.0%的土壤也可以用诺谟图查取 K 值，诺谟图包括了5个土壤参数：粉砂 + 极细砂含量(0.002～0.1mm)、砂粒含量(0.1～2.0mm)、有机质含量、土壤结构等级、土壤渗透等级，具体查算方法见图1-3和表1-6。

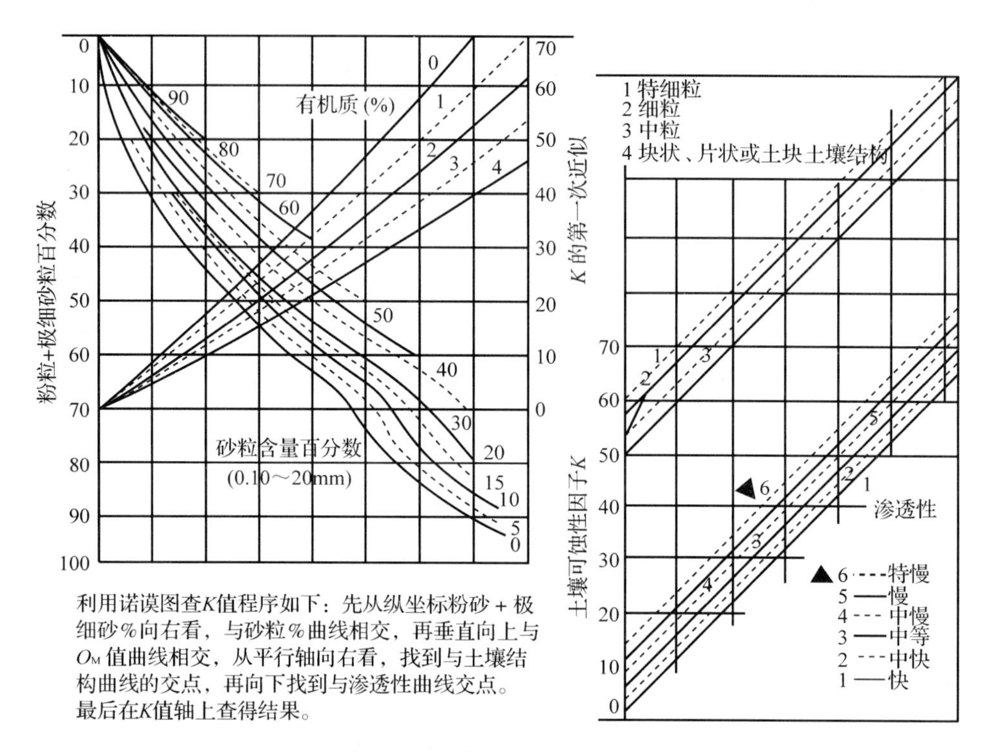

图 1-3　土壤可蚀性 K 诺谟图

表 1-6　土壤粒级划分标准

<table>
<tr><th>单粒直径(mm)</th><th colspan="2">中国制</th><th colspan="2">国际制</th><th colspan="2">原苏联制
（卡庆斯基）</th><th>美国制</th></tr>
<tr><td></td><td rowspan="3" colspan="2">石砾</td><td rowspan="2" colspan="2">石砾</td><td colspan="2">石</td><td rowspan="2">石砾</td></tr>
<tr><td>3.0</td><td rowspan="2">砾</td><td rowspan="7">物理性砂粒</td></tr>
<tr><td>2.0</td><td rowspan="3">粗砂粒</td><td rowspan="5">砂粒</td><td rowspan="4">砂粒</td></tr>
<tr><td>1.0</td><td>粗砂粒</td><td rowspan="3">砂粒</td><td>粗、中砂</td></tr>
<tr><td>0.25</td><td rowspan="2">细砂粒</td><td rowspan="2">细砂</td></tr>
<tr><td>0.2</td><td rowspan="2">细砂粒</td></tr>
<tr><td>0.05</td><td rowspan="2">粗粉粒</td><td rowspan="3">粉粒</td><td rowspan="2">粗粉粒</td><td rowspan="4">粉砂</td></tr>
<tr><td>0.02</td><td rowspan="3" colspan="2">粉粒</td></tr>
<tr><td>0.01</td><td>细粉粒</td><td>中粉粒</td><td rowspan="4">物理性黏粒</td></tr>
<tr><td>0.005</td><td rowspan="2" colspan="2">泥粒（粗黏粒）</td><td rowspan="2">细粉粒</td></tr>
<tr><td>0.002</td><td rowspan="2" colspan="2">黏粒</td><td rowspan="2">黏粒</td></tr>
<tr><td>0.001</td><td colspan="2">胶粒（黏粒）</td><td>黏粒</td></tr>
</table>

由于诺谟公式和诺谟图利用的是美国土壤质地，因此，本书研究直接采用美国制粒径分级制，以便使用诺谟公式或查诺谟图，诺谟公式和诺谟图是一种成熟而有效的估算土壤可蚀性 K 值的方法，依据诺谟公式和诺谟图查算土壤可蚀性 K 值时，需要利

用土壤质地资料。

【器材与用品】

如果需要测定土壤质地、土壤有机质、土壤结构和土壤渗透性，则需要相应实验的器材。

【实验步骤】

1. 土壤结构参数 N_1 和 N_2

土壤机械组成的测定采用吸管法，将采集样品带回室内风干，同时去除有机质，待风干后，用研钵磨细，过2.0mm筛，称量出土壤中的砾石含量，弃去砾石。按照美国制粒径分级体制查表1-6，通过吸管法得到黏粒(<0.002mm)、粉砂(0.002 ~ 0.05mm)、极细砂(0.05 ~0.1mm)、砂粒(0.10 ~2.0mm)4种粒径百分含量。

2. 有机质含量 O_M

采用丘林容量法测定。

3. 土壤结构等级系数 S

用土壤团粒含量来确定土壤结构等级系数，土壤团粒含量采用沙维洛夫干筛法测定，水稳性团粒含量采用沙维洛夫湿筛法测定，用测得的团粒粒级分布查威斯奇迈尔编写的土壤调查手册获取具体参数值 S ，查表1-7。

表1-7 土壤结构等级

土壤结构	团粒粒径大小(mm)	结构等级系数 S
极细的团粒	<1.0	1
细团粒	1.0 ~2.0	2
中等或粗团粒	2.0 ~10.0	3
块状或片状	>10.0	4

注：资料源于美国农业部土壤调查手册。

4. 土壤渗透等级系数 P

土壤渗透等级定义为土壤潮湿条件下通过最受限制层传输水分和空气的能力，土壤剖面渗透率的分级是根据最小饱和水力传导率的大小划分的，根据上边用吸管法测得的土壤机械组成，黏粒、粉粒和砂粒3个指标值查美国农业部土壤质地三角图(见图1-4)，可获得实验小区土壤质地，再用得到的土壤质地查威斯奇迈尔编写的土壤调查手册获取具体参数值 P ，查表1-8。

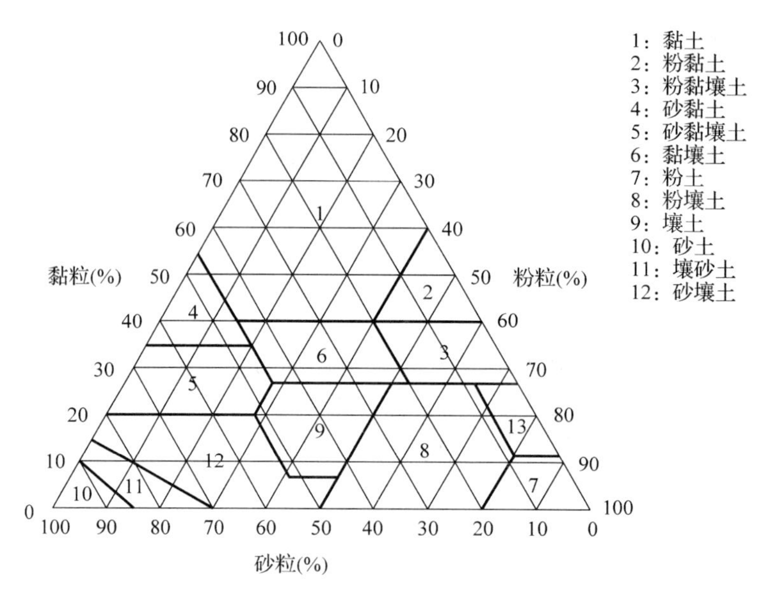

图 1-4　美国土壤质地三角图

表 1-8　主要土类的土壤水力学特性

土壤质地(美国)	渗透等级系数 P	渗透速度	饱和导水系数(cm/h)
粉黏土、黏土	6	极慢	<0. 10
粉黏壤土、黏壤土	5	慢	0. 10 ~ 0. 20
砂黏壤土、黏壤土	4	中慢	0. 20 ~ 0. 51
壤土、粉壤土	3	中	0. 51 ~ 2. 03
壤砂土、砂壤土	2	中快	2. 03 ~ 6. 10
砂土	1	快	>6. 10

注：资料源于美国农业部土壤调查手册。

【估算结果】

在确定了各种土壤参数获取方法及其数值的基础上，运用诺谟公式就可估算土壤的可蚀性因子 K 值。

【注意事项】

诺谟公式是用美国实测资料求得的，而在不同地区土壤性质和自然条件等方面是有差异的。所以，在诺谟公式应用过程中人们逐渐发现，应该根据不同地区的降雨、地形、植被等自然地理条件，使用当地的实测资料对该方程式进行修正和检验。

【思考题】

1. 简述土壤可蚀性的估算方法？
2. 土壤可蚀性估算过程中应注意什么？

【参考文献】

1．翟伟峰．2008．齐齐哈尔市典型黑土区土壤可蚀性 K 值研究[D]．哈尔滨：东北师范大学．

2．史学正，邓西海．1993．土壤可蚀性研究现状及展望[J]．中国水土保持(5)：25－31．

3．杨玉盛．1992．不同利用方式下紫色土抗蚀性的研究[J]．水土保持学报，6(3)：52-58．

实验4 土壤抗蚀性测定

【实验目的】

理解土壤抗蚀性测定的原理，掌握抗蚀性的测定步骤和基本方法。

【实验内容】

土壤抗蚀性测定实验主要运用土壤静水崩解法来进行，通过土壤崩解速率大小反映土壤颗粒结构对水力浸润解体的性质或被雨水分散解体的难易程度，最终确定土壤的抗蚀性状况。具体的实验原理与方法文中作详细介绍，实验过程中注意土体崩解过程的描述。

【实验原理】

土壤的抗蚀性指土壤对由流水和风等侵蚀营力导致的机械破坏作用的抵抗能力，包括由于流水击溅而导致的分散和悬移，由于流水冲刷和风的吹扬造成的位移，在这些营力作用下本身的解体等。表征土壤抗蚀性的方法和指标不少，基本上可以分为两类：第一类是直接采用土壤的某些物理化学性质，如颗粒粒径的大小及其组成情况、土壤密度、有机质含量及与其相联系的土壤水稳性团粒结构；第二类是采用土壤在各种外力作用下的变化和反应，如土壤在静水中的崩解，在外力作用下的流限、塑限、剪切强度和贯入深度，在水滴打击下被击溅情况等，这两者之间是有关联的，后一类变化又受控制于前一类土壤的固有特性。

本书采用土壤静水崩解法。土壤崩解反映土壤颗粒结构对水力浸润解体的性质或反映土壤结构体被雨水分散解体的难易程度。土壤崩解速率是指土样在浸水后单位时间内崩解掉的试样体积，它反映土壤在水中发生分散的能力，决定该径流携带松散物质的多少，土壤崩解能力大，即土壤崩解速率大，土壤抗蚀性差。

【器材与用品】

(1)浮筒：直径约30mm，高约200mm圆筒体，浮筒高与筒体直径有关，高度与能浮起试验土体而不下沉至水下为准。

(2)网板架：10cm×10cm，内为金属方格网，5cm×5cm，孔眼为1cm^2，可挂在浮筒的下端。

(3)透明玻璃水槽：长方体，长30cm，宽15cm，高70cm。

(4)崩解取样器：方形环刀，内边净长为5cm，为扣状，扣深5mm，厚1.5mm。

(5)其他设备：秒表、切土刀、铁锤、小铁铲和包装膜。

【实验步骤】

1. 在试验区按预定要求开挖面积约为1.0m×1.5m的试坑，分别在0、20和

40cm 的深度留 3 个成阶梯状的平面，并用小铁铲将之轻轻整平，保持土壤结构不被破坏。

2. 用崩解取样器分别在各层上采集原状土土样，并用包装膜包好。

3. 崩解实验时先将试样放在网板上，然后将试样悬挂在有刻度的浮筒上，随即将试样放入盛水崩解缸中。

4. 一次土样的崩解观测时间为 30min，崩解过程中分别在 0、0.5、1、2、3、4、5、7、10、15、20 和 30min 读取浮筒的读数，当中途土样已全部崩解，则记录下全部崩解时的浮筒读数和相应的时间。

5. 一次实验完成并检查无遗漏后，重复前 4 步骤，再做一次，如果各种实验条件具备，可同时做重复实验。

【数据记录及结果分析】

1. 土壤崩解速率实验记录表见表 1-9。

表 1-9　土壤崩解速率实验记录表

时间：____年____月____日　　天气状况：________

样点号：________　　采样地点：________省________市(县)________镇________村

土壤名称：________类________亚类　　土地利用类型：　　坡度：____°

纬度：________N　　经度：________E　　海拔：________m　　土壤容重：____g/cm³

实验剖面	取样深度(cm)	项 目	崩解时间(min)											
			0	0.5	1	2	3	4	5	7	10	15	20	30
1	0～20	读数(cm)												
		差值												
		崩解速率												
	20～40	读数(cm)												
		差值												
		崩解速率												
	40～60	读数(cm)												
		差值												
		崩解速率												
2	0～20	读数(cm)												
		差值												
		崩解速率												
	20～40	读数(cm)												
		差值												
		崩解速率												
	40～60	读数(cm)												
		差值												
		崩解速率												

2. 土壤崩解速率公式：

$$B = \frac{S}{r}\frac{l_0 - l_t}{t}$$

式中 B——崩解速率，表示单位时间内崩解掉的原状土土样体积（cm^3/min）；

S——浮筒底面积，设备改制后的两个浮桶底面积都为 30.2cm^2；

r——各土层的容重（g/cm^3）；

l_0,l_t——分别为崩解开始（已放土样）和不同时刻的浮桶刻度初始值和终读数（cm）；

t——崩解时间（min）。

【注意事项】

在测试过程中，除要定量测验崩解速率外，还应定性描述土样崩解分散情况，特别注意有的土样体呈块状崩解，此时崩解已出现，但浮筒上指示刻度无变化，这是由于崩解的块体物质较大，不能通过网孔所致，应仔细观察，详细描述崩解过程。

【思考题】

1. 土壤抗蚀性测定原理是什么？
2. 土壤抗蚀性测定过程中应该注意哪些事项？

【参考文献】

1. 吴淑安，蔡强国，靳长兴. 1996. 内蒙古东胜地区土壤抗冲性实验研究[J]. 干旱区资源与环境，2(10)：38－45.

2. 丁文峰，李占斌. 2001. 土壤抗蚀性的研究动态[J]. 水土保持科技情报(1)36－39.

3. 高维森，王佑民. 1992. 土壤抗蚀抗冲性研究综述[J]. 水土保持通报，12(5)：59－63.

实验5 土壤抗冲性测定

【实验目的】

理解土壤抗冲性的测定原理，掌握抗冲性的实验步骤和测定方法。

【实验内容】

本实验主要运用原状土抗冲槽冲刷法来进行，并通过确定土壤抗冲刷系数来反映土壤抵抗径流冲刷破坏的能力，具体的实验方法和步骤见下文。

【实验原理】

实验用原状土抗冲槽冲刷法，土壤抗冲性就是土壤抵抗水的冲击分散的性能，评价土壤抗冲性指标是土攘抗冲刷系数，定义为每冲刷1.0g干土所需的水量和时间乘积，单位为L·min/g，它直观地反映了土壤抵抗径流冲刷破坏的能力大小。

【器材与用品】

(1)抗冲槽(见图1-5)：长为1 304mm，内宽为35mm，外宽为41mm。

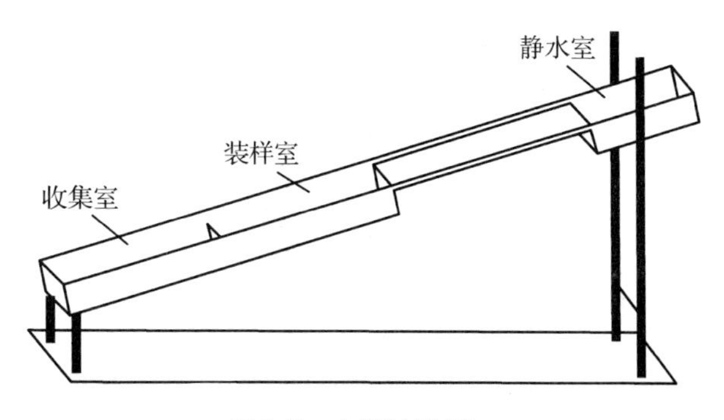

图1-5 土壤抗冲槽

(2)坡度架：为一铝合金支架，用以调节抗冲槽坡度，一般可调坡度5°、15°、25°和30°。

(3)取样长条刀：内宽为30mm，内边长为200mm，外宽为34mm，外边长为204mm，高为40mm。

(4)供水桶及其支架：桶内径为252mm，外径为253mm，桶高为1 000mm，也可与入渗实验使用同一供水桶，支架高1 000mm。

(5)天平：称量1 000.0g，分度值0.1g。

(6)其他设备：秒表、小土盒、切土刀、小铁锤、小铁铲、包装膜和95%以上高浓度酒精。

【实验步骤】

1. 在试验区按预定要求开挖面积为1.0m×1.5m的坑，分别在0、20、40cm的深度留3个成阶梯状的平面，并用小铁铲将之轻轻整平，保持土壤结构不被破坏。

2. 将取样器长条刀水平放置并轻轻压于土中，分别在各层上采集原状土土样，并用包装膜包好样品，同时，用小土盒在相同的地点采集适量土样测定含水率，若土壤层干燥过硬可适当洒水使其软化，不可猛打取样刀，以免损坏刀口和破坏土体结构。

3. 用天平及时称出冲前长条刀和湿土重。

4. 用天平及时称出冲前小土盒和湿土重，烘干，再称出小土盒和干土重，计算出冲前土壤含水率。

5. 冲刷实验时，将供水桶放置在木制支架上，抗冲槽坡度调至5°，并放置好样品，调节流量后开始冲刷，冲刷流量为0.183L/s，该值为依据供水桶出口、抗冲槽支架和坡度计算出的常数值，并同时开使用秒表记录时间。

6. 冲刷时间是以供水桶中的水用完为标准，待供水桶中水用完后，记录时间并称出长条刀和剩余湿土重。

7. 用小土盒取适量冲后剩余土样，称重，烘干，再称重，计算冲后剩余土样及其含水量。

8. 为避免剩余土样太少无法计算时，规定若取样器长条刀中土样被冲掉约2/3而供水桶中的水未用完时，停止实验并记录供水桶中的剩余水量及冲刷时间。

【数据记录及结果分析】

1. 土壤抗冲刷系数试验记录表见表1-10。

2. 土壤抗冲性计算公式：

$$K_c = \frac{\Delta ht}{2k}$$

式中 K_c ——抗冲系数(L·min/g)；

Δh ——冲后与冲前供水桶的水位差(cm)；

t ——冲刷时间(min)；

k ——冲刷掉的土重(g)。

【思考题】

1. 土壤抗冲性测定原理是什么?

2. 土壤抗冲性测定的步骤有哪些?

【参考文献】

1. 华孟，王坚.1983. 土壤物理学[M]. 北京：北京农业大学出版社.

2. 高维森，王佑民.1992. 土壤抗蚀抗冲性研究综述[J]. 水土保持通报，12(5)：59-63.

3. 周佩华，武春龙.1993. 黄土高原土壤抗冲性的实验研究方法探讨[J]. 水土保持学报，7(1)：30-35.

表 1-10　土壤抗冲刷系数试验记录表

时间：____年____月____日　　　　天气状况：________

样点号：　　　　　　　　　　　　采样地点：________省________市(县)________镇__________村

土壤名称：____类____亚类　　　　土地利用类型：____________________　坡度：____°

纬度：________N　经度：________E　　海拔：________m

试样剖面	取样深度(cm)	取样长条刀号	取样长条刀重(g)	冲前样品重(g)			冲后样品重(g)			含水量测定										冲走土壤重量	冲刷时间(min)	冲前水位(mm)	冲后水位(mm)	抗冲系数
				湿重+长条刀重	湿土重	干土重	湿重+长条刀重	湿土重	干土重	冲前重量(g)					冲后重量(g)									
										土盒编号	盒重	湿土重量+盒重	干土重量+盒重	含水量	土盒编号	盒重	湿土重量+盒重	干土重量+盒重	含水量					
(1)	(2)	(3)	(4)	(5)	(6)	(7)	(8)	(9)	(10)	(11)	(12)	(13)	(14)	(15)	(16)	(17)	(18)	(19)	(20)	(21)	(22)	(23)	(24)	(25)
计算方法		直接记录	直接称重	直接称重	(5) − (4)	(6) × [1 − (15)]	直接称重	(8) − (4)	(9) × [1 − (20)]	直接记录	直接称重	直接称重	直接称重	$\frac{[(13)-(14)]}{[(14)-(12)]}$	直接记录	直接称重	直接称重	直接称重	$\frac{[(18)-(19)]}{[(19)-(17)]}$	(7) − (10)	直接记录	直接记录	直接记录	$\frac{[(23)-(20)\times(22)]}{[(2)\times(21)]}$
1	0～20																							
	20～40																							
	40～60																							
2	0～20																							
	20～40																							
	40～60																							

实验 6 土壤渗透性测定

【实验目的】

土壤渗透性是土壤重要的特性之一，渗透性好的土壤可促使更多的大气降水和灌溉水进入土壤，并在其中贮存起来，而在渗透性不好的情况下，水分就会沿土表流走，造成侵蚀。土壤渗透性与土壤质地、结构、盐分含量、含水量和湿度等有关。

【实验内容】

本书主要介绍两种土壤渗透性测定方法，即渗透筒法和环刀法，达西定律是这两种方法的理论基础，具体的实验原理、方法和操作步骤如下文所述。要求学生理解实验原理，掌握两种方法的异同，并能够熟练操作。

【实验原理】

当土层被水分饱和后，土壤中的水分受重力影响而向下移动的现象称为渗透性，饱和土壤的土壤渗透系数可根据达西(Henri Darcy)定律表示如下：

$$K = \frac{Q \times l}{S \times t \times h}$$

式中 K ——渗透系数(cm/s)；

Q ——流量，即渗透过一定横断面积 S 的水量(mL)；

l ——饱和土层厚度，即渗透经过的距离(cm)；

S ——渗透筒的横断面积(cm^2)；

t ——渗透过水量 Q 时所需的时间(s)；

h ——实验中水层厚度，即水头(cm)。

渗透系数与土壤空隙数量、土壤质地、结构、盐分含量、含水量和温度等有关，渗透系数 K 的量纲为 cm/s、mm/min、cm/h 和 m/d。

从上式可以看到，通过某一土层的水量，与其横断面积、时间和水层厚度呈正比，与渗透经过饱和土层厚度呈反比，即：

$$Q = \frac{K \times S \times t \times h}{l}$$

因而，饱和渗透系数可以说是土壤所特有的常数。

(一)渗透筒法

【器材与用品】

渗透筒(见图 1-6)、500.0mL 量筒、烧杯、漏斗、秒表和温度计等。

【实验步骤】

1. 测定深度：根据土壤层次 A、B 和 C 层进行测定，每一层次不少于 5 次重复。

A 层测定主要用来设计防止土壤侵蚀的措施及制定灌溉制度。

B 层测定用来设计土壤侵蚀的措施及预测该层土壤水分可能暂时停滞的情况，鉴定该层的坚实度及碱化度，并可鉴定该层是否适宜做临时灌溉和固定灌溉渠槽。

C 层测定结果可以提供土壤保水情况及鉴定是否可以作为大型灌溉渠道、渠槽的资料。

2. 在选定的试验地上，用渗透筒采取原状土，取土深度为 10.0cm，将垫有滤纸的地筛网盖好带回室内待测。

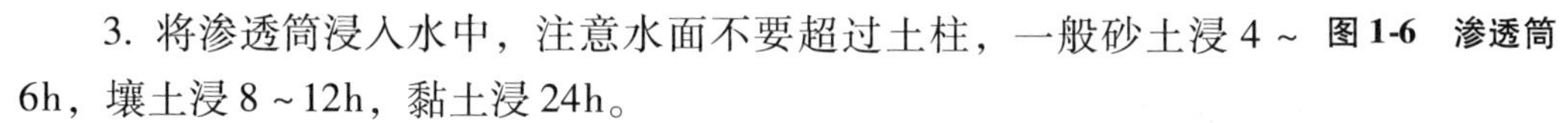

图 1-6 渗透筒

3. 将渗透筒浸入水中，注意水面不要超过土柱，一般砂土浸 4 ~ 6h，壤土浸 8 ~ 12h，黏土浸 24h。

4. 到预定时间将渗透筒取出挂在适当位置，待重力水滴完后装上漏斗，漏斗下承接一烧杯。

5. 在渗透筒上部加 5.0cm 深的水层，可做上记号，待漏斗下面滴下第一滴水时开始计时，每隔 1、2、3、5、10min…$t_i$min… $t_n$min 更换漏斗下的烧杯，并分别计量渗透出水量 Q_1、Q_2、Q_3、Q_5、Q_{10}…Q_i…Q_n，每更换一次烧杯，要迅速将渗透筒上面的水层加至 5.0cm 的深度，并记录水温。

6. 根据不同类型的土壤，实验一般在 0.5 ~ 1h 即开始稳定，如果不稳定应继续延长到单位时间内渗出水量相等时为止。

7. 同时测定渗透筒中水的温度。

【数据记录及结果分析】

1. 渗出水总量

$$Q = \frac{(Q_1 + Q_2 + Q_3 + \cdots + Q_n) \times 10}{S}$$

式中 $Q_1, Q_2, Q_3, \cdots, Q_n$——每次渗出水量(mL，$cm^3$)；

S——渗透筒的横断面积(cm^2)；

10——由 cm 换算成 mm 所乘的倍数。

2. 渗透速度

$$V = \frac{10 \times Q_n}{t_n \times S}$$

式中 V——渗透速度(mm/min)；

t_n——每次渗透所间隔的时间(min)；

其余符号意义同前。

3. 渗透系数

$$K_t = \frac{10 \times Q_n \times l}{t_n \times S \times (h + l)} = V \times \frac{l}{h + l}$$

式中 K_t ——温度为 t 时的渗透系数(mm/min)；

l ——土层厚度(cm)；

h ——水层厚度(cm)；

其余符号意义同前。

4. 为了使不同温度下所测得的 K_t 值便于比较，应换算成10℃时的渗透系数 K_{10}。

$$K_{10} = \frac{K_t}{0.7 + 0.03t^0}$$

式中 K_{10} ——温度为10℃时的渗透系数(mm/min)；

K_t——温度为 t 时的渗透系数(mm/min)；

t^0 ——测定时的温度(℃)。

5. 土壤渗透性测定记录表(见表1-11)

表1-11 土壤渗透性测定记录表

渗透时间			每段时间渗出水量(mL) $Q_1, Q_2, \cdots, Q_n$	单位面积始渗出水总量 Q (mm)	渗透速度 V (mm/min)	水温 t^0 (℃)	渗透系数	
时间		自开始后(min)					K_t	K_{10}
h	min	$t_1, t_2, \cdots, t_n$						
⋮	⋮	⋮	⋮	⋮	⋮	⋮	⋮	⋮
⋮	⋮	⋮	⋮	⋮	⋮	⋮	⋮	⋮

注：同时记录渗透筒面积、实验土层厚度、水层厚度、水温 t^0 。

【注意事项】

1. 将渗透筒浸入水中，注意水面不要超过水柱。

2. 更换漏斗下烧杯时间间隔的长短，视渗透快慢而定，注意要保持一定的压力梯度。

(二)环刀法

【器材与用品】

100.0cm^3(5.1cm)环刀、100mL量筒、10mL量筒、100mL烧杯、搪瓷托盘、熔蜡、瓷漏斗、漏斗架和秒表。

【实验步骤】

1. 在室外用环刀取原状土，带回室内浸入水中，一般砂土浸4.0~6.0h，壤土浸8.0~12.0h，黏土浸24.0h，浸水时保持水面与环刀上口平齐，但勿使水淹到环刀上口的土面。

2. 到预定时间将环刀取出去掉盖子，上面套上一个空环刀，接口处先用胶布封好再用熔蜡粘合，严防从接口处漏水，然后将接合的环刀放到瓷漏斗上，漏斗下有烧杯。

3. 上面的空环刀中加水，水面比环刀低1mm，即水层厚5.0cm。

4. 加水后，自漏斗下面滴下第一滴水时开始计时，以后每隔2min，3min，5.0min，…，$t_n$min更换漏斗下面的烧杯，并分别量渗水量Q_1，Q_2，Q_3，…，Q_n，每更换一次烧杯后要将上面环刀水面加至原来高度，同时记录水温。

5. 实验一般持续时间约1h即开始稳定，如果1h仍不稳定，一直延续到单位时间渗水量相等为止。

【数据记录及结果分析】

同渗透筒法，由公式计算渗透速度和渗透系数，本实验应重复4次，取算术平均数。

以时间为横坐标，渗透系数为纵坐标，绘制渗透曲线图。

【思考题】

1. 土壤渗透性测定的原理是什么？
2. 土壤渗透性测定的渗透筒法和环刀法有什么异同？
3. 简述渗透筒法的操作步骤和主要注意事项？

【参考文献】

1. 国家标准局. 1987. 森林土壤分析方法(第五分册)[S]. 北京：中国标准出版社.

2. 华孟，王坚. 1983. 土壤物理学[M]. 北京：北京农业大学出版社.

实验 7　不同粒径砂粒休止角观测

【实验目的】

维持坡面物质稳定的力，主要由 4 个方面组成：一是组成坡面物质的休止角；二是坡面物质间的摩擦阻力；三是坡面物质之间的黏结力；四是穿插在土体中植物根系的固结作用力。本实验目的就是在不考虑后 3 种作用力的情况下，探讨组成坡面物质的休止角与坡面稳定之间的相关关系。

【实验内容】

本实验通过确定不同粒径砂粒的休止角来反映坡面组成的稳定性。

【实验原理】

砂粒的休止角大小受三方面影响：

其一，是随其水分含量的变化而发生变化，水分含量升高时，其休止角变小，二者呈现负相关关系。

其二，是砂粒的休止角受粒径大小的影响，其他条件相同时，砂粒的休止角与其粒径呈现正相关关系。

其三，是砂粒的休止角受砂粒形状的影响，其磨圆度较好时，砂粒的休止角较小，反之则较大，即砂粒的休止角与其圆度呈负相关关系。

当组成坡面物质的休止角大于或等于坡面坡度角时，无论坡面有多长，坡面都是处于稳定状态而不会发生重力侵蚀，一般情况下不同泥沙石块的休止角如表 1-12 和表 1-13 所示。

表 1-12　几种岩石碎块的休止角(度)

岩屑堆的成分	最小	最大	平均
砂岩、页岩(角砾、碎石、混有块石的亚砂土)	25	42	35
砂岩(块石、碎石、角砾)	26	40	32
砂岩(块石、碎石)	27	39	33
页岩(角砾、碎石、亚砂土)	36	43	38
石灰岩(碎石、亚砂土)	27	45	34

表 1-13　几种含水量不同泥砂的休止角(度)

泥砂种类	干	很湿	水分饱和	泥砂种类	干	很湿	水分饱和
泥	40	25	15	紧密的中粒沙	45	33	27
松软沙质黏土	40	27	20	松散的细沙	37	30	22
洁净的细沙	40	27	22	松散的中粒沙	37	33	25
紧密的细沙	45	30	25	砾石土	37	33	27

【器材与用品】

厚度3～5mm、面积50cm×50cm的平板玻璃、分析化学用普通滴定试管架、玻璃漏斗、500mL量筒、1 000mL烧杯、2m钢卷尺、记录纸、铅笔和计算器等。

【实验步骤】

1. 将从野外采取的砂粒手工拣去石块，用标准土壤筛筛选得到一定粒径范围的分级砂粒，粒径组分别为1.00～2.00mm、0.50～1.00mm、0.25～0.50mm、0.10～0.25mm和0.074～0.10mm，筛分后每个粒径组的泥沙质量至少为5kg。

2. 将筛分后的砂粒用清水洗掉黏附在砂粒表面的黏土，以消除实验中黏土导致的黏结力。

3. 将洗净的每种粒径的砂粒分别放于干燥地表风干后，收于小桶内备用。

4. 将平板玻璃水平放于实验台上，滴定试管架安放于平板玻璃一侧，将漏斗置于试管架，如图1-7所示。

5. 从安置好的漏斗上部，将备好的一个粒径范围内的风干砂粒徐徐放下，同时进行观察，就会发现平板玻璃上的沙堆角度不断发生变化，即沙堆的半径和其高度的变化不是成比例的。

在从漏斗上部不断补充砂粒的时候，应随时将安置漏斗的试管架横梁逐渐上移，以保持漏斗下部与沙堆顶部距离始终不小于1cm。

6. 边逐渐上移试管架横梁，边继续向漏斗内加注砂粒，直至沙堆的半径与其高度比值不再发生变化，即沙堆的坡度不再发生改变为止，此时观测到的沙堆角度即为采用一定粒径砂粒风干时的休止角。

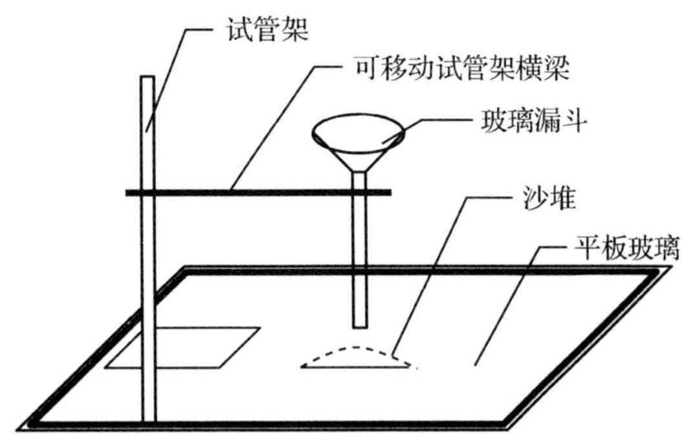

图1-7 砂粒休止角测定装置示意图

7. 观测到风干砂粒的休止角后，从漏斗上部徐徐滴入清水，就会发现原沙堆的高度逐渐降低，而其直径在不断增大，即沙堆的坡面角度在逐渐减小，再徐徐滴水并随时记录砂粒含水率与沙堆坡面角度的变化过程。

8. 继续滴水直至有水流从沙堆底部渗出为止，即沙堆水分含量近于饱和状态，此时沙堆的休止角既为水分饱和时的休止角。

【数据记录及结果分析】

列表计算风干砂粒数量与沙堆坡面角度的变化过程，直至测定计算到风干沙的休止角为止，同时，列表计算沙堆水分含量与不同水分含量时的休止角变化过程，直至沙堆水分达饱和时为止。

【注意事项】

将筛分后的砂粒用清水洗掉黏附在砂粒表面的黏土。

【思考题】

1. 不同粒径砂粒休止角测定的原理是什么?
2. 简述砂粒休止角测定的具体操作步骤?

【参考文献】

1. 西北农林科技大学土壤侵蚀原理教学网站 http://210.27.80.89/2004/turang/index1.htm.

2. 张洪江.2008.土壤侵蚀原理[M].北京:中国林业出版社.

实验8 土壤水稳性团粒组成的测定

【实验目的】

土壤中大小不等的结构单位称为团粒，团粒是由相互黏结的砂粒、粉粒、黏粒构成的土壤团块，团粒的大小和形状因土壤不同有很大差别，通常大于0.25mm的团粒，即定义为团聚体。

在农业生产上，0.25~10.0mm间的团粒最有意义，这样的团粒能够改善土壤的物理性质、耕性及耕层构造，从而可调节土壤的养分状况，统一水分和空气的矛盾，它是重要的肥力条件之一。但这样大小的团粒，有的能抵抗水的破坏，有的不能抵抗水的破坏，前者称为水稳性结构，后者称为非水稳性结构。水稳性结构能使土壤的良好性状保持较长的时期，土壤水稳性团粒含量是衡量土壤物理性质及抗侵蚀能力的重要指标。

【实验内容】

本实验主要运用约德文法的原理来测定土壤水稳性团粒的组成结构，具体实验原理、方法和步骤见下文。注意土样采集和实验操作的规范化，尽量减少实验误差。

【实验原理】

测定土壤水稳性团粒的方法很多，如水筛法、渗透法、淋洗法，但其原理基本是相同的，即利用水的冲击力及团粒的水化作用，使非水稳性结构破坏，然后分离出能抵抗这些破坏力的水稳性结构，即约德文法。

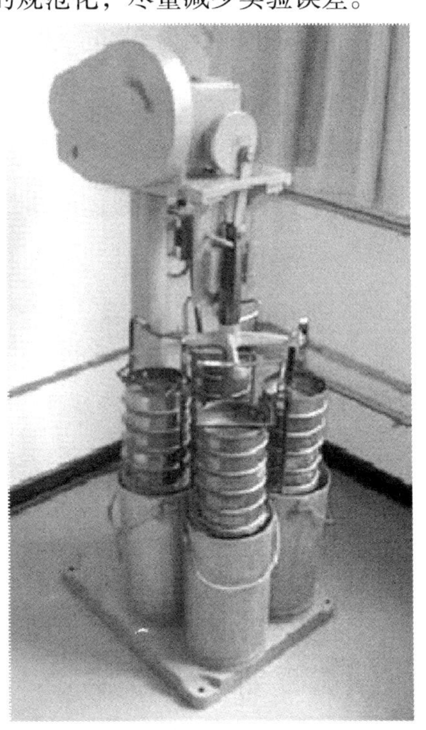

图1-8 团粒分析仪

【器材与用品】

孔径为10.0mm、5.0mm、3.0mm、1.0mm、0.5mm和0.25mm的土壤筛一套，感量0.01g天平、称量瓶、团粒分析仪(图1-8)、铝盒、干燥器、喷水壶、洗瓶、土铲、小土壤刀、小刷、酒精、漏斗及架、电热板和烘箱。

【实验步骤】

1. 样品的采取及处理

样品的采取及处理是整个分析过程中一项十分重要的环节，它包括田间采样和室内剥样两个步骤。

(1)田间采样须注意土壤的湿度，不宜过干或过湿，最好在土壤不黏附工具并经接触不致改变原来形状时采取，土壤过干时，可用喷水壶缓慢浇些水，待水分渗入而土壤稍干时采取，采土块的面积为 10cm × 10cm，深度视需要而定，采样时应尽量小心，不使土块挤压，以保持原来的结构为原则，剥去土块外面直接与土铲接触而变形的土块，均匀地取内部土壤约 2kg，放在木盘上运回室内。

(2)室内剥样是将土块剥成 2.0cm 大小的土块，除去粗根和小石块，剥样时沿土壤的自然结构而轻轻地用小刀挑开，应尽量避免土块挤压变碎。

(3)先将土样分成三级称重，即 >5.0mm、5.0 ~ 2.0mm 和 <2.0mm，然后用四分法按比例取包括各级团粒 0.25 ~ 10.0mm 的风干土样 50.0g 3 份，其中一份测定含水率。

2. 分析步骤

(1)将套筛按 10.0mm、5.0mm、3.0mm、1.0mm、0.5mm 和 0.25mm 的顺序从上到下，放于振荡架上，并置于水桶中，桶内加水达固定高度，使套筛最上面筛子的上缘部分在任何时候都不会露出水面。

(2)将土样放入套筛内。

(3)开动马达，使套筛在水中上下振动 0.5h。

(4)将振荡架慢慢升起，使套筛离开水面，待水稍干后，用洗瓶轻轻冲洗最上面的筛子，以便将留在筛子小于 10.0mm 的团聚体洗到下面筛中，冲洗时应注意不要把团聚体冲坏，然后将留在筛上的团聚体洗入铝盒，用同法将各级团聚体洗入铝盒。

(5)倾倒铝盒中的清液，然后放在电热板上蒸干，置 105℃ 烘箱内，烘干 2h，取出置于干燥器中稍冷，最后称量。

【数据记录及结果分析】

按下式分别计算各级团聚体百分数：

$$\text{各级团粒} = \frac{\text{各级团粒烘干重}}{\text{土样烘干重}}$$

【注意事项】

本法须进行两次平行测定，某些情况下则需较多的重复次数，平行误差不超过 3%。

【思考题】

1. 土壤水稳性团粒组成的测定原理是什么？
2. 土壤水稳性团粒组成测定的操作步骤有哪些，有什么注意事项？

【参考文献】

1. 刘秉正，吴发启 . 1996. 土壤侵蚀[M]. 西安：陕西人民出版社 .

2. 高晓飞，王晓岚，温淑瑶 . 2008. 土壤水稳性团粒分析仪的改造[J]. 中国科技论文在线，1 –5.

实验9 土壤抗剪强度的测定

【实验目的】

土壤的抗剪强度是指耕作机械部件用各种变形的方法破坏土壤时，土壤颗粒运动所产生的最大内部阻力，土壤抗剪力包括土壤黏结力和内摩擦力。进行土壤抗剪强度的实验目的是了解应力控制直剪仪器的构造及工作原理；掌握应变控制仪测定土壤抗剪强度的操作方法；掌握测定土壤内摩擦角和内聚力的方法。

【实验内容】

本文主要介绍怎样运用室内直接剪切实验来测定土壤的抗剪强度，确定土壤内摩擦角和内聚力是实验的关键。具体实验原理、方法和步骤文中做详细介绍。要求掌握实验的重点、难点，熟练操作。

【实验原理】

土壤抗剪强度是土壤在外力作用下其一部分土体对另一部分土体滑动时所具有的抵抗剪切的极限强度。直接剪切实验是室内测定土壤的抗剪强度的基本方法，实验的主要仪器是直接剪切仪，其中主要部件为剪切盒，如图1-9所示。用环刀窃取土样并把它推入剪切盒内，土样面积 $F = 32.2\text{cm}^2$，通过加压板在土样上的平均法向应力 $P = N/F$，法向力是由砝码通过杠杆施加的，当剪切盒上盒固定，下盒施以水平力 T，剪切破坏时的最大水平力 T_{max} 除以土样面积得平均剪应力 $S = T_{max}/F$。

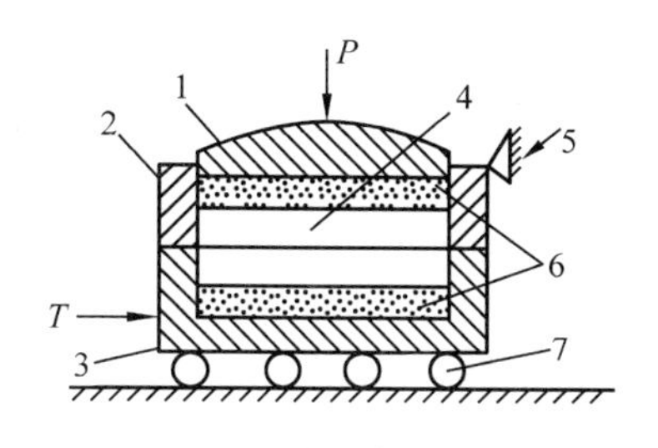

图1-9 剪切盒示意图

1. 加压板；2. 上盒；3. 下盒；4. 土样；5. 支架；6. 透水石；7. 滚珠

剪切盒分上盒和下盒两部分，上盒固定，下盒可沿水平方向滑动。实验时将土样置于剪切盒内，在加压板上施加垂直压力 P，使土样受到平均垂直压力 $\sigma = P/A$，A 为土样面积。随后在下盒施加水平力使土样沿上、下盒的分界面处受剪，当水平力增至 T 时，土样发生剪切破坏，此时的极限剪应力 $\tau = T/A$，即是土样在垂直压力 σ 作用下的抗剪强度 τ_{f0}。为了了解土的抗剪强度随垂直压力的变化规律，实验时可取4～5个相同土样，在不同的垂直压力下剪切，这样对应于不同的垂直压力 σ_1、σ_2、σ_3、$\sigma_4\cdots$，可以得到相应的抗剪强度 τ_{f1}、τ_{f2}、τ_{f3}、$\tau_{f4}\cdots$，将实验结果绘制 τ_f-σ 关系曲线，如图1-10所示。

τ_f-σ 关系曲线称抗剪强度线，其表达式为：

$$\text{砂土：}\tau_f = \sigma\tan\varphi$$

$$\text{黏性土：}\tau_f = \sigma\tan\varphi + c$$

式中 $\tan\varphi$——抗剪强度线的斜率，称土的内摩擦系数；

φ ——抗剪强度线与水平线的夹角，称土的内摩擦角，一般砂土 $\varphi=26°\sim40°$，黏性土 $\varphi=13°\sim28°$；

c ——黏性土抗剪强度线的纵截距，称为土的黏聚力，一般 $c=20\sim650\text{kPa}$。

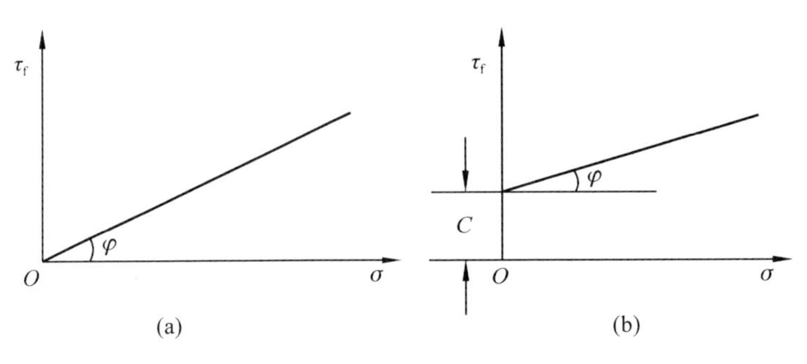

图 1-10　抗剪强度与垂直压力的关系曲线

(a)无黏性土　(b)黏性土

土的抗剪强度由内摩擦接力 $\sigma\tan\varphi$ 和黏聚力 c 两部分组成，φ 和 c 是土的强度指标，砂土一般无黏聚力 c，只有内摩擦力 $\sigma\tan\varphi$，黏性土的黏聚力主要来源是土粒间的分子引力和土粒间化合物胶结，前者称原始黏聚力，后者称固化黏聚力，原始黏聚力随土的压密，土粒间的距离减小而增大。固化黏聚力随胶结物的结晶和硬化而增强，但当土的结构被破坏，固化黏聚力即消失，且不能恢复。对于不同的土，c、φ 值不同，对于同一种土在一定的物理状态下，c、φ 是确定值，可以作为反映土强度的两个基本指标。

【器材与用品】

器材：应变控制式直接剪切仪、砝码、螺丝刀、测微表、秒表、方玻璃片、蜡纸、环刀、切土刀、铝盒和润滑油少许。

试样：用环刀切取原状土壤，测定其实验前的土壤容重及含水量(后者以切下的小土块进行)，土样上下用方玻璃片盖好备用。

【实验步骤】

1. 取下加压框架，了解剪切盒及其部件的构造。

2. 装土样：对准上下盒，插入固定销钉，在下盒内放一透水石，其上再放蜡纸一张，将盛有试样的环刀平口向下，刀口向上，对准剪切盒的上盒，在试样上放蜡纸一张及透水石一块，然后缓缓将土样推入盒内，并依次放上活塞、钢珠。

3. 缓缓转动手轮甲，小心使推轴与剪切盒及测力环正好接触，但尚未加力，此刻由测力环的测微表指针稍有微动得知。

4. 调零：缓慢转动手轮甲，小心使推轴与剪切盒及测力环正好接触，但尚未加力，此刻由测力环的测微表指针稍有微动得知，再看测微表的指针是否指在零处，否则进行调零，旋转上表盖调零。

5. 调杠杆平衡：加上传压框架，刚好压在土样，去掉所有外加重力(秤砣和砝码的重力），顺时针旋转手轮乙，使升至最高点位置，调节平衡锤，使杠杆平衡，处于水平状态，再逆时针旋转手轮乙几圈，开始依次加秤砣和砝码，在载荷时要一次轻轻加上(松软土质为防止其挤出应分次施加)。当土样受压下沉时，杠杆上的秤砣和砝码也平稳地下沉。实验过程中压力是无变化的，剪切时使降至最低点位置，在整个实验过程中严禁顺时针方向转动手轮乙，以免产生间隙震动土样。

6. 拔销后开始测试读数。加妥垂直重压力后，立即拔出剪切盒固定销钉，开秒表，开始以每分钟6.0转的速度均匀摇转手轮甲进行剪切实验，使土样在3～5min剪损，每转一圈应读计测力环测微表读数，实验进行至连续若干读数不再增加或有所减退时为止，此时认为试样已经被剪损，也可以用电动的，不用手动摇转手轮甲，直接开电动开关，选择合适的电动机档位，使手轮甲匀速转动，读下测力环测微表中最大一次读数并记录下来。

7. 卸载并装回各部件。卸除载荷后取出试样观察，自剪切面附近取出两小盒土样测定实验后的含水量，擦净仪器并装回各部件。

8. 秤砣力和砝码力一同视为外加载荷重压力。

【数据记录及结果分析】

土壤抗剪强度 $\tau_f = T/A$，T 为施加在剪力盒下盒上的水平力，T 的大小与测力环的变形量 R 呈正比，即 $T = KR$。

故 $\tau_f = KR/A$，令 $K/A = c$，而 c 在测力环出厂时即已标定，本实验装置中 c = 192.3kPa /mm，因此，只要测出测力环变形量 R 即可算出土壤在该状况下的剪切强度。

【注意事项】

1. 在实验过程中，不要将手或脚放在秤砣、砝码下面，以免操作失误轧伤手脚。

2. 切忌用潮湿的手接触电动开关，以免触电。

3. 要专人负责拔和插剪切盒的销钉，以免手轮甲转动后，开始进行剪切时才想起销钉忘了拔，使得销钉受弯曲变形损坏实验仪器。

4. 进行实验的人员要分工明确，要专人负责记载外加载荷重压力、手轮甲的转数、剪切时间、测微表的读数。

5. 外加载荷重压力的秤砣、砝码在实验中应悬空，不要碰到任何物体，以免影响测量精度。

【思考题】

1. 土壤抗剪强度的测定原理是什么?

2. 土壤抗剪强度测定的操作步骤有哪些?

3. 土壤抗剪强度测定过程中应注意哪些问题?

【参考文献】

1. 肖玫 .2009. 土壤抗剪强度测定理论教学与实践[J]. 农业开发研究(2):

16 – 19.

2. 李小昱，王为 . 1999. 土壤抗剪强度的实验研究[J]. 粮油加工与食品机械(1)：12 – 13.

3. 张爱国，李锐，杨勤科 . 2001. 中国水蚀土壤抗剪强度研究[J]. 水土保持通报，21(3)：5 – 12.

实验10 林冠枝叶持水率测定

【实验目的】

林冠截留降雨是森林区域水量平衡的重要方面，是植被发挥水土保持效益的主要表征，在林冠截留降雨的各个影响因子中，林冠持水是关键所在，也是林冠截留的主要方面。本实验旨在测定林冠持水能力，为林冠截留和森林水文效益的解释和研究提供依据，大致掌握林分的降雨截留能力，反映其水土保持效益。

【实验原理】

目前林冠截留能力测算的方法大致有3种：基于野外实测数据的回归法、基于实验室测定的尺度上推法、基于γ-射线和微波衰减技术的遥感法。其中，回归法受限于测量方法和数据的选取，很难在穿透降雨空间变率较高的热带地区应用；尺度上推法的精确度取决于林地叶(茎、枝)面积指数以及生物量估算的可靠程度；而遥感法成本较高，难以实施。考虑到实际操作的难易程度，大多数地区林冠持水能力的研究都采用了回归方法。由于回归法无法区分林冠各部分(叶、茎、枝)在林冠截留中可能起到的作用，且所需时间较长。而在尺度上推法的研究中，不仅可以考虑枝、叶部分，还可以根据需要测定树干的吸水、持水情况，更可以在短时间内获得数据，因此本实验采用室内测定方法，根据样地林分叶面积上推至样地数据。

在实验之前要充分掌握林冠截留的意义，调查了解实验树种(林种)的林分特征，科学合理选择样地，实验过程中应严格按照实验步骤进行，精确计量、实时记录；要求同时测定叶面积和叶面积指数。

【实验内容】

林冠持水量测定、林冠持水过程测定。

【器材与用品】

铝盒、烘箱、LI-3000便携式叶面积仪、游标卡尺。

【实验步骤】

1. 采样

在选好的样地中按照径阶选择3~5株标准木，采集林冠上枝条叶片。

2. 称重

将采好的枝条仔细擦去灰尘，均匀地分成9份，其中3份用清漆封住枝条的各个断口，用以测定枝叶的吸水速率。随后现场称重(鲜重 W_f)、装袋、标号。

3. 枝叶自然含水量测定

将带回实验室的3份(3个重复)样品枝叶分离，分别放入铝盒中在85℃下烘至恒重后称干重(W_d)，按下式计算枝叶自然含水量(WC)。

$$WC = \left(1 - \frac{W_d}{W_f}\right) \times 100\%$$

式中　W_f——鲜重(g)；

W_d——干重(g)。

4. 枝叶饱和持水量测定

将带回实验室的其中3份(3个重复)样品，枝叶分离，测定枝叶总面积，随后放入容器中用蒸馏水泡至恒重(24h)，然后称得饱和重(W_s)，3个重复，按下式计算枝叶饱和持水量(WSD)。

$$WSD = \left(\frac{W_s - W_d}{W_f}\right) \times 100\%$$

式中　W_f——鲜重(g)；

W_d——干重(g)；

W_s——饱和重(g)。

假设样地中林冠质地、密度及分布的均匀程度较好，同类(叶、枝或树皮)样品的持水性能没有太大差别，则样地林冠的总饱和持水量计算如下：

$$\frac{W_s - W_d}{s} = \frac{W}{S}$$

式中　W_d——干重(g)；

W_s——饱和重(g)；

W——样地林冠的最大持水量(g)；

s——样品面积(m^2)；

S——样地枝叶总面积(m^2)。

5. 枝叶吸水速率的测定

将剩余的3份(封住枝条断口的3份)枝条和叶片分离，仔细擦掉灰尘，每份的枝条和叶片各分为8组，以鲜重(W_0)作为起始质量，然后分别放入容器中浸泡，8组浸泡时间分别为：5min，15min，30min，1h，2h，4h，8h，16h，达到计划时间后取出，滴干表面水分后称重(W_i，$i=1\sim8$)，然后烘干至恒重，称干重(W_2)。计算枝条和叶片的吸水量(WAC，g/g)和吸水速率[WARg/(g · h)]。计算公式如下：

$$WAC = \frac{W_i - W_0}{W_2}$$

$$WAR = \frac{W_i - W_0}{W_2 \Delta t}$$

式中　W_0——鲜重(g)；

W_i——吸水后重(g)；

W_2——干重(g)；

Δt——吸水时间(h)。

【思考题】

1. 林冠截留在水土保持方面具有哪些意义？

2. 林冠截留受到哪些因素的影响？

【参考文献】

1. 王静.2008. 天童常绿阔叶林大气降雨再分配及降雨分量的化学特征[M]. 北京：中国标准出版社.

2. 王馨，张一平.2006. 西双版纳热带季节雨林与橡胶林林冠的持水能力[J]. 应用生态学报，17(10)：1782－1788.

实验 11　枯落物吸水实验

枯落物层由林分凋落的茎、叶、枝条、芽、鳞片、花、果实、树皮等凋落物及动物残体组成，它是森林结构中重要的组成部分，是森林水文效应的第二活动层。枯落物层作为森林生态系统中独特的结构层次，不仅对森林土壤的发育、保护和改良有重要意义，而且枯落物层结构疏松，具有良好的透水性和持水能力，在降雨过程中起缓冲器的作用，发挥着良好的水土保持效能。

【实验目的】

林地枯落物吸水是森林水文作用的重要方面，可以直接使林地径流系数大大降低，洪峰流量减小，从而进一步增加入渗，减小侵蚀。林地枯落物吸水性能包含最大持水量和持水过程两个方面，众多研究表明，枯落物持水能力是自身质量的 1.5 ~4 倍，甚至更高，而不同林分形成的枯落物其吸水保水性能差别很大。因此，了解特定林分条件下枯落物的吸水过程和持水能力，可以定量评价林分涵养水源、保持水土的能力。

本实验旨在得出枯落物的持水范围，大致掌握枯落物的持水过程。

【实验内容】

林地枯落物最大持水量测定；枯落物持水速率测定。

【器材与用品】

铝盒、烘箱、电子天平。

【实验步骤】

1. 采样

在林地内，选择地势平坦、林木均匀的区域布设样地(乔木 10m ×10m，灌木 2m ×2m，草本 1m×1m)，在样地内布设 2 个 1m×1m 的小样方，在每个小样方内沿对角线分为 4 个部分，选取对角的 2 个部分，在各个小样方内分枯落物未分解层、半分解层、完全分解层 3 个层次收集枯落物，同时测量总厚度、未分解层厚度、半分解层厚度、完全分解层厚度，采集物装袋、编号、记录。从样地选择开始做 3 个重复。

2. 饱和持水量(率)测定

将样地中 1 个小样方内凋落物带回实验室称鲜重，然后放在水中浸泡，浸泡过程中注意使所有的枯落物位于水面以下，当水面下降时应及时加水，持续浸泡 24h 后取出，待不滴水时称重，得饱和重，然后放入铝盒在 85℃烘干箱烘至恒重后称重，得干重。依下式计算样品饱和持水量和持水率：

$$饱和持水量(g) = 饱和质量 - 烘干质量$$

$$持水率(\%) = \frac{湿质量 - 烘干质量}{烘干质量} \times 100\%$$

样地总持水量和单位林地持水量按下式计算：

$$单位林地最大持水量(t/hm^2)=样品饱和持水量\times 0.02$$

$$样地总持水量(t)=单位林地最大持水量\times 样地面积$$

3. 持水速率的测定

将样地中另一份枯落物带回实验室，称得鲜种后浸泡，浸泡方法同前。在浸泡时间0.5，1，1.5，2，4，6，8，10，12，14，24h后，分别取出称重。完成后将其放入85℃烘干箱烘至恒重后称重。按照下式计算持水速率。

$$持水速度[t/(hm^2\cdot h)]=持水量/浸水时间$$

【思考题】

不同分解速度的枯落物其水土保持意义有何不同?

【参考文献】

水利部.2007. 水土保持实验规程(SL419—2007)[M]. 北京：中国水利水电出版社.

实验 12 枯枝落叶物抗冲实验

【实验目的】

林地枯落物抗冲特性是植被保持水土机理研究中的重要环节，枯落物以其自身的抗冲性能抵御径流的冲刷，停留在地表，保护林地土壤免于裸露，因此，枯落物抗冲性是枯落物水文特性的起点，也是枯落物水土保持效能的基础。

本实验旨在得出林地枯落物在一定条件下的抗冲刷性能，揭示植被保持水土的机理，为营造水土保持林、管理水土保持林提供依据。

【实验内容】

设定坡度下不同厚度林地枯落物的临界抗冲值；林地枯落物的最佳抗冲厚度。

【实验原理】

枯落物以其自身的抗冲性能抵御径流的冲刷，停留在地表可保护林地土壤免于裸露，一旦枯落物冲刷流失，土壤变得裸露被侵蚀。为了掌握植被保持水土的机理，需要从不同角度了解林地枯落物抵抗冲刷的能力。本实验采用原状土冲刷装置对枯落物抗冲性能进行测定，测定结果采用人工视觉判断和耗能值来描述。

原状土冲刷装置参见有关书籍和文献，冲刷坡度根据实验地坡度和区域平均坡度选定，本实验选用25°作为实验坡度，冲刷流量以样地区常见暴雨频率下标准径流小区内产生的最大单宽流量为冲刷流量，本实验选取4L/min为实验流量，并设计从4～20L/min的不同流量作为枯落物抗冲临界值的测定。

根据牛顿第一定律，地表枯落物在土壤无外力作用时它将保持静止状态。地表径流引起地表物质的搬运，是径流产生的冲刷力直接做功所致，所以研究地表枯落物的抗冲性必须从水流运动的力学角度进行考虑。雨滴由空中降落到地表首先是势能转化为动能引起地表的溅蚀。如溅击发生在平地上，雨滴势能和动能很快转化为零。如雨滴降落在坡面上，则相对于坡下而具有一定的势能。当地表达到超渗状态时，地表水便顺坡流动，水流体的势能减少，动能增加，冲击地表枯落物或土壤，其能量方程式为：

$$mgh_1 + \frac{1}{2}mv_1{}^2 = mgh_2 + \frac{1}{2}mv_2{}^2 + E$$

式中 mgh_1，mgh_2——水流体的势能；

$\frac{1}{2}mv_1{}^2$，$\frac{1}{2}mv_2{}^2$——水流体的动能；

E——沿程能量损失。

当某一点的枯落物受水冲刷而开始移动时，该点水流体所具有的动能称为临界耗能值。

本实验中供水为恒定流，水流从冲刷槽顶端 A 点开始初速度为 0，势能为 mgh，当水流体 θ 以每秒钟流量计时，则势能可视为 θgh（$\theta = m$，m 为流量），通过枯落物后流速利用染色方法测定，以及枯落物前后高差由冲刷槽长度和坡度计算获得，进而获得动能值和沿程能量损失。选用不同流量连续测定，进而获得该枯落物在设定坡度和相应厚度下的临界值，临界值表示采用 3 个指标：①能量损耗值；②临界冲刷流量；③临界雨强。

在设定坡度下，枯落物临界能量损耗值最大时的枯落物厚度为枯落物最佳抗冲厚度，由于不同林地枯落物临界值对流量和能量损耗的响应不一致，在设计流量范围内无法确定最佳抗冲厚度的，可以不得出该结论。

【器材与用品】

水槽实验装置：冲刷槽（长×宽×高：200cm×11cm×15cm），一端活页开口。

原状土取样器（长×宽×高：20cm×10cm×10cm）、恒压水箱、供水管等。

【实验步骤】

1. 采样。用原状土壤（枯落物）采样器（长×宽×高：20cm×10cm×10cm），分别在林地枯落物厚度不同地段取样，重复 2 次，根据实验安排可增加取样次数，取样时连同土壤一起取回。同时，人工采集林地枯落物带回实验室备用。

2. 浸泡。将带回实验室的原状枯落物连通取样器一起浸泡在水中 24h，注意浸泡时不要使水面淹没土壤，以免影响土壤的吸水饱和。人工采集枯落物也要浸泡 24h。

3. 浸泡后将原状土取样器（连同枯落物）放入原状土冲刷装置（注意取样器之间、取样器和冲刷槽之间孔隙用土壤填充灌水至饱和），出水口控制流量为设计流量，记录不同流量下的流出流速，测定原状枯落物抗冲性能，当枯落物有明显位移时对应的流速来计算相应的能量损耗，即为临界能耗；此时对应的流量记为临界流量；在 25° 条件下标准小区内临界流量对应的雨强为临界雨强。

【注意事项】

当原状枯落物厚度不能满足实验要求时，利用人工采集浸泡过的枯落物在原状土上进行铺设，达到实验需求厚度时按照实验步骤 3 进行实验。注意铺设前将原状土上枯落物清理干净，不要扰动土壤层次。

【思考题】

什么是标准小区？如何在实验基础上更真实地反映林地枯落物抗冲性的临界雨强？

【参考文献】

1. 汪有科，吴钦孝，赵鸿雁，等．1993. 林地枯落物抗冲机理研究[J]. 水土保持学报．7(1)：75－80.

2. 刘启慎，李建新. 1993. 石灰岩区不同地类植物枯落物抗冲性实验研究[J]. 河南林业科技(3)：24－26.

3. 李勇，吴钦孝，朱显谟，等. 1990. 黄土高原植物根系提高土壤抗冲性能的研究 I. 油松人工林根系对土壤抗冲性的增强效应[J]. 水土保持学报，4(1)：1－6.

实验 13 枯枝落叶物阻延流速实验

【实验目的】

本实验旨在得出林地枯落物在一定枯落物组成、林地坡度、枯落物厚度条件下，对不同设计流速(流量)的延缓性能。揭示植被保持水土的机理，为营造水土保持林、管理水土保持林提供依据。

【实验内容】

林地枯落物在设定条件下对设定流速的延缓性能。

本实验选定枯落物厚度分别为 1.0、2.0、3.0、5.0cm；坡度设计为 10°、15°、20°、25°；流量设计分别为 5、10、20、30、40 L/s。

【实验原理】

地表径流的流速及流量都是土壤侵蚀的主要动力，但流速的影响更大，泥沙的可移动量与流速的 6 次方呈正比，流速的微小变化即会引起径流挟带泥沙能力的很大变化。林地的枯落物覆盖具有积极而重要的森林水文作用，森林枯落物覆盖地表能够直接增大地表粗糙程度(通常用曼宁公式中的糙率系数 n 值表示)，增加地表径流的阻力系数，降低坡面径流的流速，延缓径流产生，减小径流冲刷土壤的能力。

因此，正确理解和掌握枯落物对地面径流流速的影响机理和影响程度，是我们营造水土保持林、管理水土保持林的基本依据。

【器材与用品】

水槽实验装置：冲刷槽(长×宽×高：200cm×11cm×15cm)，一端活页开口。

原状土取样器(长×宽×高：20cm×10cm×10cm)、恒压水箱、供水管、秒表等。

【实验步骤】

1. 土壤取样

在选好的样地内，根据实验冲刷槽尺寸划定取样区域，用原状土壤采样器分段取样，注意取样时首先清理干净地表枯落物。

2. 枯落物取样

根据实验需要，枯落物分层取样，分为未分解层和分解层，同时测量厚度，取样数量以铺满冲刷槽 5cm 为最低限。

3. 浸泡

将带回实验室的原状土壤和枯落物浸泡在水中 24h，注意浸泡时不要使水面淹没土壤，以免影响土壤的吸水饱和。

4. 测速

浸泡饱和后将原状土取样器连同土壤放入冲刷装置(注意取样器之间、取样器和冲刷槽之间孔隙用土壤填充灌水至饱和），在原状土上铺设枯落物，出水口控制流量为设计流量。目测出口流量稳定时开始在冲刷槽顶端加入染色剂并用秒表计时，在冲刷槽出口观测到染色水流时再次用秒表计时，两次时间差即认为是径流通过枯落物的时间，流速计算采用以下公式：

流速(m/s) = 冲刷槽长(m)/径流历时(s)

依次测定其他流量、坡度和枯落物厚度情况的流速。

【思考题】

1. 自然条件下影响枯落物阻延流速的因素有哪些？
2. 枯落物延缓流速除了减小径流的侵蚀力外，在水土保持中还有什么意义？

【参考文献】

1. 张洪江. 2008. 土壤侵蚀原理[M]. 2 版. 北京：中国林业出版社.

2. 陈奇伯，张洪江，解明曙. 1996. 森林枯落物及其苔藓层阻延径流速度研究[J]. 北京林业大学学报，18(1)：1-5.

3. 何常清，于澎涛，管伟，等. 2006. 华北落叶松枯落物覆盖对地表径流的拦阻效应[J]. 林业科学研究，19(5)：595-599.

实验14 植物根系抗剪强度的测定

植物根系是植物吸收水分和养分的重要器官，植物正常的生长发育是地上部分的光合作用和地下部分的根系吸收水分、养分相统一的系统过程。强大的植物根系不仅可以从土壤中吸收植物生长所必需的水分和养分，而且对于改良土壤的结构和成分，增强土壤的抗侵蚀能力和抗剪切能力有着重要的作用。植物通过根系在土体中穿插、缠绕、网络、固结，使土体抵抗风化吹蚀、流水冲刷和重力侵蚀的能力增强，从而有效地提高土壤的抗侵蚀性能。根系在土体内的生长促使土－土以及根－土间的摩擦力增加，同时根系自身的抗拉、抗剪性能也增强了土壤的抗剪切性能，这些对于根系的固土护坡作用有着极其重要的意义。

【实验目的】

本实验旨在得出根系－土壤复合体的抗剪强度。然而，树木根系的生长和形态分布十分复杂，树种不同，其根系形态分布特征不同，立地条件不同，根系的强度特征和所发挥的固土能力也不相同。如何选择适宜的树种，采取适宜的造林设计，达到坡面稳定和治理水土流失的目的，是边坡造林的关键。因此，加强对不同树种根系抗剪、抗拉等力学特征及根系土壤复合体的力学特征的研究尤其重要。

由于对植物根系单独的抗剪实验尚不成熟，国内外学者普遍对根系－土壤复合体进行抗剪实验，同时结合无根土壤抗剪实验来表述植物根系提高土体抗剪性能，间接表述根系的抗剪性能。

【实验内容】

根系－土壤复合体在直剪条件下的抗剪强度，无根土壤在直剪条件下的抗剪强度。

【器材与用品】

实验采用南京土壤仪器厂生产的三速电动等应变直剪仪 SDJ－1 型，剪切盒上下盒的横截面为圆形，面积为 $30cm^2$，上下盒高均为 2cm。

【实验原理】

土体的抗剪强度指在外力的作用下，发生变和滑动时所具有的抵抗剪切破坏的极限程度。通常采用4个试样分别在不同的垂直压力下，施加水平剪切力进行剪切，求得破坏时的剪应力，然后根据库仑定律确定土体的抗剪强度参数和凝聚力。剪切强度按照式(1-4)计算：

$$\tau = (C \cdot R/A_0) \times 10 \qquad (1\text{-}4)$$

式中 τ——抗剪强度(kPa)；

C——率定系数(N/0.01mm)；

A_0——试样初始断面积(cm^2);
10——单位换算系数;
R——测力计读数,0.01mm。

【实验步骤】

1. 根系－土壤复合体制备

(1)原状土样的制备:使用土力学实验标准环刀(内径61.8mm,面积$30cm^2$,高度20mm),每种植物林地取6个土样,其中4个土样为含根土,2个为无根土(对照)。取完后用密封袋保存,送往实验室冷藏保存。取得的试样应该尽量在1周内实验。

(2)扰动土试样的备样

①将土样从土样筒或包装袋中取出,对试样的颜色、气味、夹杂物和土类及均匀程度进行描述,并将土样切成碎块,拌和均匀,取代表性土样测定含水率。

②采用天然含水率状态代表性土样,供颗粒分析、界限含水率实验。

③将风干土或烘干的土样放在橡皮板上用木碾碾散。

(3)扰动素土试样(A)的制样

①将碾散的风干土样通过孔径2mm的筛,取筛下足够实验用的土样,充分拌匀,测定风干含水率,装入保湿缸或塑料袋内备用。

②根据实验所需的土样与含水率,制备试样所需的加水量。按式(1-5)计算:

$$m_w = \frac{m_0}{1 + 0.01w_0} \times 0.01(w_1 - w_0) \quad (1\text{-}5)$$

式中 m_w——制备试样所需要的加水量(g);
m_0——湿土(或风干土)质量(g);
w_0——湿土(或风干土)含水率(%);
w_1——制样要求的含水率(%)。

③称取过筛的风干土样平铺于搪瓷盘内,用水均匀喷洒,成分拌匀后装入盛土容器内,盖紧,润湿24h。

④测定润湿土样不同位置处的含水率,不少于两点,含水率差值应符合国家标准。

⑤在击样器(放样器)内分4层击实,各层上料数量应相等,各层接触面应打毛。

注:以上实验方法详见GB/T 50123—1999。

(4)加根土试样(B)的制备

重复扰动素土试样(A)的制样的前4步,在分层击实土料时在中间加入待试根。根的布设形式分3种(见图1-11),第一种形式(a)为加一个垂直根,第二种形式(b)为加水平根,第三种形式(c)为前两种形式的综合,根长和直径按实验要求添加,加根直径和长度是根据调查的树种含根量和试样的规格来确定的。

2. 抗剪强度测定

(1)环刀取土:环刀取土采用三速电动等应变直剪仪,实验时将变速箱调到中速

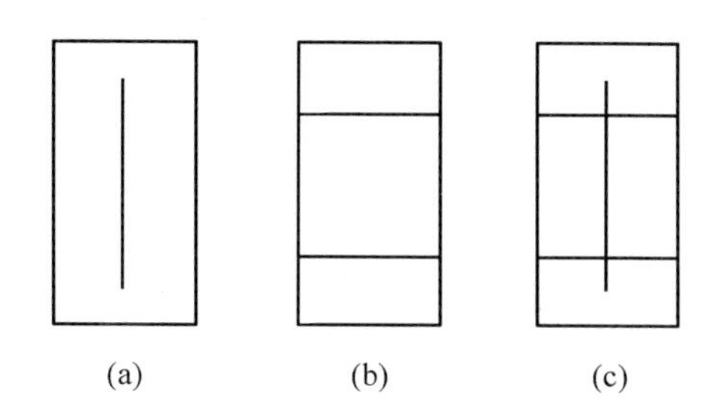

图 1-11 根的布设形式

(a)垂直根 (b)水平根 (c)复合根

(4 r/min)。为了测定环刀内的含根量与剪切强度的关系，剪切实验完成后，将含根土内的根洗出来，烘干后称重，获得单位土体含根量(g/cm^3)。

根据实验数据，用含根量作纵坐标，抗剪强度作横坐标，得出不同含根量与土壤抗剪强度的关系。

(2)制备土壤：扰动土体样品采用剪切盒进行剪切实验，剪切盒安装使用参见《土工实验规程》(SL 237—1999)，剪切采用固结排水和慢剪实验分别进行。

(3)抗剪结果均可参照式(1-5)进行计算。

【思考题】

1. 为什么不直接用植物根系测定根系的抗剪强度？
2. 根系特性和分布情况如何影响根系－土壤复合的抗剪强度？

【参考文献】

1. 王治国 . 2000. 林业生态工程学：林草植被建设的理论与实践[M]. 北京：中国林业出版社 .

2. 陈希哲 . 1998. 土力学地基基础[M]. 北京：清华大学出版社 .

Ⅱ　模拟(降雨)实验

实验15　雨滴与雨滴特性观测

【实验目的】

雨滴溅蚀作用是引起片蚀的主要侵蚀营力之一，通过对雨滴与雨滴特性的观测，一方面可以了解降雨对土壤的侵蚀作用，另一方面也可以计算溅蚀量的大小。

【实验内容】

1. 雨滴大小的测定及 D_{50} 求取。
2. 雨滴的终点速度的观测及能量计算。

【实验原理】

雨滴特性包括雨滴形态、大小及雨滴分布、降落速度、接地时冲击力、降雨量、降雨强度和降雨历时等。

自然降雨是由大气中的水蒸气，在运动过程中遇冷凝结为水滴而后降落到地面。一般情况下，雨滴可认为是球形，但当雨滴较大时呈纺锤形。小雨滴(直径 <0.25mm)及中雨滴(直径 0.25 ~ 5.5mm)是稳定雨滴，大雨滴(直径 >5.5mm)是不稳定雨滴，在降落中常被气流粉碎。

降雨是由大小不同的雨滴组成的，不同直径雨滴所占的比例称为雨滴分布，一次降雨的雨滴分布用该次降雨雨滴累计体积百分曲线表示，其中累计体积为50%所对应的雨滴直径称为中数直径，用 D_{50} 表示。D_{50} 表明该次降雨中大于这一直径的雨滴总体积等于小于该直径的雨滴的总体积，D_{50} 表达出雨滴的基本特征。

雨滴直径大小的观测采用色斑法，色斑法的原理是将已知直径的雨滴滴在涂有曙红粉(曙红∶滑石粉 = 1∶4)的滤纸上，形成一个粉红色的色斑，雨滴直径大，色斑大，雨滴直径小，色斑小。

另外，测量雨滴的粒径，还可直接由雨滴谱仪来测定。

【器材与用品】

滤纸、1∶4 的曙红粉、各种尺寸的针头及吸管、雨谱收集器、千分之一感量天平、量杯、尺子、计算纸等。

【实验步骤】

1. 色斑法测雨滴直径

(1)雨滴大小的测定及 D_{50} 求取步骤

①用不同规格的雨滴发生器(ϕ0.2mm 针头 ~ ϕ5.0mm 吸管)吸水，然后分别滴入已知杯重($G_{杯}$)的量杯中，每型 100 滴。

②用天平称 100 滴雨滴及量杯质量($G_{量杯}$)，用式 $G_{量杯} - G_{杯} = 100G_{滴}$，得出 100 滴雨滴质量和每个雨滴质量 $G_{滴}$。

③用式(2-1)、式(2-2)(见数据记录及结果分析 1)计算雨滴体积($V_{滴}$)和直径($d_{滴}$)。

④再将不同规格雨滴滴在涂有曙红粉的滤纸上，每型雨滴不少于 10 滴。

⑤用直尺分别量各型雨滴的色斑直径，并求出每型雨滴的平均色斑直径 D。

⑥在计算纸上，从小到大绘制出雨滴直径 $d_{滴}$ 及对应色斑直径 D 的相关直线，得两者率定关系直线。

⑦用贴有曙红粉滤纸的雨谱收集器收集天然降雨雨滴，不少于 5 次，以使不同规格雨滴得到真实反映(参见注意事项)。

⑧分别用直尺量出 5 次收集的雨滴色斑直径及数量，并用率定关系线查出对应雨滴直径 $d_{滴}$；用式 $V_{滴} = \frac{4}{3}\pi\gamma^3 = \frac{1}{6}\pi d_{滴}{}^3$ 计算出每型雨滴的体积，并乘以该型雨滴数，得收集到的降雨中该雨滴降水体积。

⑨将各型雨滴降水体积累加，得所收集降水总体积；分别计算每一型雨滴降水体积占总体积的百分比。

⑩以雨滴直径为横坐标，以从小到大的雨滴直径的降水体积之累积百分比例为纵坐标，绘制该次降雨雨滴分布图；并在图上纵坐标 50% 对应处找出雨滴直径，即为 D_{50}。

(2)雨滴的终点速度的观测及能量计算

测定雨滴终点速度最常用的方法是高速摄影法。用一架高速摄像机正对下降雨滴，在下降雨滴背面设深色幕帘用来反衬，旁边直立刻度尺，并用强光照射雨滴，使其反光明亮，此时用相机拍照可得到一张有一定长短(距离)的白色线段的照片，对照刻度尺知其距离大小，再用照相机快门开启合闭的时间(一般 1/1000s 以上)去除，即得某型雨滴终点速度。

测定雨滴速度费钱、费力。以下给出静止空气中雨滴终点速度参考值(表 2-1)，供查用。

表 2-1 静止空气雨滴的终点速度

雨滴直径(mm)	终点速度(m/s)(A)	终点速度(m/s)(B)
0.25	1.00	—
0.50	2.00	2.0

（续）

雨滴直径(mm)	终点速度(m/s)(A)	终点速度(m/s)(B)
1.00	4.00	4.1
2.00	6.58	6.3
3.00	8.06	7.6
4.00	8.86	8.5
5.00	9.15	8.8
6.00	9.30	9.0

注：(A)为J. O. Laws(1941)和G. D. Kinzer(1949)资料；(B)为Mihara(1952)资料。

中国科学院水土保持研究所还给出了计算雨滴的终点速度公式。当雨滴直径 $d<1.9$mm 时，用修正的沙玉清公式；当雨滴直径 $d_{滴}\geq 1.9$mm 时，用修正的牛顿公式，这两个公式分别列在了【数据记录及结果分析】中。

有了雨滴直径和雨滴的终点速度，就可以计算出雨滴的动能，计算公式在【数据记录及结果分析】中。

2. 雨滴谱仪测定雨滴的粒径

图 2-1　激光雨滴谱仪

图2-1是一个激光雨滴谱仪，它可以测量各种类型的降水。可测量液态降水粒子粒径量程范围为：0.2～5mm，固态降水粒子量程为0.2～25mm。降水过程中可测量粒子下落速度范围为：0.2～20m/s。可区分8种降水粒子：毛毛雨、阵雨、雨、冰雹、雪、米雪、冻雨、混合降水。降水测量是通过一个专门设计的特殊的传感器元件完成的，它可以检测肉眼可见的地水准平面1m以上的降水量(其他的高度也有)，数据获取和存储是通过一个快速的数字化信号处理器完成的。

测量的基本参数为粒子粒径和下落速度，粒径分布分32个尺寸级别和32个速度级别，由此推导出粒子谱分布、降水量、降水动能、降水类型、雨强、雷达反射率、能见度。测量结果通过串行/天气雷达接口传输到数据记录仪或计算机。

【数据记录及结果分析】

1. 雨滴体积和直径的计算

$$V_{滴} = \frac{G_{滴}}{\gamma} \tag{2-1}$$

$$d_{滴} = \sqrt[3]{\frac{3V_{滴}}{4\pi}} \cdot 2 \tag{2-2}$$

式中 $V_{滴}$、$d_{滴}$——该雨滴体积和直径；

γ——水的密度，$1g/cm^3$；

π——圆周率，3.141 59。

2. 降雨终点速度的计算

当雨滴直径 $d_{滴}<1.9mm$ 时，用修正的沙玉清公式：

$$V = 0.496 \times 10^{\sqrt{28.32-6.524\lg 0.1d-(\lg 0.1d)^2-2.665}} \tag{2-3}$$

当雨滴直径 $d_{滴} \geq 1.9mm$ 时，用修正的牛顿公式：

$$V = (17.20 - 0.844d_{滴})\sqrt{0.1d_{滴}} \tag{2-4}$$

式中 V——雨滴终点速度(m/s)；

$d_{滴}$——雨滴直径(mm)；

3. 降雨动能的计算

$$E = 1/2mV^2 \tag{2-5}$$

式中 E——降雨动能(J)；

V——雨滴终点速度(m/s)；

m——雨滴质量(kg)。

式(2-5)是单个雨滴的动能，根据每次降雨雨滴组成，即可计算该次降雨在单位面积上每1mm降雨量的降雨动能。这种计算方法要有雨滴观测的实验基础，而且计算过程烦琐、复杂。为此，美国学者维斯迈尔(Wischmeier)和史密斯(Smith)根据雨滴分布和终点速度，建立了一个经过简化的计算降雨能动经验公式，即：

$$E = 210.2 + 89\lg I \tag{2-6}$$

式中 E——降雨动能$[J/(m^2 \cdot cm)]$；

I——降雨强度(cm/h)。

【注意事项】

雨谱收集器为一扁平的长方形木盒，盒盖能自由抽拉。使用时，将涂好曙红粉的滤纸贴(图钉钉也可以)在盒底，盖好盒盖，拿到室外雨区平置，并迅速抽开盒盖，收集雨滴后立即快速合盖，不使过多雨滴重叠。如此反复5次即能收集足够雨滴。

【思考题】

雨滴是引起土壤侵蚀的主要营力之一，造成土壤侵蚀的营力主要有哪些?

【参考文献】

1. 张洪江 . 2008. 土壤侵蚀原理[M]. 2 版 . 北京：中国林业出版社 .

2. 黄炎和，朱鹤健，郑达贤 . 2002. 闽南地区的土壤侵蚀与治理[M]. 北京：中国农业出版社 .

3. 刘震 . 2004. 水土保持监测技术[M]. 北京：中国大地出版社 .

实验16 雨滴击溅侵蚀量测定

【实验目的】

雨滴打击地表造成土粒飞溅，开始是干土飞溅，表土吸水饱和后则为泥浆飞溅，这种由雨滴直接打击地面所产生的土粒跃溅位移的现象就是溅蚀。溅蚀的结果使土壤养分损失，雨滴打击团聚体使团聚体破裂，细粒下移，土壤表面紧实，土壤表面板结和严重结皮化，通气孔隙的大量减少，使土壤通气不良，作物不能正常生长。雨滴的击溅侵蚀是引起土壤侵蚀的一个重要因素，因此，测定雨滴击溅侵蚀量是研究土壤侵蚀的一个重要内容。

【实验内容】

采用溅蚀杯法及溅蚀板法，对击溅侵蚀量(简称溅蚀量)进行测定。

【实验原理】

溅蚀量的大小取决于土壤及降雨特性，任何一次降雨引起的侵蚀现象都受这两方面的制约。土壤性质一定时，高侵蚀力的降雨，溅蚀量大；低侵蚀力的降雨，溅蚀量小。而降雨强度、雨滴降落的速度及雨滴大小三者组合指标能较好反映降雨侵蚀力的大小。对于同一场降雨，不同类型的土壤，溅蚀量亦不同，抗蚀性弱的土壤溅蚀量大，抗蚀性强的土壤溅蚀量小。

【器材与用品】

人工模拟降雨装置、溅蚀杯、溅蚀板、烘箱、扭力天平、雨量筒、洗瓶、烧杯、漏斗架、漏斗、滤纸等。

【实验步骤】

1. 溅蚀杯测定溅蚀量

(1)Ellison溅蚀杯的构造：它是一个直径80mm，高50mm，面积50cm^2的铜制圆筒，筒底为焊接的铜丝网。测定时，在网上铺一薄层棉花，再将土装满圆筒，并置于贮水的盘中使其吸水饱和，然后放在雨滴下使其产生溅蚀，收集溅蚀杯的土粒烘干称重，得到面积50cm^2面积的溅蚀量。

Ellison溅蚀杯用于外业观测，收集溅出土粒较困难。我国多用改进后的溅蚀杯观测。它由镀锌铁皮制成高12cm(有的15cm)，直径36cm(也可稍大)的圆筒，筒底为中心留有100cm^2(直径11.28cm)面积的圆孔的焊接底板(孔边稍翘起)，平分底板的环带上焊接两块隔板，以便分开收集上坡和下坡的击溅量。为防止雨水蓄积造成误测，在每一隔板上坡方向的圆筒上留有孔嘴，同样在下坡方向圆筒正中底边留一孔嘴，并在该孔嘴上留有排水孔，用软塑导管分别连接3个孔嘴，就可收集上坡和下坡的溅蚀量。溅蚀杯示意图如图 2-2。

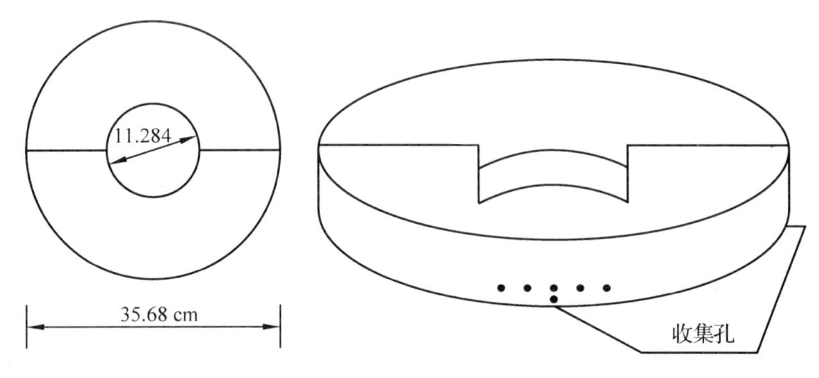

图 2-2　溅蚀杯示意图

(2)安装与观测要求：当用来观测雨滴溅蚀的距离及溅蚀量时，可用 Ellison 溅蚀杯，要求杯放置水平，杯中土体应经镇压密实，近似自然土体，且要平整。雨滴要垂直下降，且有足够高度。在收集区应设置画有同心圆的收集器，直径 2. 0m 以上，以便观测不同距离的溅蚀量及溅蚀最大距离。

测定坡面侵蚀量，应用改进的 Ellison 溅蚀杯，安装前坡面整理均整，使杯底与坡面紧密贴合；将杯转动按正确方向放置。软塑导管套结紧密，出口塞入收集瓶，并将收集瓶垂直埋入土内，以防风、鸟打翻。由于风影响溅蚀效果，并吹动溅蚀杯，因而安装好后还需固定溅蚀杯。通常用带铁丝钩的小木桩在杯周围打入土体，用小钩钩住杯口上缘即可。

在测定溅蚀距离和溅蚀量时，为避免风的影响，通常在室内进行测定。先将收集器上土粒风干，用板刷仔细将每一同心圆所围成的环带面积内土粒收集起来，再烘干称重，无风情况下溅蚀量为各环带收集量的总和，除以溅蚀杯面积得到单位面积溅蚀量。在测定坡面溅蚀量时，降雨期间要注意观测杯的状况及收集瓶是否需要更换。降雨结束后，用板刷将杯中土粒分别收集起来，并用清水将导管土粒刷入瓶中，然后将上坡两个收集瓶和下坡收集瓶泥水倒入铝盒称重。

$$\text{溅蚀总量} = G_{\text{上}} + G_{\text{下}}$$

$$\text{单位面积溅蚀量} = \text{溅蚀总量}/\text{溅蚀面积}$$

$$\text{溅蚀土粒移动量} = G_{\text{下}} - G_{\text{上}}$$

无论用何仪器观测，均应设置 3 ~5 个重复。

2. 溅蚀板测定溅蚀量

溅蚀杯的溅蚀面积小，且受风的影响大，测定精度低，于是采用溅蚀板来测定溅蚀量。

通过溅蚀杯测定溅蚀量后，人们已经知道土粒溅移距离多在 0. 5m 以内，且距离越近溅蚀量越大，在顺风方向上或向下坡方向大雨滴可溅移土粒达 2. 0m。这样用抛物线法估测土粒溅移高度一般为 0. 5m(大雨滴要高)，随着高度增加，溅移的土粒减小。这些溅移特征值成为溅蚀板设计的依据。

(1)溅蚀板的构造：它是一个收集溅移泥沙的板状装置。地上部分板高 40 ~

60cm，板宽取30cm即可，要表面光滑、质地坚硬，多用薄不锈钢或镀锌铁皮制成。地下部分要与地上部分连成一体，立面呈梯形，板的两侧焊接有两块与地下部分板面相同大小的隔板，中缝宽约1.0cm，形成土粒与雨水收集薄箱，在梯形面的底边与所夹的底角两面，各焊接一个孔嘴，以便引导收集箱体的土粒和雨水至收集瓶，二者用软塑管连接，收集瓶埋入土体中(如图2-3)。

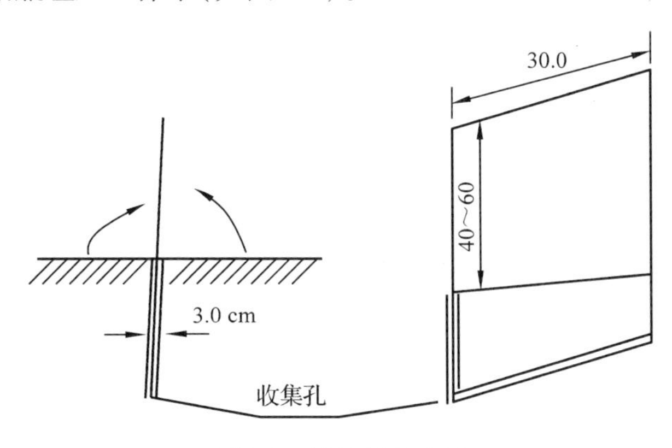

图2-3 溅蚀板示意图

(2)溅蚀板安装要求：溅蚀板垂直安装在坡面水平线上，板的两面正对上坡和下坡，以收集向上坡和向下坡的溅蚀量。单个溅蚀板可以测定不同坡度坡面向上坡和向下坡的溅蚀量，但不能确定溅蚀量来自多大面积。因之，常用来研究不同降雨和不同坡面处理的溅蚀对比观测，并能得出下移量。鉴于此，可将多块溅蚀板以不同间距进行组合，或在该溅蚀板周围圈定一固定面积进行观测。

要测定溅蚀量和溅蚀面积，多用一组溅蚀板在坡面平行排列，板的中线位于同一坡向线上，板间的距离(水平距)，从0.5~2.0m，使板面收集不同面积的溅蚀土粒。降雨结束后，得到不同距离上坡与下坡的溅蚀量。以板间水平距离为横坐标，以上坡(或下坡)溅蚀量为纵坐标，绘制距离(面积)—溅蚀量曲线，板数量多则曲线精度高，相反精度低。为此，除设置3~5个重复外，还应把板间水平距离处理恰当。最后，在曲线上找出单位面积溅蚀量最大的数值和水平距离，即为该次降雨要求的溅蚀量。

除上述要求外，板的安装要坚固抗倒，以免受风影响；板下面埋入土体部分及收集管瓶，必须埋入土体内，以防影响溅蚀面积计算。此外，坡面处理要均匀平整，以减少重复差值，提高观测精度。

(3)溅蚀板观测内容及方法：观测内容和方法基本与溅蚀杯一致，除了降雨特性、雨滴能量、坡面状况外，还有风向、风速、土壤性质及抗蚀性。

溅蚀是在雨滴打击下土粒向四周均匀溅移(无风影响下)，当在坡面上溅蚀，向下坡溅移距离远，向上坡溅移距离近，于是怎样确定每块板的溅蚀面积(界限)成为问题。目前有两种方法解决：一是不确定面积，以单宽溅蚀量表示，即溅蚀板宽的溅蚀量；二是沿坡向排列时，每一纵行溅蚀板间距相等。计算面积均以板距中线分开，下坡面积的不足在上坡刚好得到补充，总溅蚀量不变，面积为板距乘以溅蚀板宽。

【思考题】

在雨滴的击溅侵蚀量的测定过程当中，你认为溅蚀作用在整个土壤水土流失当中的作用是怎样的?

【参考文献】

1. 张洪江 . 2008. 土壤侵蚀原理[M]. 2 版 . 北京：中国林业出版社 .

2. 张广军，赵晓光 . 2005. 水土流失及荒漠化监测与评价[M]. 北京：中国水利水电出版社 .

3. 刘震 . 2004. 水土保持监测技术[M]. 北京：中国大地出版社 .

4. 李世泉，王岩松 . 2008. 东北黑土区水土保持监测技术[M]. 北京：中国水利水电出版社 .

实验17 模拟降雨渗透实验

【实验目的】

了解在人工降雨条件或水滴在土壤当中的渗透过程中，湿润体的变化规律和湿润范围等，对灌溉技术的实际应用具有一定的指导意义。因此，本实验主要模拟在滴灌条件下，湿润锋运移规律。

【实验内容】

研究不同滴头流量下，湿润锋前进的情况。

【实验原理】

湿润锋形成的原理如下所述。

滴灌条件下的土壤水分运动属于点源入渗，其土壤水动力学方程可表示为：

$$\frac{\partial \theta}{\partial t} = -\left(\frac{\partial q_x}{\partial x} + \frac{\partial q_y}{\partial y} + \frac{\partial q_z}{\partial z}\right)$$

式中 θ——土壤含水率；

t——时间；

q_x、q_y、q_z——三维土壤水分通量。

根据非饱和土壤水流动的达西定律，各方向土壤水分通量表达式为：

$$\begin{cases} q_x = -D(\theta)\dfrac{\partial \theta}{\partial x} \\ q_y = -D(\theta)\dfrac{\partial \theta}{\partial y} \\ q_z = -D(\theta)\dfrac{\partial \theta}{\partial z} - K(\theta) \end{cases}$$

式中 $D(\theta)$——土壤水分扩散率；

$K(\theta)$——土壤水力传导率。

由公式可以看出，水分在土壤中的运动与土壤的水分扩散率、水力传导率及水势梯度(常用水分梯度表示)有关。在土壤水扩散率一定时，水分梯度的绝对值越大，水分通量也越大，水流速度越快。但土壤水分扩散率和水力传导率要随着含水率的增加而变化。

【器材与用品】

马氏瓶、输水管、滴头、有机玻璃土箱等。

【实验步骤】

1. 实验装置

本实验采用15°扇柱体有机玻璃土槽进行不同含盐浓度的滴灌实验，观测不同滴灌条件下的水分的运动及分布，土槽高50cm，半径为100cm，装置示意图见图2-4。

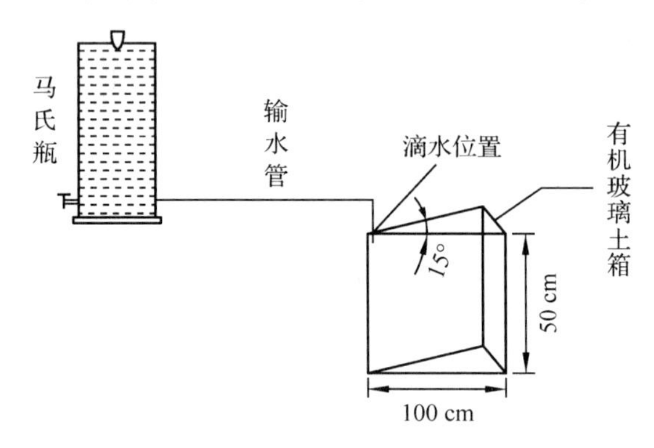

图2-4　实验装置示意图

实验时用注射器针头8号模拟滴头，为保持恒压，用马氏瓶供水，滴头流量的大小通过调节注射器和马氏瓶进气口和出水口的高差来实现。

2. 实验方法

供试土壤经风干后过20mm细筛，按实测土壤的平均干容重分层装入有机玻璃箱内，为了装土均匀，采用分层装填的方法，以5cm为一层装土，在有机玻璃土槽的侧面贴好透明胶片，用来记录湿润锋的变化过程，事先调节针头流量使符合实验要求。

3. 实验处理

滴头流量设置为：2 L/h、3.4 L/h、8 L/h 3个梯度。

4. 观测项目

实验观测项目包括累计入渗量和湿润锋动态，由马氏瓶上的刻度记录渗入土壤的水量，观测该项目可以对滴头流量进行校正。湿润锋动态通过灌水不同时刻，装置两个侧面的透明胶片上的湿润锋形状来描绘，实验结束后取下胶片用坐标纸读出每条湿润线坐标。

用装置两个侧面胶片上记录的地表水平方向的湿润距离的平均值代表水平湿润距离，取两个侧面通过滴头向下的湿润深度的平均值表示垂直湿润距离。

【数据记录及结果分析】

通过记录不同时间，水平湿润距离、垂直湿润距离，以及流量的大小，可以分析出流量对水平湿润距离的影响、流量对垂直湿润距离的影响、水平湿润距离和垂直湿润距离的比值、入渗距离和时间关系的曲线等。

【思考题】

什么叫湿润锋以及影响湿润锋的因素有哪些?

【参考文献】

1. 肖娟，雷廷武，李光永．2007. 水质及流量对盐碱土滴灌湿润锋运移影响的室内试验研究[J]. 农业工程学报，23(2)：88－94.

2. 郑园萍，吴普特，范兴科．2008. 双点源滴灌条件下土壤湿润锋运移规律研究[J]. 灌溉排水学报，27(1)：28－30.

3. 李明思，贾宏伟．2001. 棉花膜下滴灌湿润锋的试验研究[J]. 石河子大学学报(自然科学版)，5(4)：316－319.

4. 孙海燕，李明思，王振华，等．2004. 滴灌点源入渗湿润锋影响因子的研究[J]. 灌溉排水学报，23(3)：14－17.

实验 18 模拟降雨坡面径流与侵蚀

【实验目的】

通过本实验，了解人工模拟降雨机的工作原理，掌握降雨导致的坡面土壤侵蚀作用，坡面降雨侵蚀的发生过程，影响坡面降雨侵蚀量的主要因素。掌握土壤侵蚀与坡度的关系以及降雨强度与侵蚀的关系。

【实验内容】

1. 确定不同降雨历时、降雨强度和降雨量的坡面土壤侵蚀量。
2. 确定不同坡度、土壤类型和植被类型的土壤侵蚀量。
3. 确定不同处理的降雨径流量。
4. 确定土壤侵蚀与坡度的关系以及降雨强度与侵蚀的关系。

【实验原理】

降雨导致的土壤侵蚀量大小，主要取决于降雨历时、降雨强度和降雨量等，同时还受到土壤种类、坡度、地表覆盖物种类及其数量等多种因素的影响。本实验的室内人工模拟降雨系统采用特定土壤，通过改变降雨量、降雨强度、降雨历时、坡度来探讨土壤侵蚀量的大小，进而通过分析实验数据得到以上因素与土壤侵蚀量的相关关系。

【器材与用品】

人工模拟降雨机，长、宽和高分别为 100cm、30cm 和 20cm 的土壤侵蚀槽、适量土壤、量筒、塑料桶、滤纸、烘箱和电子秤等。

【实验步骤】

1. 设计坡度分别为 5°、10°、15°、20°、25°、30°和 35°共 7 个坡度级。

2. 设计降雨强度分别为 30. 0mm/h、40. 0mm/h、50. 0mm/h、60. 0mm/h、70. 0mm/h、80. 0mm/h 和 90. 0mm/h 共 7 个降雨级别。

3. 将填充有土壤样品的可变坡度土壤侵蚀槽安置于人工模拟降雨机的正下方，向人工模拟降雨机注水并调整模拟降雨机的供水阀门至降雨强度为 10. 0mm/h 左右。

4. 将人工模拟降雨机的工作方式置于手动方式，开启电源使人工模拟降雨机产生降雨约 2. 0h，以使土壤侵蚀槽内的土壤样品水分含量逐渐升高达到上下一致。

5. 调节土壤侵蚀槽的倾斜程度，使被实验的土壤表面坡度达到 5°并保持这一坡度。

6. 调节模拟降雨机的供水阀门至降雨强度为 30. 0mm/h。保持这一降雨强度 10. 0min 左右以使土壤侵蚀槽内土壤表面产生的地表径流量均匀一致。

7. 用1 000mL量筒从土壤侵蚀槽的集水口取含有泥沙的水样800，…，1 000mL，并记录采取水样体积和所经历的时间段填入表2-2。将放好滤纸的漏斗置于塑料瓶，将含有泥沙的水样过滤备用，用同样方法连续再取水样两个，分别进行记录和过滤备用。

8. 再分别调节模拟降雨机的供水阀门至降雨强度为40.0mm/h、50.0mm/h、60.0mm/h、70.0mm/h、80.0mm/h和90.0mm/h，各保持这些降雨强度10min左右以使土壤侵蚀槽内土壤表面产生的地表径流量均匀一致，重复前7个步骤和内容，将相关数据分别记录于表2-3～表2－7。

9. 按不同坡度将水样编号，用铅笔分别写在过滤纸上，放入干燥箱内(烘箱温度应≤80℃)烘5～7h后，取出包有泥沙的过滤纸称重。扣除过滤纸质量后将泥沙质量分别记入表2-3～表2-7的相关栏内。

【数据记录及结果分析】

表2-2　坡度为5°时模拟降雨土壤侵蚀记录

水样编号	坡度(°)	雨强(mm/h)	水样体积(mL)	历时(min)	烘干重(g)	产沙量[g/(m^2·h)]
1…3	5	30				
4…6	5	40				
7…9	5	50				
10…12	5	60				
13…15	5	70				
16…18	5	80				
19…21	5	90				

实验时间：　　年　　月　　日　　　　　　　　　记录人：

表2-3　坡度为15°时人工模拟降雨土壤侵蚀记录

水样编号	坡度(°)	雨强(mm/h)	水样体积(mL)	历时(min)	烘干重(g)	产沙量[g/(m^2·h)]
1…3	15	30				
4…6	15	40				
7…9	15	50				
10…12	15	60				
13…15	15	70				
16…18	15	80				
19…21	15	90				

实验时间：　　年　　月　　日　　　　　　　　　记录人：

表 2-4 坡度为 20°时人工模拟降雨土壤侵蚀记录

水样编号	坡度(°)	雨强(mm/h)	水样体积(mL)	历时(min)	烘干重(g)	产沙量[g/(m^2·h)]
1…3	20	30				
4…6	20	40				
7…9	20	50				
10…12	20	60				
13…15	20	70				
16…18	20	80				
19…21	20	90				

实验时间：　　年　　月　　日　　　　　　　　记录人：

表 2-5 坡度为 25°时人工模拟降雨土壤侵蚀记录

水样编号	坡度(°)	雨强(mm/h)	水样体积(mL)	历时(min)	烘干重(g)	产沙量[g/(m^2·h)]
1…3	25	30				
4…6	25	40				
7…9	25	50				
10…12	25	60				
13…15	25	70				
16…18	25	80				
19…21	25	90				

实验时间：　　年　　月　　日　　　　　　　　记录人：

表 2-6 坡度为 30°时人工模拟降雨土壤侵蚀记录

水样编号	坡度(°)	雨强(mm/h)	水样体积(mL)	历时(min)	烘干重(g)	产沙量[g/(m^2·h)]
1…3	30	30				
4…6	30	40				
7…9	30	50				
10…12	30	60				
13…15	30	70				
16…18	30	80				
19…21	30	90				

实验时间：　　年　　月　　日　　　　　　　　记录人：

表 2-7 坡度为 35°时人工模拟降雨土壤侵蚀记录

水样编号	坡度(°)	雨强(mm/h)	水样体积(mL)	历时(min)	烘干重(g)	产沙量[g/(m^2·h)]
1…3	35	30				
4…6	35	40				
7…9	35	50				
10…12	35	60				
13…15	35	70				
16…18	35	80				
19…21	35	90				

实验时间:　　年　月　日　　　　记录人:

将表 2-3 ~ 表 2-7 的坡度、降雨强度和产沙量实验数据整理，将相同坡度和同一降雨强度下的 3 个产沙量数据初步对比分析，如果相对相差均≤5.0% 时，取其 3 个产沙量数据的平均值作为该种条件下的产沙量值。如其中一个数据的相对相差均 > 5.0% 时，则剔除该数据取另 2 个产沙量数据的平均值作为该种条件下的产沙量值后，输入计算机以产沙量为因变量，以坡度和降雨强度为自变量进行多元线性回归分析，得方程式如下：

$$y = ax_1 + bx_2 + c$$

式中 y——土壤侵蚀量[g/(m^2·h)]；
x_1——坡度(°)；
x_2——降雨强度(mm/h)；
a,b——变量 x_1，x_2 的系数；
c——常数。

【思考题】

1. 思考人工模拟降雨机的工作原理。
2. 土壤侵蚀与坡度的关系以及降雨强度与侵蚀的关系。

【参考文献】

1. 刘秉正，吴启发 . 1997. 土壤侵蚀[M]. 西安：陕西人民出版社 .
2. 吴启发 . 2003. 水土保持学概论[M]. 北京：中国林业出版社 .
3. 张广军 . 2005. 水土流失与荒漠化监测与评价[M]. 北京：中国水利水电出版社 .

实验 19 模拟降雨面蚀观测

【实验目的】

通过室内土壤降雨侵蚀观测，了解土壤侵蚀特点、发展规律、形成原因，以及水土资源利用现状和土地利用状况对土壤侵蚀的影响等。

【实验内容】

1. 面蚀程度和面蚀强度的观测。
2. 调查坡面长度和地面坡度组成。
3. 利用侵蚀针法对面蚀调查资料进行计算。
4. 坡面流的流速和流量测定。

【实验原理】

土壤侵蚀观测常用的手段有人工判读解译、计算机判读解译等。在实际的土壤侵蚀观测工作中，具体采用哪一种方法，视观测目的、观测具体要求、观测区域具体情况、所能收集到的资料和可能获得的信息源种类、观测人员的业务素质、所能提供的观测设备等多种因素而定。在土壤侵蚀观测中，常常是根据具体情况以某种方法为主，结合使用其他方法进行工作。

【实验步骤】

根据土壤侵蚀观测内容，将观测工作分为几个步骤，每个步骤的主要侧重点虽然不同，但都是为观测目的服务。一个完整的土壤侵蚀观测工作可分为准备工作、资料收集与整理、土壤侵蚀观测、土壤侵蚀分析与评价等几个阶段。

1. 准备工作

准备人工模拟降雨机，长、宽和高分别为 10m、2m 和 1m 的土壤侵蚀槽，量筒，塑料桶和电子秤等仪器、设备、化验药品等。初步编制室内解译判读所用的表格，在正式进行观测之前，制定所选择的手段、技术路线、调查的详细内容、观测单元的划分、不同土壤侵蚀形式的程度及其强度的分级标准以及评价分级标准的因子选取等。

2. 资料收集与整理

(1) 土壤条件

收集的资料主要包括土壤种类、土壤厚度、不同土壤种类的理化性状、土壤抗蚀性、土壤水分含量、土壤水分渗透特性等。

(2) 土壤侵蚀资料

观测土壤侵蚀类型、形式、发生程度及其发展强度，不同土壤侵蚀形式的分布等。

【数据记录及结果分析】

1. 利用侵蚀针法对面蚀调查资料进行计算

侵蚀针法是插入一根带有刻度的直尺，通过刻度观察侵蚀深度，由此可计算出不同土壤的土壤流失量。

侵蚀针法面蚀调查的计算是为了便于观测，在需要进行观测的区域，打 50cm × 100cm 的小样方，在样方内将直径 0.6cm、长 20 ~ 30cm 的铁钉相距 50cm × 50cm 分上中下、左中右纵横沿坡面垂直方向打入坡面，为了避免在钉帽处淤积，把铁钉留出一定距离，并在钉帽上涂上油漆，编号登记入册，每次降雨后，观测钉帽出露地面高度与原出露高度的差值，计算土壤侵蚀深度及土壤侵蚀量，计算公式为：

$$A = ZS\cos\theta/1000$$

式中 A ——土壤侵蚀量(m^3)；

Z ——侵蚀深度(mm)；

S ——侵蚀面积(m^2)；

θ——坡度值(°)。

2. 坡面流的流速和流量测定

坡面侵蚀的过程主要是坡面径流将其能量向坡面表层土壤传递的过程，在能量的传递转化中引起土壤颗粒间结合力的破坏和克服摩擦力引起土壤颗粒的运动，而径流能量的大小取决于流速和流量。

(1)流速

坡面流的流速是径流将其位能转化为动能所产生的，即流速与其坡度有关。坡面流的流动情况十分复杂，沿程有下渗、蒸发和降水补给，再加上坡度的不均一，流动总是非均匀的。为了使问题简化，不少学者在人工降雨条件下，研究了稳渗后的坡面水流，得到了各自的流速公式。但均可以归纳成如下形式：

$$V = Kq^nJ^m$$

式中 V ——流速(m/s)；

q ——单宽流量(m^3/s)；

J ——坡度(°)；

n,m ——指数；

K ——系数。

水流是产生土壤侵蚀和泥沙运移的动力，水流速度的研究是定量分析土壤剥蚀和径流挟沙能力的基础。颜色示踪法和盐液示踪法等流速测定方法的采用为建立土壤侵蚀模型获取了许多重要参数。目前的概念性土壤侵蚀模型(如 RUSLE 和 WEPP 模型)，综合了土壤侵蚀机理研究的成果，能达到一定的预报效果，但在精度上有时还不如经验模型。这主要有两方面的原因：一是土壤侵蚀机理的研究还不够深入；二是模型参数不够准确。在坡面侵蚀过程中，影响土壤侵蚀的因子主要是下垫面的特性、水流速度和降雨因素等。坡面流速测量方法有下面几种：

①颜色示踪法：给流体注入染色剂(如红墨水)，在初始位置倒入染色剂并记录时间，选定某一位置作为终止位置，当染色后的流体到达时记录时间，就可以求出水流流速。多做几个重复，就可以求出此段距离内的平均流速。这种方法简便易行，误差较浮标法小，但要注意距离不能选得太长，否则染色剂会严重稀释，肉眼不易观察。

②盐液示踪法：是在上游某一位置给径流中注入盐液，同时用秒表记录时间，通过布设在下游的电极来感应盐液的到达，由连接在电极上的灵敏电流计显示出来。通过时间差和距离，就可以算出此段距离内的流体速度。计算公式和颜色示踪法相同，只不过时间为从开始注入盐液到电流计的指针发生明显偏移的时间。

③电解质脉冲法：在示踪法的基础上，假设加入的盐液为电解质脉冲，建立盐液在水流中迁移的数学模型，并求得解析解，再根据测量结果拟合出水流速度，这种方法即为电解质脉冲法。该方法从理论和初步测量结果来看是可行的，但其可行性还需要用大量的实验进行验证，分析泥沙含量、流速和流量对测量结果的影响。由于在野外或室内不规范的条件下，至今没有一种好的方法对薄层水流流速进行比较准确的测量，因此，只有在室内设置规范的模拟水槽，建立盐液在水流中迁移的数学模型，并求得解析解，经模数转换后用最小二乘法对电解质迁移的数学模型进行拟合，计算出水流速度。同时，用质心运动速度和流量法的测量结果对这种方法进行验证。

(2)流量

对于超渗产流讲，坡面径流量的大小取决于降雨强度与土壤入渗率的差值，土壤入渗率的大小除取决于孔隙率、孔隙大小和粒径等土壤结构外，还与土壤含水量关系密切，随含水量增大，土壤颗粒吸附水分子在其表面形成吸着水的分子力减小，吸附水分的土壤颗粒数量减少，毛管力作用减小，导致水分入渗难度增大，下渗率减小。因此，土壤入渗率是一个由大逐渐变小的量，但最终趋于一个定值。

【思考题】

思考坡面径流形成过程和坡面侵蚀过程。

【参考文献】

1. 关君蔚. 1996. 水土保持原理[M]. 北京：中国林业出版社.

2. 杜恒俭，陈华慧，曹伯勋 . 1981. 地貌学及第四纪地质学[M]. 北京：地质出版社.

3. 张宗枯. 1996. 黄土高原区域环境地质问题及治理[M]. 北京：科学出版社.

实验20 模拟降雨细沟侵蚀观测

【实验目的】

通过室内降雨细沟侵蚀观测，了解土壤侵蚀特点、发展规律、形成原因，以及观测范围的水土资源利用现状及土地利用状况对土壤侵蚀的影响，明确沟道类型、沟蚀发育阶段、沟蚀量及发展趋势等。

【实验内容】

1. 观测干沟长度和主要支沟长度。
2. 观测全流域平均沟壑的密度。
3. 观测沟壑面积占流域总面积的比例。
4. 观测上中下游干沟和有代表性主要支沟的比降。
5. 观测沟底宽度和沟谷坡度。

【实验步骤】

与实验19模拟降雨面蚀观测相同。

【数据记录及结果分析】

1. 沟蚀程度观测与强度判定

对侵蚀沟的观测，了解沟蚀发展阶段及其发展趋势，对控制沟蚀发展具有重要意义。通过沟道发展阶段的观测，确定沟蚀的发生程度和其发展强度。

沟蚀观测主要为集水区面积、集水区长度、侵蚀沟面积及其长度、沟道内的塌土情况、沟底纵坡比降等，并据以上观测内容确定沟蚀的发生程度和发展强度(见表2-8)。

表2-8 沟蚀发生程度及发展强度分级指标表

沟壑占坡面面积比(%)	<10.0	10.0~25.0	25.0~35.0	35.0~50.0	>50.0
沟壑密度(km/km^2)	1.0~2.0	2.0~3.0	3.0~5.0	5.0~7.0	>7.0
程度分级	轻微	中度	强度	极强	剧烈
强度分级	剧烈	极强	强度	中度	轻微

2. 侵蚀沟样方调查计算

在已经发生侵蚀的地方，通过选定样方，测定样方内侵蚀沟的数量、侵蚀深度和断面形状来确定沟蚀量，样方大小取5~10cm宽的坡面，侵蚀沟按大(沟宽>100cm)、中(沟宽30~100cm)、小(沟宽<30cm)分3类统计，每条沟测定沟长和上、中、下各部位的沟顶宽、底宽、沟深，推算侵蚀量。由于受侵蚀历时和外部环境的干扰，侵蚀的实际发生过程不断发生变化，为了解土壤侵蚀的实际发生过程，在进行侵

蚀沟样方法测定的同时，还应通过照相、录像等方式记录其实际发生过程。

【思考题】

思考沟蚀程度与强度判定。

【参考文献】

1. 水利部国际合作与科技司 . 2002. 水利技术标准汇编水土保持卷[M]. 北京：中国水利水电出版社 .

2. 唐克丽 . 2004. 中国水土保持[M]. 北京：科学出版社 .

3. 王大纯 . 1986. 水文地质学基础[M]. 北京：地质出版社 .

4. 王礼先，于志民 . 2001. 山洪泥石流灾害预报[M]. 北京：中国林业出版社 .

5. 王礼先 . 1994. 流域管理学[M]. 北京：中国林业出版社 .

实验21 植物作用系数模拟实验

【实验目的】

在坡面土壤侵蚀定量预测模型研究中，覆盖及管理因子与水土保持措施因子是通用土壤流失方程中控制土壤流失强度的重要影响因素。在自然坡面上，水土流失量特别是产沙量与降雨径流、地形、植被因素及土壤中砂粒的粒径组成有关系。就同一类植被而言，影响植被保土效益大小的影响因素主要是植被覆盖度。

植被作用系数指有植被覆盖与裸露对照观测槽土壤侵蚀量的比值，有的书中又称做植被影响系数。通过不同植被覆盖度下土壤侵蚀量的比较，可以建立随植被覆盖度变化的植被作用系数模型，从而为流域不同土地利用条件下产沙预报提供相关参数。

【实验内容】

1. 室内建立模拟径流观测槽。
2. 在径流观测槽中种植不同农作物或灌草植物。
3. 通过模拟不同强度降雨对径流量进行测定。
4. 室内测定径流泥沙含量。

【器材与用品】

人工模拟降雨装置、径流收集器(各种大小带盖的塑料桶，大小根据降雨强弱、时间长短确定)、雨量计、并列式土壤侵蚀观测槽[2m(深)×1m(宽)×4m(长)]4~5个、量杯、烘箱、天平。

【实验步骤】

采用室内模拟径流观测场，结合人工模拟天然降雨的方法。

1. 建立室内模拟径流观测槽4~5个

观测槽统一设成较缓坡度(10°~15°)，其中一个为清耕裸露地作为对照，其余几个可种植不同的农作物，如土豆、蔬菜、玉米、黑麦草等植物，也可种植二年生以上的灌木，如小叶女真、红叶石楠、火棘等，在撒播和定植植物时注意采用不同的密度，尽可能做到密度分配较均匀，以方便观测和计算。

2. 调查径流观测槽内植被覆盖度

在径流观测槽中沿长度方向每50cm记录植物冠幅的投影，统计投影点数与长度上的总点数之比的百分数即为植被覆盖度。

3. 雨后观测径流量，测定产沙量

利用人工模拟降雨装置对径流槽进行不同强度的模拟降雨(如果没有人工模拟降雨装置，可在自然降雨时进行实验观测)，待径流槽出水口产流时开始收集径流量，产流结束后量测不同径流槽的产流量(mL)，并取径流样品于室内过滤径流，对滤出泥沙进行烘箱烘干(105℃)，称重(g)。

【数据记录及结果分析】

1. 计算不同植被覆盖度下的产沙量和植被作用系数

$$观测槽产沙量(g) = \frac{样品中泥沙量(g) \times 观测槽产流量(mL)}{样品量(mL)}$$

$$植被土壤作用系数 = \frac{不同植被覆盖的观测槽产沙量(g)}{裸露地观测槽产沙量(g)} \times 100\%$$

$$植被径流作用系数 = \frac{不同植被覆盖的观测槽产流量(mL)}{裸露地观测槽产流量(mL)} \times 100\%$$

2. 数据整理及分析

表 2-9 植被作用系数统计表

观测槽编号	种植植物	植被盖度(%)	雨强(mm)	径流量(mL)	泥沙量(g)	土壤侵蚀量(kg/m^2)	植被作用系数(%)	
							土壤	径流

地点：__________ 小组：__________ 日期：__________

【思考题】

本实验径流观测槽设计中应考虑哪些可变因素？

【参考文献】

1. 唐克丽. 2003. 中国水土保持[M]. 北京：科学出版社，320－328.

2. 江忠善，郑粉莉，武敏. 2005. 中国坡面水蚀预报模型研究[J]. 泥沙研究. 8(4)：1－6.

Ⅲ 野外实验观测与调查

实验 22 林冠截留降雨观测

【实验目的】

森林与水的关系问题是当今生态学与水文学研究的中心议题之一，林冠截留降雨是森林水文效益研究的一项重要内容。自然降水到达林冠后重新分配为穿透雨、树干流、林冠截留，并且在一定条件下保持降水再分配水量的平衡，且降水再分配过程中养分含量也发生了变化。降水落地之前，树冠层的截留使降水产生第一次分配，树冠层的这种截留作用不仅减少了林下径流量，而且推迟了产流时间。不同的林分结构、不同的树种组成，其降水再分配水量状况有差异，由此分析不同林分林冠层对大气降水再分配的规律和涵养水源的水文效益。

通过野外观察不同林分起源(天然林、人工林)、不同林分结构(林龄、密度、树种组成)，观察其树冠和树干特征的差异，了解森林在不同条件下林冠截留的差异；通过林冠截留降雨测定，计算不同降雨量下林冠截留比率，比较分析不同林分的降水再分配过程。

【实验内容】

分别选择不同林分起源(天然林和人工林)、不同林龄和不同郁闭度的林分进行树冠特征观察，了解不同林分起源、不同林分结构的林冠截留降雨的差异；最好定点选择天然林和人工林各一种，建立长期实验基地。

【实验原理】

野外调查与实验相结合。分组进行，每组不超过 10 人。每组根据林分起源选定样地，观测森林特征、测定样地林冠的截留降雨量，最后将各组样地资料进行汇总，对不同林分不同降雨量下的林冠截留量进行分析对比。

【器材与用品】

本实验主要仪器有测绳、测高器和雨量计。

【实验步骤】

1. 设置标准地

各小组首先在起源相同的林分中，选择年龄相同(或相近)的林分，根据不同郁闭度等级(疏、中、密)选择标准样地，样地大小为20m×30m(若地形不允许可以20m×20m)，分别记录样地基本情况，如地理坐标、海拔、坡向、坡度、坡位、土壤等立地因子，并在样地中分别布设3~5个3m×3m和1m×1m的小样方，分别用于调查林下灌木层和草本层的组成特征。

2. 样地调查

对选定的标准样地首先进行每木检尺，测定林分年龄及单株高度、冠幅、郁闭度，记录树种组成，求算各径级林木株数分布，分析冠层分层及平均高度、枝下高等林冠特征；对于小样方，分灌木层和草本层来调查物种组成、多度、盖度、生物量等指标，分析下层植被特征。

3. 降雨量观测

在林外100m空地设置标准雨量筒测量林外大气降雨量。

林内穿透雨收集器为一个内径为20cm的聚乙烯塑料容器，收集器设置的相对高度为1.2~1.5m。在标准地内均匀布置5个(4个角和中心)简易穿透雨收集器测定林内穿透雨量。读数前需用1mm过滤网将收集器中的叶、枝、果等滤掉。雨量筒的放置个数可根据精度选择增减。

【数据记录及结果分析】

(1)记录林外大气降雨量、林内穿透降雨量，并分别计算平均值。林外大气降水和林内穿透雨量之差作为林冠截留量。比较精确的测定还要考虑树干茎流量，即沿树干流下的雨量。

(2)计算林冠截留量比率

在已知大气降雨量P(mm)、林内穿透降雨量T(mm)条件下，利用水量平衡余项法求得林冠截留量I(mm)，即：

$$\text{林冠截留量}(I)=\text{大气降雨量}(P)-\text{林内穿透降雨量}(T)$$

$$\text{林冠截留量比率}=\frac{\text{林冠截留量}(I)}{\text{大气降雨量}(P)}\times 100\%$$

(3)数据整理

根据实验原始记录数据，按照表3-1和表3-2进行计算和整理数据。

表3-1 标准样地基本情况

地点：________ 小组：________ 日期：________

样地编号	平均树高(m)	平均胸径(cm)	郁闭度	坡度(°)	坡向	林下植被

表 3-2 不同样地林冠截留比率统计

样地编号	大气降雨量 P (mm)	林内穿透降雨量 T (mm)	林冠截留量 I (mm)	林冠截留比率 (%)

【思考题】

1. 本实验方法主要针对人工的针叶林或阔叶林纯林，而对天然林或针阔混交林，特别是树冠不整齐的林分需要如何调整实验方法?

2. 由于林冠的疏密和间隙分布不均引起降雨截留量测定误差较大，如何放置雨量筒比较科学?

【参考文献】

1. 国家林业局. 2005. LY/T 1626—2005 森林生态系统定位研究站建设技术要求[S]. 北京：中国标准出版社.

2. 王珍珍，文仕知，杨丽丽. 2008. 长沙市郊枫香人工林降水再分配及养分动态[J]. 中南林业科技大学学报，28(2)：54 -56.

3. 李铁民. 2000. 一种改进的树冠截留降雨实验方法[J]. 山西林业科技(3)：19 -21.

实验 23　树干茎流观测

【实验目的】

树干茎流是森林对降水再分配的重要组成部分之一。自然降水到达林冠后重新分配为穿透雨、树干茎流、林冠截留，对于绝大部分森林来说，穿透降水和树干茎流都是土壤水的重要来源，尤其在降水量较低的地区，树干茎流对于支持树木的个体生长非常重要。不同的林分结构、不同的树种组成，其降水再分配水量状况有差异，树干茎流的差异也较大，对其观测和分析是不同林分大气降水再分配规律和涵养水源的水文效益分析的重要内容。

通过野外观察不同林分起源（天然林、人工林）、不同林分结构（林龄、密度、树种组成），观察其树冠和树干特征的差异，了解森林在不同条件下（树种组成和冠幅大小）树干茎流的变化；结合实验 22（林冠截留降雨观测）观测不同降雨量下树干茎流量，进一步分析不同林分的降水再分配特性。

【器材与用品】

主要仪器为雨量计和自制树干茎流量收集器。雨量收集器可用直径大于 20cm 的塑料容器。

【实验步骤】

野外调查与实验相结合。分组进行，每组不超过 10 人。每组根据情况测定一个样地不同径级树干流量，最后将各组样地资料进行汇总，对不同降雨量下的树干流进行分析对比。

1. 设置标准地

各小组首先在起源相同的林分中，选择年龄相同（或相近）的林分，根据不同郁闭度等级（疏、中、密）选择标准样地，样地大小为 20m × 30m（若地形不允许可以 20m × 20m），分别记录样地基本情况，如地理坐标、海拔、坡向、坡度、坡位、土壤等立地因子，并在样地中分别布设 3 ~ 5 个 3m × 3m 和 1m × 1m 的小样方，分别用于调查林下灌木层和草本层的组成特征。

2. 样地调查

对选定的标准样地首先进行每木检尺，测定林分年龄及单株高度、冠幅、郁闭度，记录树种组成，求算各径级林木株数分布，分析冠层分层及平均高度、枝下高等林冠特征；对于小样方，分灌木层和草本层来调查物种组成、多度、盖度、生物量等指标，分析下层植被特征。

3. 降雨量观测

放置雨量器：在林外 100m 空地设置雨量器测量林外大气降雨量，同时在标准地内均匀布置 5 个简易穿透雨收集器测定林内穿透雨。雨量筒的放置个数可根据精度选择增减。

4. 树干茎流采集

根据标准地内林木径阶分布，选择不同胸径的标准木各 1 ~ 3 株，将直径为 6 cm 的聚乙烯塑料管沿中缝剪开，沿树干成螺旋状环绕两周(上下间距约 10cm)固定在树干上，用小钉固定并用玻璃胶封严接缝处，确保树干茎流全部流入聚乙烯塑料管下的密封塑料容器内。

【数据记录及结果分析】

雨后测量计算。

1. 记录林外大气降雨量(mm)、林内穿透降雨量(mm)、树干茎流量(g)

同一个标准地的大气降雨量、林内穿透降雨量采用平均值；树干茎流量则按各径级的株数分布比例采用加权平均求算。

2. 计算树干茎流量 S(mm)

$$树干茎流量\ S(\mathrm{mm}) = \frac{加权平均后的树干茎流量(\mathrm{g}) \times 标准地林木株数(株)}{1000 \times 标准地面积(\mathrm{m}^2)}$$

3. 计算树干茎流量比率

$$树干茎流量比率 = \frac{树干茎流量\ S}{林外大气降雨量\ P} \times 100\%$$

4. 林冠截留量计算

在已知大气降雨量、林内穿透降雨量、树干茎流量条件下，利用水量平衡余项法求得林冠截留量。即：

$$林冠截留量\ I = 大气降雨量\ P - 林内穿透降雨量\ T - 树干茎流量\ S$$

5. 数据整理

根据实验原始记录数据，按照表 3-3 进行计算和整理数据。

表 3-3 不同林地林冠截留比率、树干流比率表

大气降雨量： mm

样地编号	林内穿透降雨量 T	穿透雨比率(%)	树干茎流量 S	树干流量比率(%)	林冠截留量 I	林冠截留比率(%)

地点：________ 小组：________ 日期：________

6. 结果分析

将计算结果与实验一进行比较。

【思考题】

1. 树干茎流量与哪些降雨特性有关？

2. 考虑树干茎流量后对林冠截流量的影响有多大?

【参考文献】

1. 国家林业局. 2005. LY/T 1626—2005　森林生态系统定位研究站建设技术要求[S]. 北京：中国标准出版社.

2. 肖洋，陈丽华，余新晓，等. 2007. 北京密云油松人工林对降水及其营养元素含量的影响[J]. 水土保持通报，27(5)：22 -26.

实验 24 枯枝落叶物截留降雨实验

【实验目的】

枯枝落叶层是森林垂直结构中最重要的层次，在保持水土、涵养水源作用中发挥着主导作用。森林中枯枝落叶直接覆盖地表，随着时间的推移不断分解。在分解过程中，可形成许多碎屑物，使自身表面积增大，吸收降水的量增加。它的主要作用是截留林内降水、吸收和阻延地表径流，并能抑制土壤蒸发、改善土壤性质、增加降水入渗、防止土壤溅蚀、增强土壤抗冲能力等。

通过外业调查林地中枯枝落叶的数量、质量，分辨已分解和半分解枯枝落叶，了解不同树种组成林下枯枝落叶的持水状况；通过雨后测定枯枝落叶的截留量，分析截留过程，达到了解枯枝落叶层持水特性，进一步掌握枯枝落叶层涵养水源的作用之目的。

【实验内容】

1. 观察不同树种组成的林下枯枝落叶的数量、主要组成成分；分辨已分解和半分解状态的枯枝落叶的分层状况。

2. 通过标准样地采用马尔恰诺夫法测定林下原状枯落物层的截留量。

【器材与用品】

枯枝落叶称重框：框径 20cm、高 5cm、底部为孔径 1mm(或 80 目)的尼龙网；台秤；雨量计。

【实验步骤】

1. 根据实习人数进行分组(每组不超过 10 人)，选择不同树种组成或不同郁闭度的林地 3 ~ 5 块，进行观察和测定。

2. 林内设立标准样地：选择林内树木生长较均匀的地方设置标准样地，标准样地面积 20m × 20m，沿对角线方向，均匀布设 10 个枯枝落叶称重框。在标准样地内林冠下在东、西、南、北、中 5 个方向放置 5 个雨量计，在林地外 100m 处放置一个雨量计用于测定林外降雨量。

3. 采集原状枯落物放入称重框内，称重 W_1(g)后，再将称重框安放在林地枯枝落叶层内，底部与土壤连接。采集原状枯落物时需细心认真，切忌将枯落物层抖散，破坏其原状结构。

4. 降雨后再次对枯枝落叶称重框称重 W_2(g)。

【数据记录及结果分析】

透过林冠的降水到达枯枝落叶层后被分为两部分，一部分暂时保留在枯枝落叶层内，即截留量；另一部分则透过枯枝落叶层下渗林地土壤。其数量关系用公式表示为：

枯枝落叶层截留量 I_0(mm) = 林内穿透降雨量 T − 透过枯枝落叶层的下渗量 F

用观测的数值进行计算，其公式为：

枯枝落叶层截流量 I(mm)

$$= \frac{10 \times [\text{降雨后枯枝落叶称重框重 } W_2(\text{g}) - \text{降雨后称重框重 } W_1(\text{g})]}{\text{称重框面积}(\text{cm}^2)}$$

枯枝落叶层对林内降水截留率(f_1)和大气降水截留率(f_2)分别表示为：

$$f_1 = \frac{I}{T} \times 100\%$$

$$f_2 = \frac{I}{P} \times 100\%$$

式中　P——林外大气降雨量(mm)。

根据实验原始记录数据，按照表 3-4 进行计算和整理数据。

表 3-4　不同样地枯枝落叶层对降雨的截留量和截留率

树种组成	枯枝落叶层厚度(cm)	枯枝落叶层组成成分	林外降雨量 P(mm)	林内降雨量 T(mm)	枯枝落叶层截留量 I_0(mm)	对林外截留率 f_1(%)	对林内截留率 f_2(%)

地点：________________　小组：________________　日期：________________

【思考题】

1. 不同季节不同的降雨量，同一块样地测得的截留量是否相同？
2. 不同树种组成的林下枯枝落叶如何影响截留量？

【参考文献】

1. 吴钦孝. 2004. 森林保持水土机理及功能调控技术[M]. 北京：科学出版社.

2. 莫非，于澎涛，王彦辉，等. 2009. 六盘山华北落叶松林和红桦林枯落物持水特征及其截持降雨过程[J]. 生态学报 (6)：2868－2875.

实验25 植物根系拉拔强度观测

【实验目的】

根系是植物从土壤中吸收水分和养分的器官，由于直接与土壤接触并参与土壤中物质循环和能量流动过程，在改善土壤理化性质、提高土壤肥力、增加边坡稳定性、减少水土流失以及改善生态环境方面有着很大的积极作用。

植物根系与土体之间的摩擦力以及根系自身的强度可以增加土体的抗剪强度，具有提高坡体稳定性的作用。采用植被进行护坡时，不仅要考虑植物对环境的适应性和根系深扎土壤程度，也要考虑护坡植物根系固土的力学效应。植被护坡效应不能仅从株高、生物量来进行评价，而应优先考虑根系的力学效应，选择根系发达、根系强度大、根－土摩擦力大的植物进行护坡，实现固土护坡的长期效应。

实验通过对生长2年以上的3～4种灌木的根系分布特征进行初步了解，对单株灌木进行野外现场拉拔实验，评价出力学效应最佳的护坡灌木树种。

【实验内容】

1. 实验地的选择或布设。
2. 根系分布特征实验。
3. 原位根系拉拔实验。

【器材与用品】

拉拔实验装置可通过购买或采用自制的方法。有以下3种仪器可供选择和组合：

1. 实验时可采用液压式拉力仪对所选植株进行拉拔实验。

2. 实验仪器系统包括测量精度为0.01%、灵敏度为0.2UV分度的电子测量仪（型号KX3900）；型号20KNS（美国）剪切型拉力传感器（USLOAD）以及一些自制的配套装置。

3. 采用简易的弹簧拉力计配合活动三角架搭配动滑轮、荷重器。

【实验步骤】

野外调查与实验相结合。分组进行，每组不超过10人。每组选择不同的灌木3～4种，通过开挖根系调查根系组成和分布，对主根和主要侧根进行拉拔实验，最后将各树种调查实验资料进行汇总，对比分析不同树种的力学效应。

1. 实验场的建立

有条件的地方可选择建立固定的观测实验场。选择20°～30°坡地或人工垒建一个土质边坡，选择当地的乡土灌木树种3～4个（最好既有主根系也有须根系）和草种2个，分条带进行播种繁殖，待2年以后进行观察和测定用。

没有条件的，可在坡度一致、生长立地条件较好、自然生长有几种灌木、草本的荒地选择一块实验区域进行调查和实验。

2. 根系分布特征观测

随机选择植株，采用野外干挖法，观察生长了 2 年以上的几种灌木根系和草本植物在土体中的分布特征。

具体步骤如下：跟踪根系伸展情况，边挖土边描述除去土壤后露出的每部分根系，确定主根和侧根的分布、延伸方向、分枝情况及根径、根量等，直至描述完整株植物根系生长分布特征，并绘制根系分布图。

3. 原位根系拉拔实验

采用野外现场根系拉拔试验装置，分别对几种植物进行拉拔试验，测定每种灌木被拔出时的最大抗拔力，统计其根系数量、根径等参数，每种灌木重复拉拔 10 ~ 15 株。

试验步骤如下：选择生长良好的灌木，将灌木地上部分夹在传感器下端的夹具上，然后通过传感器对灌木施加拉力，直到整株灌木被拔出为止，整株灌木被拔出时的抗拔力大小可直接通过传感器由实验数据采集显示仪显示。

4. 实验场土壤测定

在作野外现场拉拔实验期间，对土壤采样，用烘干法测定实验区土壤含水量；采用环刀法测定土壤容重；用紧实度计测定土壤紧实度。具体方法参见《土壤学实验指导》。

5. 地下根系生物量测定

选择与作拉拔植物实验相近(株高和地径相近)的植株，将地下部分全部挖出，用烘干法测定地下根系的生物量。

【数据记录及结果分析】

根据实验原始记录数据，按照表 3-5 进行计算和整理数据。

表 3-5　植物根系的分布特征表

植物名：

土层深度(cm)	侧根数量(条)	侧根直径(mm)	主根长度(cm)	主根直径(mm)
0 ~ 20				
20 ~ 40				
40 ~ 60				
60 ~ 80				

地点：________　小组：________　日期：________

几种植物原位拉拔实验结果

植物名称	平均地径(cm)	平均侧根数(条)	平均抗拔力(kg)	测量根系数(条)	根系的生物量(g)	根系拔出时间(min)

（续）

植物名称	平均地径（cm）	平均侧根数（条）	平均抗拔力（kg）	测量根系数（条）	根系的生物量（g）	根系拔出时间（min）

地点：__________ 小组：__________ 日期：__________

【思考题】

1. 植物根系抗拔力与根系数量的关系如何？
2. 植物根系抗拔力与根系直径的关系如何？
3. 观察植物地下根系与地上的植株高度和地径的关系。
4. 土壤的含水量对植物根系拉拔强度大小有何关系？

【参考文献】

1. 李国荣，胡夏嵩，毛小青，等. 2008. 寒旱环境黄土区灌木根系护坡力学效应研究[J]. 水文地质工程地质(1)：94-97.

2. 李绍才，孙海龙，杨志荣，等. 2006. 护坡植物根系与岩体相互作用的力学特性[J]. 岩石力学与工程学报(10)：2051-2056.

3. 代全厚，张力，刘艳军，等. 1998. 嫩江大堤植物根系固土护堤功能研究[J]. 水土保持通报，18(6)：8-11.

4. 林大仪. 2004. 土壤学实验指导[M]. 北京：中国林业出版社.

实验 26　坡面地表糙度观测

【实验目的】

地表糙度是指在一定面积的地块上，由土块、团聚体大小、作物种植和人为管理或降雨击溅、径流冲刷等自然和人为因素共同作用而形成的凸凹不平的一种地表现象。由于它是影响坡面径流量、流向和侵蚀产沙的基本因素之一，故受到人们的普遍重视。但到目前为止，它的野外测量和计算还没一种较为理想的方法，从而造成对其作用的认识出现了一些不必要的分歧。目前国内外使用较多的方法是接触式测针法、杆尺法和链条法。

对于地形起伏较为轻微或者主要由小于 2. 5cm 的土块产生糙度时，可选择链条法；其余情况可选择杆尺法或测针法。

本实验旨在得出各种地表的糙度值。

【器材与用品】

微地形测针板(见图 3-1)：由固定框架、轻质测针(长 50cm，间距 5cm，20 根)、水平仪、固定面板和读数盘组成；地质罗盘；长度分别为 20、30、40、50cm 的杆尺；直尺(50cm)；钢尺(2. 0m)；链条(滚轴小于等于 1cm)。

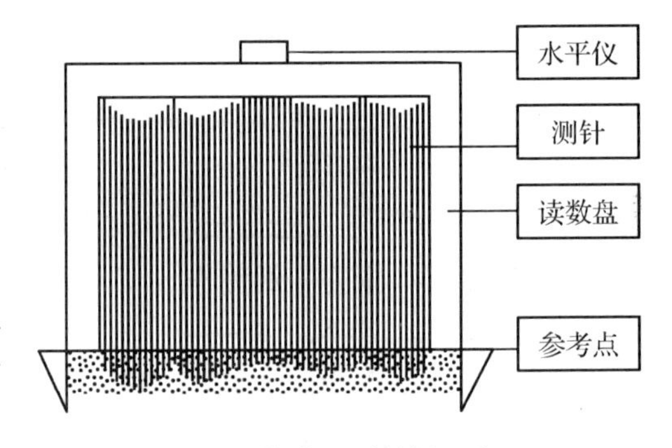

图 3-1　微地形测针板示意

【实验步骤】

1. 测针法

(1)在要测量的坡面上选择具有起伏均匀的地块 3 ~ 5 处。

(2)用接触式微地形测针板垂直放置在坡面上，使测针板顶线与坡面等高线平行，顶部水平仪气泡居中。

(3)读取每根测针对应的刻度值(Z_i，$i = 1 \sim 20$)，同时用罗盘测定坡向和坡度。

(4)选择不同地段测试 10 次以上，按照下面公式计算地表糙度：

$$R = 100\lg S$$

式中　R——地表糙度；

S——各测点高程值的标准差。

2. 杆尺法

(1)在要测量的坡面上选择具有代表性的地块 3 ~ 5 处。

(2)在长度为 20、30、40、50cm 的长杆中，选择合适的长杆，顺着地表径流方向置于地面。

(3)用直尺(精确到 0. 1mm)量测地面凹地中点到杆的垂直高差(H)，其平均值即

为糙度 R：

$$R = \frac{1}{N}\sum_{i=1}^{n} H_i$$

式中 H_i——地表凹地中点与对应杆间的垂直高差；

N——不同长度杆尺的数量。

3. 链条法

(1)选择一定数量的糙度相对一致的地面位置。

(2)把一条已知长为 L_1、滚轴为 1cm 的滚轴式链条沿地表径流方向置于地面上。

(3)用钢尺读出由于地表糙度导致的链条的水平距离 L_2。

(4)按照下式测定径流方向的糙度。

(5)重复以上步骤测量若干次，取平均值作为糙度值 R。

$$R = \left(1 - \frac{L_2}{L_1}\right) \times 100$$

【思考题】

糙度如何影响坡面径流量、流向和侵蚀产沙？如何提高地表糙度？

【参考文献】

1. 郑子成 . 2007. 坡面水蚀过程中地表糙度的作用及变化特征研究[D]. 西北农林科技大学 .

2. ALLSALEH. 1995. 用链条法测定地表糙度[J]. 水土保持科技情报(1)：13 – 15.

3. 丁文峰，张平仓，李勉 . 2006. 地形测针板在坡面土壤侵蚀研究中的应用[J]. 中国水土保持 (1)：49 – 51.

4. 吴发启，郑子成 . 2005. 坡耕地地表糙度的量测与计算[J]. 水土保持通报，25(5)：71 – 74.

实验 27 地表水流挟沙量观测

【实验目的】

地表水中的泥沙按其运动形式可分 3 类：悬移质泥沙浮于水中并随之运动、推移质泥沙受水流冲击沿河底移动或滚动和河床质泥沙则相对静止而停留在河床上，但三者之间没有严格的界线。通过对地表水挟沙实验的学习，让学生掌握悬移质和推移质的测量仪器和方法、悬移质含沙量的计算、悬移质输沙率的计算、悬移质输沙量的计算和推移质输沙率的测量。同时，让学生了解地表水流侵蚀挟带泥沙运移特性及其输移规律，以反映流域内地表水对土壤侵蚀强度。

【实验内容】

根据地表水流侵蚀挟带泥沙运移特性及其输移规律，地表水流挟沙实验的内容为：

1. 测定单位时间内通过悬移质干沙质量，结合当时的流量资料确定断面平均含沙量，利用断面平均含沙量过程线以推求不同时期的断面平均含沙量数值。
2. 确定推移质移运地带的边界。
3. 采取单位推移质水样进行各项附属项目的观测，包括取样垂线的平均流速，取样处的底速、比降、水位及水深。
4. 绘制断面平均颗粒级分配曲线。
5. 断面平均粒径和平均沉速等。

【实验原理】

泥沙随水流条件的变化而相互转化，一般情况地表水中泥沙以悬移质为主，其实验方法为三点法或二点法，而推移质的实验方法有待进一步改进。

悬移质泥沙在测流断面上的分布，表层量少，接近底层较大，在横向上较均一。因此，一般在断面中心垂直测线上用三点法（即 0.2、0.6 和 0.8h）或二点法（0.2、0.8h）取样，取样 2～3 次，并与测速同时进行。

推移质输沙率是指单位时间内通过测验断面的推移质泥沙质量，测验推移质时在断面上布设若干垂线，施测各垂线的单宽推移质输沙率；计算部分宽度上的推移质输沙率，最后累加求得断面推移质输沙率。

【器材与用品】

悬移质采样器、推移质采样器、电子秤、烧杯、滤纸、烘箱等。

（1）我国目前悬移质采样器有多种，当前使用以横式采样器为主（见图 3-2）。它由一个圆形取样筒（容积为 0.5～5.0cm^3）装在吊杆上，筒两端有弹簧盖板，控制开放与关闭，此外，下部有一个铅鱼，控制方向。若水深不大，也可使用采样筒在水位

0.5m 或 0.6m 处采样。

（2）推移质的取样方法是将采样器放到河底直接采集推移质沙样，推移质仅分布在流速大的河床，流速小的地方即行停止。由于推移质粒径差别很大，故常将推移质泥沙分为沙质推移质和卵石推移质两类。相应地，推移质采样器可分为沙质推移质采样器和卵石推移质采样器两类。沙质推移质采样器适用于平原地表水，我国自制的这类仪器有黄河 59 型（见图 3-3）和长江大型推移质采样器。黄河 59 型采样器的器身是一个向后扩散的方

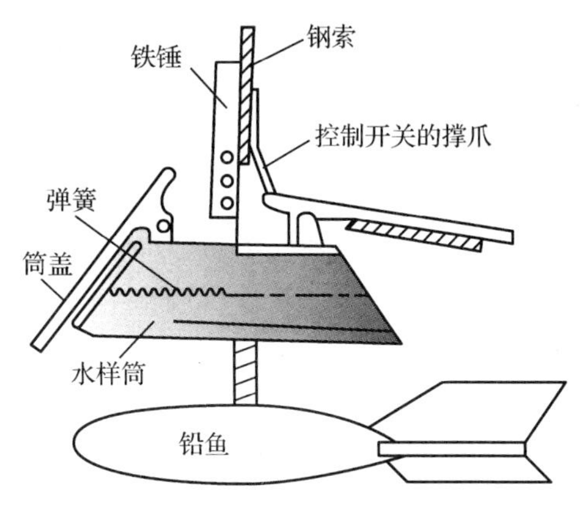

图 3-2 横式悬移质采样器

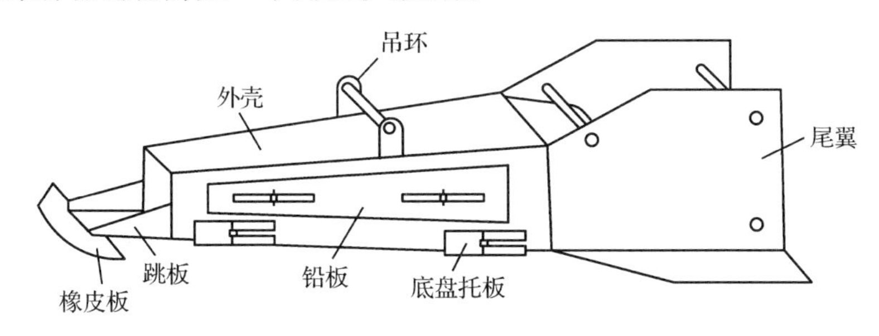

图 3-3 沙质推移质采样器（黄河 59 型）

匣，水流进入器内流速减小，泥沙落淤在匣中，当提升时进口和出口封闭防止样落。长江大型推移质采样器为长江水利委员会参考了匈牙利式的优点，经改进而成的沙质采样器，它的外形合理，阻水影响小，集沙稳定，进口加装铅块，尾部有浮筒，能紧贴河床，采样效果好。卵石推移质采样器（见图 3-4）通常用来施测 1.0～30.0cm 粗粒径推移质，主要采用网式采样器，有软底网式和硬底网式两种。该采样器为一金属丝网袋，口门和网底由硬性材料制成为硬底网，若用金属链编成柔度大的网底称软底网，采样器放入河水中贴近床底，可采集小砾卵石。

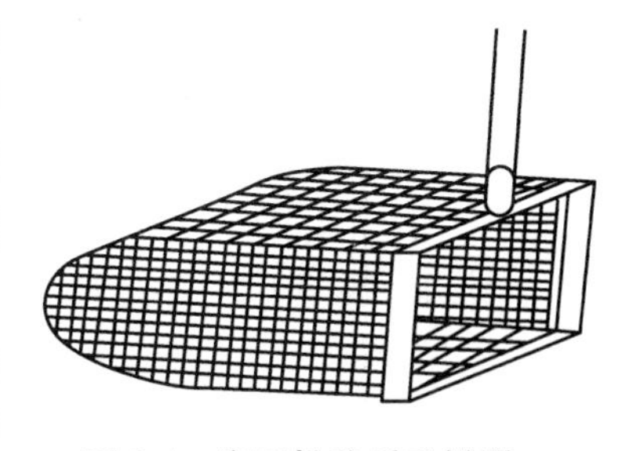

图 3-4 卵石推移质采样器

【实验步骤】

（一）悬移质含沙量的测定与计算

1. 用采样器从水流中采取水样，取得水样后倒入样筒，并立即测量体积。

2. 经过沉淀、过滤、烘干、称重，静置足够时间，吸去上部清水，放入烘箱烘干，取出称重得到水样中干泥沙量。

3. 将重复样相加（浑水体积与泥沙干重）求平均值，得该次该点泥沙样值，则单位含沙量（简称单沙）为：

$$\rho = \frac{W_s}{V}$$

式中 ρ——含沙量（kg/m^3）；

W_s——水样泥沙干重（kg）；

V——浑水体积（m^3）。

4. 测流断面含沙量（简称断沙）多用混合法测算。它是在测深垂线上按一定容积比例取样，混合处理求得垂线上平均含沙量。若在畅流期三点法取样，混合比为 2∶1∶1，二点法取样为 1∶1，也可按流速比例混合。黄土区多用 1∶1 取样，这样断面平均含沙量即为各测点含沙量的平均值。

5. 有了断面平均含沙量 $\bar{\rho}$ 和径流测验中的断面流量 Q，就能计算断面输沙率 Q_s。若测深垂线有几条（堰口宽），则按测流的方法和位置取样，并按前述方法计算单沙和断沙。

$$Q_s = Q\bar{\rho}$$

（二）悬移质输沙率的测定与计算

输沙率测量是由含沙量测定与流量测验两部分工作组成的。为了测出含沙量在断面上的变化情况，由于断面内各点含沙量不同，因此输沙率测量和流量测验相似，需在断面上布置适当数量的取样垂线，通过测定各垂线测点流速及含沙量，计算垂线平均流速及垂线平均含沙量，然后计算部分流量及部分输沙率。对于取样垂线的数目，当河宽大于 50m 时，取样垂线不少于 5 条；水面宽小于 50m 时，取样垂线不应少于 3 条。垂线上测点的分布，视水深大小以及要求的精度而不同，可有一点法、二点法、三点法、五点法等。

根据测点的水样，得出各测点的含沙量之后，可用流速加权计算垂线平均含沙量。例如，畅流期的垂线平均含沙量的计算式为：

五点法

$$C_{sm} = \frac{1}{10V_m}(C_{s0.0}V_{0.0} + 3C_{s0.2}V_{0.2} + 3C_{s0.6}V_{0.6} + 2C_{s0.8}V_{0.8} + C_{s1.0}V_{1.0})$$

三点法

$$C_{sm} = \frac{1}{3V_m}(C_{s0.2}V_{0.2} + C_{s0.6}V_{0.6} + C_{s0.8}V_{0.8})$$

二点法

$$C_{sm} = \frac{C_{s0.2}V_{0.2} + C_{s0.8}V_{0.8}}{V_{0.2} + V_{0.8}}$$

一点法

$$C_{sm} = bC_{s0.6}$$

式中 C_{sm}——垂线平均含沙量（kg/m^3）；

C_{sj}——测点含沙量，脚标 j 为该点的相对水深（kg/m^3）；

V_j——测点流速（m/s），脚标 j 的含义同上；

V_m ——垂线平均流速(m/s);

b —— 一点法的系数，由多点法的资料分析确定，无资料时可用1.0。

根据各条垂线的平均含沙量 C_{smj} ，配合测流计算的部分流量，即可算得断面输沙率 Q_s 为：

$$Q_s = \frac{1}{1\ 000}(C_{sm1}q_1 + \frac{1}{2}(C_{sm1} + C_{sm2})q_2 + \cdots + \frac{1}{2}(C_{smn-1} + C_{smn})q_n + C_{smn}q_n)$$

式中 q_i ——第 i 根垂线与第 $i-1$ 根垂线间的部分流量(m^3/s);

C_{smi} ——第 i 根垂线的平均含沙量(kg/m^3)。

断面平均含沙量：

$$\overline{C_s} = \frac{Q_s}{Q} \times 1\ 000$$

(三)推移质的测定

1. 推移质测验的垂直线布设应与悬移质测沙垂线重合。

2. 将采样器入口紧贴床底，并开始记时，取样数不少于50~100g，取样历时不超过10min，以装满集沙匣为宜。

3. 每个测沙垂线上重复两次以上，取其平均值，若两次重复相差2~3倍以上，应重测。

4. 测时可从边岸垂线起，若10min后未取出沙样，即该处无推移质，再向河心移动，直到测完。记下推移质出现的边界，其间的断面称推移质有效河宽。

5. 推移质测验同悬移质测验一样，平水期每日测1~2次，清水不测；洪水时期要加密，与悬移质、水位测验同步，为提高测验精度避免漏遗，也可探索悬移质与推移质输沙规律。

6. 推移质计算。采样器采集沙样后，经烘干得泥沙干重，就可用图解法或分析法计算推移质输沙率。无论何法均需先计算各垂线上单位宽度推移质基本输沙率，计算式为：

$$q_b = \frac{W_b}{tb_k}$$

式中 q_b ——垂线基本输沙率[kg/(s·m)];

W_b ——采样器取得的干沙重(kg);

t ——取样历时(s);

b_k ——采样器进口宽度(m)。

(1)图解法：先以水道宽(或堰宽)为横坐标，以基本输沙率为纵坐标，绘制基本输沙率断面分布曲线，其边界二点输沙率为零。若未测出可按分布曲线趋势绘出。为分析方便，可将底部流速及河床断面绘于下方。用求积仪或数方格法量出基本输沙率分布曲线和水面线所包之面积，经比例尺换算，即得未经修正的推移质输沙率 Q_b' 。实际推移质输沙率为：

$$Q_b = KQ_b'$$

式中 Q_b——推移质输沙率(kg/s 或 t/s);

Q_b'——修正前的推移质输沙率(kg/s 或 t/s);

K——修正系数，为采样器采样效率倒数，通过率定求得。

(2)分析法：原理同图解法，先按下式计算修正前的推移质输沙率：

$$Q_b' = \frac{1}{2}[q_{b1}b_0(q_{b1}+q_{b2})b_1+\cdots+(q_{bn-1}+q_{bn})b_{n-1}+q_{bn}b_n]$$

式中 Q_b'——修正前推移质输沙率(kg/s);

q_{b1}，q_{b2}，…，q_{bn}——各垂线基本输沙率[kg/(s·m)];

b_1，b_2，…，b_{n-1}——各垂线间的距离(m);

b_0，b_n——两端取样垂线至推移质边界的距离(m)。

再按 $Q_b = KQ_b'$ 求出实际推移质输沙率。

【思考题】

1. 简述地表水流挟沙实验原理。
2. 思考悬移质和推移质含沙量的测定与计算方法。

【参考文献】

1. 王汉存 . 1992. 水土保持原理[M]. 北京：水利水电出版社 .
2. 张洪江 . 2007. 土壤侵蚀原理[M]. 北京：中国林业出版社 .
3. 张增哲 . 1994. 流域水文学[M]. 北京：中国林业出版社 .

实验 28 径流场径流泥沙观测

【实验目的】

径流场是研究坡面径流泥沙的主要方法之一，是研究单项因素对径流泥沙影响的有效途径，它可以在各种降雨条件下，探讨不同土地类型产流、产沙的规律，是水土保持效益监测研究的有效手段。通过对标准径流场及径流泥沙的观测，主要观测以下指标：

(1)降雨量观测：在每个小区，用自记雨量计、人工观测雨量筒同时观测降雨总量及其过程，观测方法参照国家气象观测相关方法。

(2)径流量和泥沙量：观测每场暴雨结束后的径流、泥沙量。

(3)土壤性质：对每个小区，采集土样进行有机质含量、机械组成、渗透率、容重、交换性阳离子含量、土壤含水量、土壤导水率、地表随机糙度(每半月一次)、土壤团粒含量等测试，同时观测土壤黏结力等(每 3 ~4 年一次)。

(4)坡度的侵蚀作用：坡长 20m，坡度不同，在具有单位小区地面条件的小区上进行观测。坡度可以根据当地地形条件分别设置为 3°、5°、10°、15°、20°、25°、35°等，但必须有坡度为 5°和 10°的小区。

(5)坡长的侵蚀作用：在坡度 5°和 10°、坡长不同，具有单位小区地面条件的小区上观测。坡长根据当地地形条件分别为 10、20、30、40、50m 等，但必须有坡长为 20m 的小区。

(6)作物经营管理作用：根据当地主要作物及其经营管理方式布设小区，但必须有一标准小区，分别在土地深翻耕期、整地播种期、苗期、成熟到收获期及收获以后等不同农作期，观测植株高度、盖度、叶面积、地表随机糙度等，并在每场暴雨后观测径流和土壤侵蚀量。

(7)水土保持措施的作用：根据当地主要水土保持措施布设小区(必须有一标准小区)，在每场暴雨后观测径流和土壤侵蚀量。水土保持措施根据 GB/T 15772—1995《水土保持综合治理规划通则》确定。

(8)沟蚀作用：根据各地沟蚀实际情况选择布设小区，在每场暴雨后观测径流和土壤侵蚀量。

【实验内容】

1. 降雨量、降雨强度、降雨历时、降雨分布和降雨过程的观测。
2. 径流量和泥沙量的观测。
3. 植被覆盖度、土壤水分、径流冲刷过程等观测。

【实验原理】

径流观测方法可根据径流场可能产生的最大、最小径流量选定。在观测室导水管下方配置一定断面面积的蓄水池或容器，根据蓄水池中水位的变化确定一定时间内的径流量。体积法只能观测到一定时间内的径流总量，不能观测径流过程，为此，经常在蓄水池上安装水位计或量水计以观测径流过程。体积法是观测径流总量最为准确的方法，但蓄水池的大小必须保证能够观测到符合设计标准的最大的径流量，同时又能节省开支。另外，蓄水池不能漏水。当径流场产生的径流量较大时，经常利用分水设备将径流场的全部径流加以分割，只取小部分通过量水设施，这样可以减小量水设施的尺寸，节约开支，利用体积法观测时分水设备的应用尤为普遍。计算径流量时按分水比例进行还原。常见的分水设施有九孔分水箱，安置分水箱时必须水平，以确保每个孔流出的水量一致。

【器材与用品】

综合气象站、坡度仪、测绳、GPS 定位仪、GIS 软件、土钻、环刀、天平、烘箱、土样盒、水分测定仪、土壤化学分析设备、双环入渗、土壤筛、比重计、吸管、激光粒度仪、团粒分析仪、三头抗剪仪、盖度测量仪、多光谱植被冠层盖度相机、植被盖度摄影仪、集流槽、导流管、分流箱、集流桶、沙样桶、过滤装置、比重瓶、量筒、自动采样器、坡面产流产沙自动采集系统等。

【实验步骤】

径流小区只进行总量观测，即在降雨终止后，一次观测其降雨量、径流量和泥沙量。

1. 降雨观测

仅观测每次降雨的起讫时间和一次降雨总量。径流场须设置一台自记雨量计和一台雨量筒，相互校验，若径流场分散，可适当增加量雨筒数量。降雨观测是在降雨日按时(早 8：00 或晚 18：00)换取记录纸，并相应量记雨量筒的雨量。

2. 径流、泥沙观测

(1)一次降雨径流终止后，首先清出集水槽内的淤泥，倒入接流池(桶)中，再观测接流池(桶)内的泥水位，计算出一次径流的泥水总量。

(2)将接流池(桶)内的泥水搅拌均匀，分别在各池(桶)中采取 1～3 个泥水样，要求各池(桶)的取样相同，每个泥水样取 1.0L 左右即可。

(3)将所取的泥水样混合在一起，搅拌均匀，再从中采取 0.5～1.0kg 水样，作为该小区本次径流计算冲刷泥沙量的总代表样品。若一次径流量较多，在接流池(桶)内搅拌均匀有困难时，则可用采样器分层取样，取泥水样的处理方法与流域河道泥沙测验的水样处理过程相同。

【数据记录及结果分析】

1. 泥水量计算

$$泥水量(cm^3) = 接流池(桶)的面积(cm^2) \times 接流池(桶)的水深(cm)$$

$$总泥水量(cm^3) = 各接流池(桶)泥沙量之总和$$

时段泥水量(cm^3)=接流池(桶)的面积×相邻两次水位读数之差

若采用接流池(桶)配合水分箱观测，则分流前的时段泥水量计算与“1. 泥水量计算”方法相同；分流后按下式计算：

时段泥水量=分水孔数×接流桶相邻两次水位读数之差×接流桶面积×分流修正系数

若采用量水建筑物观测，则按下式计算：

时段泥水量=时段流量(cm^3/s)×时段历时(s)

2. 清水率计算

$$清水率(L)=1-\frac{含沙量(g/cm^3)}{泥沙密度(g/cm^3)}$$

3. 径流量计算

径流量(L/hm^2)={[总泥水量×清水率－池槽面积(cm^2)×降雨量(cm)]/1 000＋池槽下渗和蒸发量}×10 000/小区面积(m^2)

4. 冲刷量计算

冲刷量(kg/hm^2)=泥沙总量(L)×含沙量(kg/L)×10 000/小区面积(m^2)

【思考题】

思考标准径流场的径流量、泥沙量和冲刷量的计算过程。

【参考文献】

1. 水利部水土保持司、水土保持监测中心. 2002. 水土保持监测技术规程[S]. 北京：中国水利水电出版社.

2. 水利部水土保持监测中心. 2008. 水土保持监测技术指标体系[S]. 北京：中国水利水电出版社.

实验 29　集水区径流泥沙观测

【实验目的】

通过不同尺度集水区实验，研究小流域不同尺度径流、泥沙、流域降雨量、水面及陆地蒸发、土壤含水量、土壤理化性质、入渗、植被、面源污染迁移等变化规律，研究流域内降雨侵蚀量的季节变化特征、土壤侵蚀变化特征、小流域的水土流失量，以便揭示水量平衡要素物理过程的实质，为流域内控制水土流失、提高土壤质量、流域生态修复、生态规划和土地利用调整提供科学依据。

【实验内容】

1. 降雨量、径流量和冲刷量的观测。
2. 植被覆盖度、郁闭度和土壤含水率的观测。
3. 土壤化学成分及其水质的测定。
4. 土壤入渗测定、土壤抗冲性测定、土壤抗蚀性测定和径流现象观测。

【实验原理】

集水区是在野外坡地径流场上或有代表性的小流域内进行现场实地实验，是在不同的坡地上修建不同类型的径流场，设置降雨径流、泥沙等观测设施，观测降雨、径流、泥沙等项目，用适当分析方法，求出各自然及人为因素与水土流失的规律性关系。实验目的在于寻求能够有效地保持水土、提高地力、增加产量和经济收益的水土保持措施；增加地表糙度，减缓、减少坡地径流和流速，降低径流侵蚀能力，增加土壤水分入渗。

【器材与用品】

土壤养分速测仪、土壤水分测定仪、可见分光光度计、紫外可见分光光度计、原子吸收分光光度计、真空干燥箱、GPS 定位仪、螺纹钻、取土钻、环刀、土壤筛、电动粉碎机、中子土壤水分仪、四合一土壤分析仪、土壤肥力、pH 值分析仪、分析天平、自动电位滴定仪、红外分光光度计、气象色谱仪、液相色谱仪、极谱仪、COD 测定仪、BOD 测定仪、冷原子测汞仪、溶氧仪、氧化－还原电位测定仪、电导仪、浊度仪、全套化学分析用玻璃器皿等。

【实验步骤】

1. 种植好各处的植物，做好日常管理，按要求认真记好各小区的有关资料（覆盖度、生物量、经济产量、土壤湿度、气象、作物特征、施肥、水分状况等），小区要统一操作，防止系统误差。

2. 在每次下雨前检查各个径流小区的状态，小区边界是否完好，植被是否正常，是否有人为破坏，集水沟、集水池中是否有水和泥，有就立即清除；如果降雨没有产生径流，除记录何时降雨、持续时间、降雨强度、降雨量等外，并记好什么原因而致无径流产生，是否是持续干旱造成的。

3. 如果有径流产生，雨停后径流产生也停时，可根据天气状况决定是否采样，采样时在室内做好准备，准备好后首先观察记录径流深度，每个径流池搅拌均匀后立即取混合样 1 000mL，写上标签拿回实验室。

4. 每个径流池采好混合样后，不要立即排水，让其沉淀一会，待沉淀下泥沙将上层清水放出，将高浓度泥沙水收集装瓶带到实验室让其自然蒸干，干的泥沙作为泥沙养分分析样。

5. 取好高浓度泥沙水混合样后，将径流池清洗后排干水关上阀门。

6. 在实验室将 1 000mL 的混合样，在已烘干称重的滤纸上过滤，收集过滤后水样作为水中营养分析样，土壤全氮、全磷、全钾和有机质，以及土壤速效氮、磷、钾，水质中浊度、色度、电导率、pH 值、碱度、悬浮物、总硬度、硫酸盐、氨氮、亚硝酸盐氮、硝酸盐氮、亚硝胺、化学需氧量等。

7. 过滤好的滤纸和泥沙一起放到105°的烘箱中烘至衡重，计算出 1 000mL 径流水中的泥沙含量，再推算出小区的径流系数、土壤侵蚀模数和农业面源污染对库区水体的贡献率。

8. 将有关原始数据存入数据库供结果分析用。

【数据记录及结果分析】

1. 在整理资料之前，应对原始观测资料进行认真地复查，确定资料真实可靠，或存在的问题得到解决，才能进行整理。

2. 整理后的成果应包括以上全部观测记载的资料。在整理过程中，应根据资料性质按项目列成表格或绘制成图形，并计算出平均数、标准差和变异系数，以备分析应用。

3. 产量分析，它是根据各处理的平均产量和各处理在各重复产量的高低，将它们划分成若干等级。属于同一级的处理，表示它们平均产量的差异主要是由于实验误差造成，增产效果不显著；属于不同级的处理，表示它们平均产量的差异主要是由处理本身引起，有增产效果；不同处理间的等级差别越大，表明增产效果越好。

4. 水、沙分析，一般采用百分数法分析。在实验期内，实验处理径流小区产生的径流和泥沙与对照径流小区比较，计算出减少的百分数。

【思考题】

简述流域内降雨侵蚀量的季节变化特征、土壤侵蚀变化特征和小流域的水土流失量。

【参考文献】

1. 贾志伟 . 1990. 降雨特征与水土流失研究[C]. 中国科学院水利部西北水土保持

研究所集刊.

2. 水利部国际合作与科技司.2002. 水利技术标准汇编水土保持卷[M]. 北京:中国水利水电出版社.

实验30 小流域径流泥沙观测

【实验目的】

小流域径流泥沙观测是为了在小流域尺度上研究水土流失规律，探讨人类活动对径流泥沙的影响，探索小流域水土流失发生、发展的原因，了解各种自然因素、人为因素在水土流失过程中所起的作用及相互之间的定性、定量关系，为研制水土保持措施，编制水土保持区划和规划，保护、改良和利用水土资源，预测、预报江河干支流水沙变化趋势提供科学依据。因此，在选择研究流域时要根据研究目的，选择自然条件和土地利用情况在研究地区有代表性的流域作为研究对象，研究流域必须是一个闭合流域。为了对比水土保持措施和森林的水土保持效益，在选择小流域时必须选一个或几个没有治理的对比流域。

【实验内容】

1. 降雨量、水位和流量的观测。
2. 气象观测和泥沙观测。
3. 泥沙粒径的分析和溶解质的测定。

【实验原理】

小流域径流泥沙实验是在有代表性的小流域内，布设雨量站、坡地径流场、干支沟口径流观测站，观测全流域的降雨量，各部位的径流量、侵蚀量，沟口输出的径流、泥沙量，应用适当的分析方法，探求小流域的径流泥沙来源，以及降雨、地形、地质、土壤、植被等综合因素对小流域水土流失的影响。

1. 量水建筑物的设置

(1)量水堰的设计：量水堰由进水段、出水段和喉道3个部分组成，各部分尺寸通常由喉道宽度 W 来确定。

进水段长度： $L=0.5W+1.2$

进水段斜边长：$A=0.5W+1.22$

进口宽： $B=1.2W+0.48$

出口宽： $B_1=W+0.3$

量水堰一般应满足下列要求：

①量水堰的纵轴应与河流的平均流向一致，其所在河段应顺直且水流平稳，顺直段长度最好不少于河宽的5~10倍，并有规则的堰形、横断面和一致的比降。

②设置量水堰的河段应不受变动回水的影响，下游最好没有其他壅水的障碍物或类似作业的急转弯道。

③量水堰的各部尺寸和堰底比降应保证符合设计尺寸和技术要求，否则应在整个水位变幅内对其水位流量关系进行全面检定。

④设置量水堰时，堰上应装有观测或推算逐日流量所用的水尺或自记水位计；水尺或自记水位计的进水口应位于水段内，与喉道的距离为进水口长度的2/3。

(2)量水堰的设置：常见的量水堰主要由溢流堰壁、堰前引水渠以及护底等几部分组成。按堰顶和堰口形状的不同，分为三角形堰、梯形堰、矩形堰和抛物线形堰。以下介绍三角形堰和梯形堰。

①三角形堰：具有三角形堰口的薄壁堰，堰口为锐缘。角度 θ 一般有 60°、90°、120°等，设计取 $\theta = 90°$。

三角形薄壁堰是一种测流精度较高的堰，主要是利用竖直薄板上的 V 形缺口进行测流，如图 3-5 所示。缺口顶角 α 的二等分线应铅垂，并于渠道两侧的边墙等距离。顶角 α 的范围是 20°～100°，必须采用精确的方法加工。当 $\alpha = 90°$时，称直角三角形堰，是使用最广泛的一种三角堰。

三角堰只适用在顺直、水平的矩形渠段中。但是，如果缺口的面积与行近渠道的面积相比很小以致行近流速可以忽略时，则渠道形状无关紧要。行近渠道中的水流应均匀稳定。

当 $b/B > 1/3$ 和 $h_{max}/P_1 > 1$ 时，对行近渠道要求的平坦光滑程度更高一些。

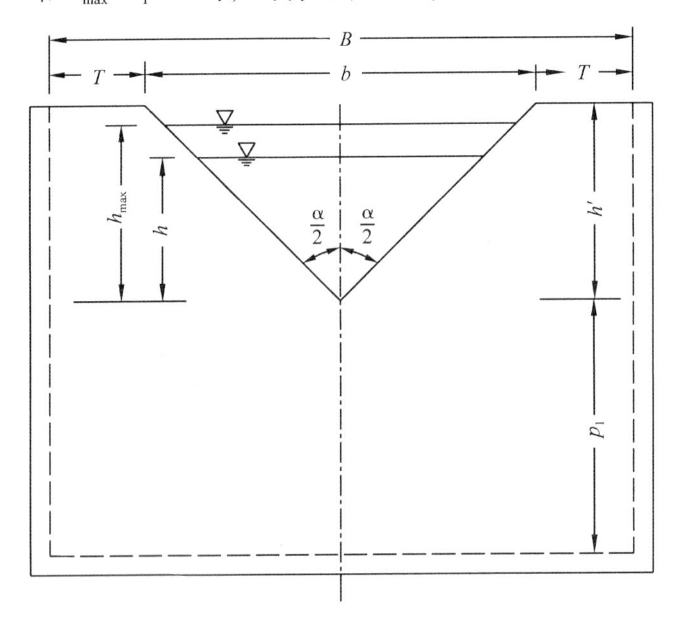

图 3-5　三角形堰示意

b－堰口宽度(cm)；T－侧边宽度(cm)；α－堰顶夹角(°)；

B－堰的安装宽度，即行近河槽宽度，$B = b + 2T$(cm)；

h'－缺口高度(cm)，$h' = h_{max} + 5$；

h－堰上游水头(cm)；h_{max}－堰上游最大水头(cm)

②梯形堰：具有上宽下窄的梯形缺口壁堰，缺口为锐缘，锐缘倾斜面向下游，堰口边坡比通常有 1∶4 和 1∶1 两种。

梯形堰为一种具有梯形缺口的薄壁量水设施，如图 3-6 所示。可用木板堰口加铁皮、钢丝网混凝土薄板堰口加铁皮或薄铁板、塑料板等制成。

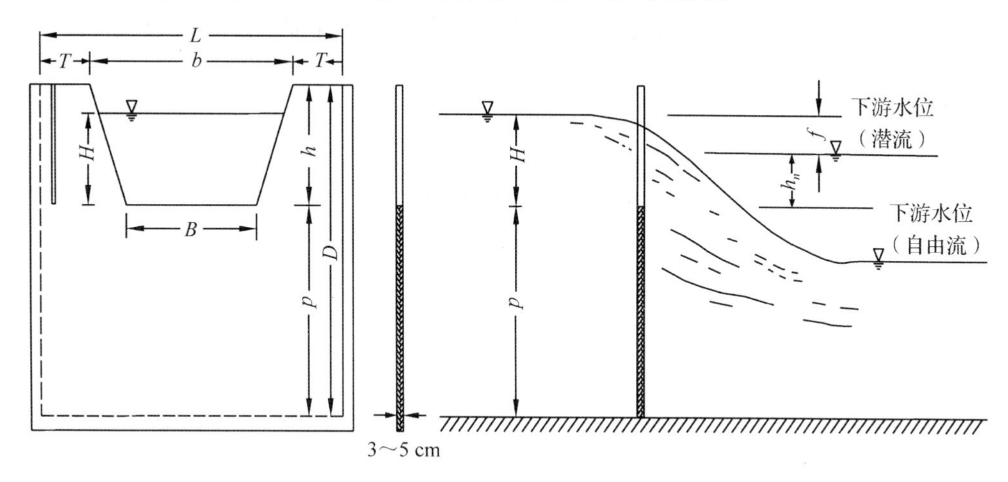

图 3-6 梯形堰示意图

b－梯形堰上口宽度(cm)；T－侧边宽度(cm)；L－堰的下底宽度，即行近河槽宽度(cm)，$L=b+2T$；h－缺口高度(cm)，$h=H+5$；D－堰高度(cm)；B－梯形堰下底宽度(cm)；p－缺口底距堰底高度(cm)；H－堰上游最大水头(cm)；h_n－下游水位高出堰坎的水深(cm)；f－上下游水位差(cm)

堰坎宽度 b 一般在 0.25～1.5m，堰口侧边通常为 4∶1(竖∶横)的斜边，堰口呈锐缘状。常用的标准梯形堰结构尺寸见表 3-6。

表 3-6 常用梯形量水堰结构尺寸表 cm

堰坎宽 B	b	H_{max}	h	T	P	适宜施测流量 q 范围(L/s)
25	31.6	8.3	13.3	8.3	8.3	2～12
50	60.8	16.6	21.6	16.6	16.6	10～63
75	90.0	25.0	30.0	25.0	25.0	30～178
100	119.1	33.3	38.3	33.3	33.3	61～365
125	148.3	41.6	46.6	41.6	41.6	102～640
150	177.5	50.0	50.0	50.0	50.0	165～1009

注：表中 $b=B+h/2$，$H_{max}=B/3+5$，$T=B/3$，$P\geq B/3$。

(3)量水堰的设置一般应尽可能遵守下列规定：

①为了把下渗和旁渗水量减少到最小限度，堰底应设置截水墙，且最好伸至不透水层。堰口附近的迎水墙两侧应伸入河岸至少 0.5m，以保证与天然的河岸连接紧密。

②堰壁平整，且垂直于平均流向，铅垂于水平面；在平面上水流动轴线应通过堰口的对称中心；同时堰壁应磨光或涂以油漆，以防止生锈和保证在水头很小时，堰流水舌仍能自由跌落，而不致贴附在堰壁上。万一出现这种现象，即停止使用量水堰测流。

③堰口边缘应锐利，堰坎高出堰前的河底或引水渠底不应小于 0.5m。堰前水流应呈直线流动。当最大流量通过时，堰前渐近流速最好不超过 0.25m/s，溢流水舌下应保证空气有自由通道。

④水尺或自记水位计应位于堰口上游相距为最大水头2倍的地方。当来水凶猛时，可更远些。其零点最好位于堰坎中央高度一致，以便直接观读或自记水位。

【器材与用品】

测尺、坡度仪、综合气象站、土钻、天平、烘箱、土样盒、水分测定仪、土壤化学分析设备、双环入渗仪、坡面原状土入渗性能自动测量系统、量水堰、流速仪、小流域水土流失自动监测仪、沙样桶、分沙器、量筒、自动采样器等。

【实验步骤】

1. 水位观测

(1)自记观测：自记水位计观测水位，要求对每场暴雨进行校测和检查。水位变化平缓、质量较好的自记水位计，可以适当减少校测和检查次数。水位变化急剧、质量较差的自记水位计，可以适当增加校测和检查次数。

(2)人工观测：一般每5min观测记录一次，短历时暴雨要求每2～3min观测记录一次。

2. 泥沙观测

(1)观测频次：每次洪水过程观测不少于10次，根据水位变化确定观测时间。

(2)泥沙采样：原则要求用瓶式采样器，如果没有允许使用普通器皿采样，每次采样不得少于500～1 000mL。

(3)泥沙含量测定：烘干后，用0.01g感量天平称重方法取得。

(4)泥沙粒级划分：每年选择产流最多，有代表性的降水过程1～2次采样分析，悬移质泥沙的粒级划分(mm)：<0.002　0.002～0.005　0.005～0.05　0.05～0.1　0.1～0.25　0.25～0.5　0.5～1.0　1.0～2.0　>2.0

3. 气象观测

(1)观测要素：观测项目包括降雨量、气温、湿度、风速等气候指标的总量及其过程。

(2)场地选择：场地应能代表流域小气候特征，四周开阔、平坦的地点。保证在降水成倾斜下降时，四周物体不致影响降水落入雨量器内。一般情况下，四周障碍物与仪器的距离不得少于障碍物与仪器口高差的2倍。观测场地应有适当的专用面积，四周围一个栅栏。观测场内不能种植对降水观测有影响的作物。

【数据记录及结果分析】

1. 流量的计算，按照水流形态的不同可有两种情况：

(1)自由流流量公式：

$$\text{淹没度 } S = h_2/h_1 < 0.7$$

$$Q = 0.372W\left(\frac{h_1}{0.305}\right)^{1.569w^{0.026}}$$

式中　h_1 ——上游水尺读数(m)；

h_2——下游水尺读数(m)；

W——喉道宽度(m)。

当喉道宽度 $W=0.5\sim1.5$m 时，可用简化公式：

$$Q=2.4Wh_1^{1.57}$$

(2)淹没流流量公式：

$$淹没度\ 0.7<h_2/h_1<0.95$$

$$Q_s=Q-\Delta Q$$

$$\Delta Q=0.0746\left\{\left[\frac{h_1}{\left(\frac{0.928}{S}\right)^{1.8}-0.747}\right]^{4.57-3.14S}+0.093S\right\}W^{0.815}$$

式中 ΔQ——流量修正值(m^3/s)；

S——淹没度，其值为 h_2/h_1。

当 $S>0.95$ 时，量水槽便失去测流作用，此时就要用其他方法进行测量。量水槽处于淹没出流时，除使观测资料的整理工作大大复杂外，还使测流精度显著降低。因此，在决定量水槽槽底高程时，应尽量使整个测流范围内的水流处于自由出流状态。

2. 应用量水堰测流时，观测其水头高度，代入过堰流量公式，即可求得流量值。

(1)确定三角形堰过堰流量的基本公式为：

$$Q=(8/15)\mu(2g)^{0.5}\left(\tan\frac{\theta}{2}\right)H^{2.5}$$

式中 Q——过堰流量(m^3/s)；

μ——流量系数，约等于0.6；

H——过堰水深(m)；

θ——堰口夹角(°)；

g——重力加速度 m/s^2，取9.81。

当三角形堰的堰口夹角 $\theta=90°$时，其过堰流量计算公式可由上式简化为：

$$Q=1.4H^{2.5}$$

三角堰的测流范围很小，但精度高，常常用做流量监测设备，其流量公式分自由流公式和淹没流公式两类。

三角堰过流时，下游水位低于堰顶时，即为自由流。国际标准化组织(ISO)推荐肯斯瓦特-沈氏公式：

$$q=\frac{8}{15}C_D\tan\frac{\alpha}{2}\sqrt{2g}h_e^{\frac{5}{2}}$$

式中 q——过堰流量(m^3/s)；

C_D——流量系数，无量纲；

α——三角堰的顶角(°)；

h_e——有效水头(m)，$h_e=h+k_h$。

当 $\alpha=90°$时，$k_h=0.000\,85$m；$\alpha=20°\sim100°$时，$k_h=0.002\,9\sim0.000\,85$m，流量系数 C_D 通过实验确定，它是3个变量的函数：

$$C_D = f\left(\frac{h}{P_1},\frac{P_1}{B},\alpha\right)$$

这里的 h 指实测堰上游水头(m)；k_h 指修正黏滞力和表面张力的综合影响值(m)。

肯斯瓦特－沈氏公式适用条件为：顶角 α 必须在 20°～100°，要求 $h/P_1 \leqslant 0.35$，$P_1/B = 0.10 \sim 1.5$，$h > 0.06$m，$P_1 > 0.09$m，过堰水流为自由流。

由于流量系数 C_D 受 3 个变量影响，使用不便，于是在制造直角三角堰时规定，$P_1 = h_{max}$，即 $B = 4P_1$，$h/P_1 \leqslant 1.0$（对于 $\alpha \neq 90°$的一般三角堰，也作类似规定），此时取流量系数 $C_D = 0.59$，得到简化的通用流量公式。

对直角三角堰：

$$q = 1.343h^{2.47}$$

(2)确定梯形堰过堰流量的基本公式为：

$$Q = M(b + 0.8\tan\beta \cdot H)H^{3/2}$$

式中 Q——过堰流量(m^3/s)；

M——流量系数，等于 1.86，当来水流速大于 0.3 m^3/s，取 1.9；

b——堰坎宽度(m)；

β——堰口边坡角度(°)；

其他符号意义同上。

若堰口边坡采用 1∶4($\tan\beta = 1/4$)，堰坎宽 $b = 3H$ 时，其过堰流量可按下式计算：

$$Q = MbH^{3/2} = 1.87bH^{3/2}$$

若堰口边坡采用 1∶1($\tan\beta = 1$)，其过堰流量可按下式计算：

$$Q = MbH^{3/2}$$

式中，$M = 1.86(b + H)/(b + 0.25H)$

当下游水位低于堰坎为自由流时，流量公式为：

$$q = 1.86bH^{3/2}$$

式中 q——流量(m^3/s)；

H——过堰水深(m)；

b——堰坎高(m)；

1.86——综合流量系数由实验求得，当流速大于 0.3m/s 时，此值改为 1.90。

根据上面公式，并假设 $b = 1.0$，制成表 3-8，适用时根据过堰水深 H 在表 3-7 中查出相应的流量，再乘以实际堰宽 b，即得所求流量 q。

当下游水位高出堰坎，且上、下游水位差与堰坎高之比 f/P 小于 0.7 为潜流时，流量公式为：

$$q = 1.86bf_nH^{3/2}$$

式中 f_n——潜没系数，通常可由表 3-8 查得。

表 3-7 梯形量水堰自由流量表(m^3/s)

过堰水深 H(m)	流量(m^3/s)					过堰水深 H(m)	流量(m^3/s)				
0.02	0.005	0.006	0.007	0.008	0.009	0.17	0.131	0.132	0.135	0.137	0.139
0.03	0.010	0.011	0.012	0.013	0.014	0.18	0.142	0.144	0.147	0.149	0.152
0.04	0.015	0.016	0.017	0.018	0.020	0.19	0.154	0.156	0.159	0.161	0.164
0.05	0.021	0.022	0.023	0.025	0.026	0.20	0.166	0.169	0.171	0.174	0.177
0.06	0.027	0.029	0.030	0.032	0.033	0.21	0.179	0.182	0.184	0.187	0.189
0.07	0.035	0.036	0.038	0.039	0.041	0.22	0.192	0.194	0.197	0.200	0.202
0.08	0.042	0.042	0.045	0.047	0.049	0.23	0.205	0.208	0.211	0.213	0.216
0.09	0.050	0.052	0.054	0.056	0.057	0.24	0.219	0.221	0.224	0.227	0.230
0.10	0.059	0.060	0.063	0.064	0.066	0.25	0.232	0.235	0.238	0.241	0.244
0.11	0.068	0.070	0.072	0.074	0.076	0.26	0.247	0.250	0.252	0.255	0.258
0.12	0.078	0.080	0.082	0.084	0.085	0.27	0.260	0.263	0.266	0.270	0.272
0.13	0.087	0.090	0.092	0.094	0.096	0.28	0.275	0.278	0.281	0.284	0.287
0.14	0.098	0.100	0.102	0.104	0.106	0.29	0.290	0.293	0.296	0.299	0.302
0.15	0.108	0.111	0.113	0.115	0.117	0.30	0.305	0.308	0.311	0.314	0.317
0.16	0.119	0.122	0.124	0.126	0.128						

表 3-8 梯形量水堰潜没系数表

h_n/H	f_n	h_n/H	f_n	h_n/H	f_n	h_n/H	f_n
0.06	0.996	0.28	0.944	0.50	0.855	0.72	0.714
0.08	0.992	0.30	0.939	0.52	0.845	0.74	0.698
0.10	0.988	0.32	0.932	0.54	0.834	0.76	0.682
0.12	0.984	0.34	0.925	0.56	0.823	0.78	0.662
0.14	0.980	0.36	0.917	0.58	0.812	0.80	0.642
0.16	0.989	0.38	0.909	0.60	0.800	0.82	0.621
0.18	0.972	0.40	0.901	0.62	0.787	0.84	0.599
0.20	0.968	0.42	0.892	0.64	0.774	0.86	0.576
0.22	0.963	0.44	0.884	0.66	0.760	0.88	0.550
0.24	0.958	0.46	0.875	0.68	0.746	0.90	0.520
0.26	0.952	0.48	0.865	0.70	0.730		

注：h_n为下游水位高出堰坎的水深。

(3)矩形堰

①不淹没、无侧收缩($b=B$)溢流其常用的流量 q 计算公式如下：

a. 巴赞公式

适用条件为：$0.2m < P_{上} < 1.13m$，$b=2m$，$0.1m < H < 1.24m$

$$q = \left(1.794 + \frac{0.0133}{H}\right) \times \left[1 + 0.55\left(\frac{H}{H+P_{上}}\right)^2\right] bH^{3/2}$$

b. 雷包克公式

适用条件为：$0.15m < P_{上} < 1.22m$，$b=2m$，$H < 4P_{上}$

$$q = \left(1.782 + 0.024\frac{H_e}{P_{上}}\right) bH^{3/2}$$

式中，$H_e = H + 0.0011\text{m}$

c. 全苏水工科学研究院公式

适用条件为：$H \geqslant 0.10\text{m}$，$H \leqslant 2P_{上}$

$$q = \left(0.402 + 0.054\frac{H}{P_{上}}\right) \times \sqrt{2g}bH^{3/2}$$

d. 罗斯公式

适用于低锐缘堰，条件为：$0 < \frac{P_{上}}{H} < 0.06$

$$q = 3.313\left(1 + \frac{P_{上}}{H}\right)^{3/2} bH^{3/2}$$

②不淹没、有侧收缩（$b < B$ = 溢流）流量常用下列巴赞公式计算：

$$q = \left[1.794 + \frac{0.0133}{H} - 0.133\frac{B-b}{B}\right] \times \left[1 + 0.55\left(\frac{b}{B}\right)^2\left(\frac{H}{H+P_{上}}\right)^2\right]bH^{3/2}$$

③淹没溢流

a. 淹没准则

当 $Z>0$，且 $\frac{Z}{P_{下}} < \left(\frac{Z}{P_{下}}\right)_{临}$ 时，下游水位影响过堰流量，即属于淹没堰。$\left(\frac{Z}{P_{下}}\right)_{临}$ 值，由表3-10查取，表3-10中的 m_0 值，按下式计算：

$$m_0 = 0.405 + \frac{0.0027}{H}$$

式中　H——堰上水头（m）。

表3-9　$\left(\frac{Z}{P_{下}}\right)_{临} = f\left(m_0, \frac{Z}{P_{下}}\right)$ 值

m_0	$Z/P_{下}$								
	0.10	0.20	0.30	0.40	0.50	0.75	1.0	1.50	2.0
0.42	0.89	0.84	0.80	0.78	0.76	0.73	0.73	0.76	0.82
0.46	0.88	0.82	0.78	0.76	0.74	0.71	0.70	0.73	0.79
0.48	0.86	0.80	0.76	0.74	0.71	0.68	0.67	0.70	0.78

b. 淹没堰流量

其流量计算公式为：

$$q_{淹} = \sigma_{淹} q$$

式中　q——不淹没堰的流量；

$q_{淹}$——淹没堰的流量；

$\sigma_{淹}$——淹没系数。

淹没系数可按下列公式计算：

$$\sigma_{淹} = 1.05\left(1 + 0.2\frac{H-Z}{P_{下}}\right)\sqrt[3]{\frac{Z}{H}}$$

【思考题】

不同测量流量的水利工程建筑物的作用及其使用范围。

【参考文献】

1. 水利电力部农村水利水土保持司 . 1988. SD239—1987 水土保持试验规范[S]. 北京：中国水利水电出版社 .

2. 王礼先 . 2004. 中国水利百科全书·水土保持分册[M]. 北京：中国水利水电出版社 .

实验 31 面蚀观测与调查

【实验目的】

面蚀是指由于分散的地表径流冲走坡面表层土粒的一种侵蚀现象，是我国山区、丘陵区土壤侵蚀形式中分布最广、面积最大的一种形式。由于面蚀面积大，侵蚀的又是肥沃的表土层，所以对农业生产的危害很大。根据面蚀发生的地质条件、土地利用现状、发展的阶段和形态差异，面蚀又分为层状面蚀、沙砾化面蚀、鳞片状面蚀和细沟状面蚀 4 种形式。

通过面蚀的观测和调查，要求掌握面蚀的 4 种形式及其概念，掌握面蚀种类判别、面蚀程度和强度的一般判别方法，掌握常用的面蚀量的调查方法。

【实验内容】

1. 农耕地面蚀种类调查、面蚀程度和强度观测与调查。
2. 非农耕地面蚀种类调查、面蚀程度和强度观测与调查。

【器材与用品】

罗盘仪、钢尺、照相机。

【实验步骤】

1. 农耕地面蚀程度调查

农耕地面蚀程度调查主要以年平均土壤流失量作为判别指标，当实际的土壤流失量在容许土壤流失量范围之内时，就可以认为没有面蚀发生。不同土壤侵蚀类型区容许土壤流失量可以参照表 3-10 的值。

表 3-10 不同土壤侵蚀类型区容许土壤流失量

土壤侵蚀类型区	容许土壤流失量[$t/(km^2 \cdot a)$]	土壤侵蚀类型区	容许土壤流失量[$t/(km^2 \cdot a)$]
西北黄土高原区	1 000	南方红壤丘陵区	500
东北黑土区	200	西南土石山区	500
北方土石山区	200		

目前，面蚀量常用的调查方法有：①侵蚀针法；②坡面径流小区法；③利用小型水库、坑塘的多年淤积量进行推算其上游控制面积的年土壤侵蚀量；④根据水文站多年输沙模数资料，用泥沙输移比进行推算上游的土壤侵蚀量；⑤采用通用土壤流失方程式(USLE)对各因子调查分析后，选取合适的值进行计算。

上述方法均需要较长时间及齐备的资料进行测定，实际的土壤侵蚀调查工作中，往往是不允许的。因此，在短时间内常用现场剖面对比分析法间接推算出土壤流失的数量，由此确定农耕地上的面蚀程度。

本实验调查采用剖面对比分析法来判定耕地面蚀程度。

一般情况下，根据表土流失的相对厚度，将面蚀程度分为4级，各级的耕作土壤情况及其程度划分标准如表3-11。土壤剖面的开挖及农业土壤层次的划分，参见相关书籍。

表3-11 农耕地面蚀程度与土壤流失量关系

面蚀程度		土壤流失相对数量
1级	无面蚀	耕作层在淋溶层进行，土壤熟化程度良好，表土具有团粒结构，腐殖质损失较少
2级	弱度面蚀	耕作层仍在淋溶层进行，但腐殖质有一定损失，表土熟化程度仍属良好。具有一定量团粒结构，土壤流失量小于淋溶层的1/3
3级	中度面蚀	耕作层已涉及淀积层，腐殖质损失较多，表土层颜色明显转淡。在黄土区通体有不同程度的碳酸钙反应，在土石山区耕作层已涉及下层的风化土沙，土壤流失量占到淋溶层的1/3～1/2
4级	强度面蚀	耕作层大部分在淀积层进行，有时也涉及母质层，表土层颜色变得更淡。在黄土区通体有不同明显的碳酸钙反应，在土石山区已开始发生土沙流泻山腹现象，土壤流失量大于淋溶层的1/2

2. 农耕地面蚀强度调查

面蚀强度是在不改变土地利用方向和不采取任何措施的情况下，今后面蚀发生发展的可能性大小。因此，农耕地面蚀强度是根据某些影响土壤侵蚀的因子进行判定而得到的。

一般情况下是根据农耕地田面坡度大小，对其发生强度进行判定。常将农耕地上的面蚀强度划分为5级，有时也可根据具体要求进行适当增减。农耕地田面坡度与其面蚀强度划分标准如表3-12。

表3-12 农耕地田面坡度与其面蚀强度划分标准

面蚀强度	田面坡度	面蚀强度	田面坡度
1级 无面蚀危险的	≤3°	4级 有面蚀危险、沟蚀危险的	15°～25°
2级 有面蚀危险的(包括细沟状面蚀)	3°～8°	5级 有重力侵蚀危险的	>25°
3级 有面蚀危险和沟蚀危险的	8°～15°		

3. 非农耕地面蚀程度调查

在非农耕地坡面上，由于人为不合理活动(如过度采樵、放牧和自然等)原因，使植物种类减少，生长退化，覆盖率降低，主要发生鳞片状面蚀。鳞片状面蚀发生程度及其发展强度主要与地表植物的生长状况、覆盖率高低和分布是否均匀等因素有关。

鳞片状面蚀程度调查，主要参照地表植物的生长状况、分布情况及其覆盖率的高低来确定。有植物生长部分(鳞片间部分)，地表无鳞片状面蚀或较轻微；无植物生长部分(鳞片状部分)，地表有鳞片状面蚀或较严重。一般地常将鳞片状面蚀程度划分为4级，各级植物生长状况描述见表3-13。

表 3-13 地表植物生长状况与鳞片状面蚀程度划分标准

鳞片状面蚀程度		地表植物生长状况
1 级	无鳞片状面蚀	地面植物生长良好，分布均匀，一般覆盖率大于 70%
2 级	弱度鳞片状面蚀	地面植物生长一般，分布不均匀，可以看出“羊道”，但土壤尚能连接成片，鳞片部分土壤较为坚实，覆盖率为 50% ~70%
3 级	中度鳞片状面蚀	地面植被生长较差，分布不均匀，鳞片状部分因面蚀已明显凹下，鳞片间部分土壤和植物丛尚好，覆盖率为 30% ~50%
4 级	强度鳞片状面蚀	地面植被生长极差，分布不均匀，鳞片状部分已扩大连片，而鳞片间土地反而缩小成斑点状，覆盖率小于 30%

4. 非农耕地面蚀强度调查

鳞片状面蚀强度判定标准主要是参照地表植物的生长趋势及其分布状况来进行的，通常将鳞片状面蚀强度判定分为 3 级，各级鳞片状面蚀强度与地面植物生长趋势见表 3-14。

表 3-14 地表植物生长趋势与鳞片状面蚀强度划分标准

鳞片状面蚀强度		地表植物生长趋势
1 级	无鳞片状面蚀危险的	自然植物生长茂密，分布均匀
2 级	鳞片状面蚀趋向恢复的	放牧和樵采等利用逐渐减少，植物覆盖率在增加，生长逐渐壮旺，鳞片状部分“胶面”和地衣苔藓等保存较好，70% 以上未被破坏
3 级	鳞片状面蚀趋向发展的	放牧和樵采等利用逐渐增加，植物的覆盖率在减少，生长日趋衰落，鳞片状部分“胶面”不易形成

注：胶面是由生长在岩石和土壤表面的菌藻类低等植物死亡后形成的暗黑色膜状物。

【思考题】

1. 土壤侵蚀强度与土壤侵蚀程度有哪些区别和联系？

2. 利用小型水库、坑塘的多年淤积量推算出上游控制面积的年土壤侵蚀量，说明侵蚀的程度？

【参考文献】

张洪江．2008. 土壤侵蚀原理[M]. 2 版．北京：中国林业出版社．

实验32 坡面细沟侵蚀调查

【实验目的】

细沟侵蚀是面蚀发生发展的最严重阶段，一般发生在坡耕地或其他裸露坡面上，宽深均不超过20cm。细沟与地表径流方向一致，且细沟之间大致平行。细沟的出现标示着侵蚀即将由面蚀进入沟蚀，侵蚀量会迅速增加，造成的危害更加严重。因此，对细沟的研究和认识、对细沟侵蚀的积极治理，是认识土壤侵蚀规律和控制水土流失的重要环节。

本实验主要是掌握坡面细沟侵蚀的侵蚀量调查，巩固课本知识，了解土壤侵蚀的一般规律。

【实验内容】

调查坡面细沟数量、分布和细沟侵蚀量。

【器材与用品】

罗盘仪、皮尺、环刀、GPS定位仪。

【实验步骤】

1. 在已经发生细沟侵蚀的地方，按照目测分布情况，在不同的细沟分布密度区域分别选定样方，样方沿坡面取宽5m，长10m。

2. 将样方内细沟按大(沟长 > 200cm)、中(沟长 100 ~ 200cm)、小(沟长 < 100cm)分三类统计细沟数量，每条沟测定沟长和上、中、下各部位的沟顶宽、底宽、沟深，按照数学几何的方法估算每条细沟的体积，将样方内所用细沟的体积相加获得总体积。

3. 在调查样方附近，细沟最大沟深范围内用环刀取土，回实验室测土壤容重。

4. 用样方内细沟总体积乘以土壤容重获得样方内细沟侵蚀量。

5. 假定细沟侵蚀区域侵蚀分布均匀，用样方内单位面积侵蚀量乘以侵蚀面积就是细沟侵蚀区域侵蚀量。

由于受侵蚀历时和外部环境的干扰，侵蚀的实际发生过程不断发生变化，为了解土壤侵蚀的实际发生过程，在进行侵蚀沟样方测定的同时，有条件时还应通过照相、录像等方式记录时段内实际发生过程。

【思考题】

如何区分细沟面蚀和沟蚀？细沟侵蚀的防治措施主要有什么？

【参考文献】

1. 水利部国际合作与科技司.2002. 水利技术标准汇编·水土保持卷[M]. 北京：

中国水利水电出版社.

2. 唐克丽. 2004. 中国水土保持[M]. 北京：科学出版社.

3. 王大纯. 1986. 水文地质学基础[M]. 北京：地质出版社.

4. 王礼先，于志民. 2001. 山洪泥石流灾害预报[M]. 北京：中国林业出版社.

5. 王礼先. 1994. 流域管理学[M]. 北京：中国林业出版社.

6. 王贵平. 1998. 细沟侵蚀研究综述[J]. 中国水土保持(8)：23－25.

实验 33 山洪调查

【实验目的】

通过对山洪侵蚀的调查，可以查清以往发生山洪的条件、发生规模、发生频率、造成的危害程度及危害范围，另外，可以判定今后发生山洪危害可能性的大小。

【实验内容】

以前发生山洪情况调查及今后山洪及其灾害预测。

1. 以前发生山洪情况调查

调查以前发生的山洪常使用的方法有洪痕调查法(在山区河流弯道上，可能找到洪水痕迹，凹岸的洪水痕迹总是低于凸岸的洪水痕迹，可利用两岸洪水痕迹的高差来估计流速)、访问当地群众和山洪资料查询等方法，实际工作中具体采用的方法视可供调查的条件而定，有时也常几种方法结合使用并相互印证其结果。

调查的主要内容为集水面积，发生山洪时的降雨情况，集水范围内的植物、地质、地形、土壤和土地利用状况等，并分析山洪形成的原因、山洪历时、洪峰流量、淹没范围及其危害等；了解山洪对沟岸及沟(河)床的侵蚀情况，在山洪沟道下游及沟口开阔处，调查泥沙淤积量及淤积物组成等。

2. 今后山洪及其灾害预测

通过对历史上发生过的洪水灾害调查，预测当地可能发生山洪的气象条件、地质地形条件、植被条件及山洪灾害范围等，并提出相应的防治措施。

【器材与用品】

地形图、调查表格、铅笔、橡皮、小刀、皮尺、手持 GPS 定位仪、照相机、电池等。

【实验步骤】

1. 室内准备工作

(1)资料收集

①近期 1∶10 000、1∶25 000 的调查地的地形图；近期大比例尺(1∶10 000～1∶20 000)航片的技术资料，如航摄表、镶嵌图；②近期行政区划图、地质图、土壤图、林业资源现状图、土地利用图；③地质、地貌、气象(以日、时计，历史记载以来最大降雨资料)、水文(水文手册)、土壤、植被有关资料；④历史灾害记载；⑤前人研究成果。

(2)调查表格的制订

见表 3-15“山洪沟道调查表”、表 3-16“山洪雨情调查表”，根据区域具体情况可进行补充调整。

2. 野外调查

按照调查表格的内容进行逐项的调查。降雨量、气温等气象资料的调查主要是收集气象台、站观测资料，必要时现场观测并进行相关分析；流域面积和形状量测，流域地形特点、土壤、植被和沟床物质构成，可以收集既有资料，或实地勘察和测量；灾情调查，主要是实地勘测。

3. 内业整理

整理汇总调查内容，分析造成山洪的原因，预测今后山洪可能发生的情况。根据野外调查认识和室内统计分析，结合实习内容编写实习报告。

【数据记录及结果分析】

表 3-15　山洪沟道调查表

发生时间	地点	集水面积	集水范围内的植被		地质			地形		土壤		土地利用状况	泥沙淤积量	淤积物组成
			种类	覆盖度	构造情况	地表岩层风化破碎情况	松散固体物质堆积量	坡度	流域形状	土壤类型	土层厚度			

表 3-16　山洪雨情调查表

发生的时间	地点	前期降雨量情况(mm)			发生山洪的当日激发雨量	最大 24h 降雨量	最大 1h 降雨量	最大 10min 降雨量	受灾情况			
		前 3d 的累积雨量	前 5d 的累积雨量	前 15d 的累积雨量					死亡人数	毁房(间)	牲畜(头)	其他

【思考题】

根据实习的调查内容，可以分析山洪发生的原因、类型、特点等，你认为如何才能有效地预防山洪的发生？

【参考文献】

1. 张洪江. 2008. 土壤侵蚀原理[M]. 2 版. 北京：中国林业出版社.

2. 王礼先，于志民. 2001. 山洪及泥石流灾害预报[M]. 北京：中国林业出版社.

实验 34 黄土区泥流调查

【实验目的】

泥流是泥石流的一种，是发生在黄土地区或具有深厚均质细粒母质地区的一种特殊的超饱和急流，其所含固体物质以黏粒、粉沙等一些细小颗粒为主。通过对泥流的调查，可以分析泥流的成因、泥流的危害以及泥流的特征等。

【实验内容】

黄土区泥流形成条件调查、活动特征调查和灾情调查。

【器材与用品】

皮尺、罗盘仪、GPS 定位仪，记录簿等。

【实验步骤】

泥流是一种含有大量泥沙的特殊洪流。其流体内，砂粒、粉粒和黏粒等细颗粒占固体物质总量的98%以上，粉沙以下粒级占80%以上，石块含量一般不超过固体物质总量的2%。泥流所具有的动能远大于一般的山洪，流体表面显著凹凸不平，已失去一般流体特点，在其表面经常可浮托、顶运一些较大泥块。泥流既是泥石流的一个类型，又是水土流失的一种特殊形式，是黄土高原地区水土流失发展到极为严重阶段的标志，也是黄河及其支流含沙量高的重要原因。泥流在分布区域、形成条件、流体性质、沉积特征等方面和典型的泥石流相比，具有一些鲜明的特点，表 3-17 中列出了按土体性质对泥石流的划分结果，把泥石流分为水石质泥石流、泥石质泥石流和泥质泥石流，泥质泥石流就是指的泥流。因此，本实验主要是在黄土高原地区的泥流调查。

表 3-17 属性学原则下的分类——土体组成

性质	水石质泥石流	泥石质泥石流	泥质泥石流
土体组成	土体多来自崩塌与沟蚀，由大小石块、砾石、粗沙及少量细粉沙黏土组成，粒径大于 2cm 者占80%以上，粉沙黏土含量5%以下，稀性	土源类型多，由大小石块、砾石、粗细粉沙、黏土组成，粒径大于 2cm 者占 20%～70%，粉沙及黏土分别占 10%～20% 及 5%以上，稀性或黏性	由重力侵蚀、冲蚀及面蚀、溅蚀提供土体，由黏土、粉沙及少量砾石、碎石组成，粉沙占 60%～70%，黏土占 15%～20%，其他占 10%～20%，可为稀性或黏性
泥石流活动与危害	绝大部分土体以滚动跳跃形式推移前进，冲击力强，至较宽缓处水体迅速分离，推移质迅速停淤，造成淤埋和冲击灾害	大小石块被泥浆推移不等速运动或浮托整体运动，直进性强，冲击、超高、爬高大。至宽缓地带泥石流漫坡堆积，摧毁、掩埋地物，危害严重	流体整体运动，动压力强。可漫流至很平缓地带堆积，掩埋地物。泥流向两侧扩散能力较弱，停积时泥流体呈舌状，表面较平整。水体离析时仍携带较多粉黏粒土体至下游，沿程形成淤积危害
减灾要点	控制水土掺泥，促进水土分离	控制水体及土体	控制重力侵蚀和冲蚀

1. 黄土区泥流调查的内容和方法(见表3-18)

表3-18 泥流调查的内容和方法

项目		调查内容	调查方法
形成条件	固体物质	物质来源	收集或实测地形图、量测坡度和面积
	地形	流域形状、面积、谷坡坡度以及沟床比降等	现场调查测绘
	水源	主要调查与泥流形成和防治有关的温度、降水和其他形式的供水条件	主要通过查阅气象资料进行相关推算，必要时进行小流域气象观测
活动特征	活动历史	调查核实历次泥流活动时间发生的日期、持续时间、规模、危害，以及当时的降水和地震等情况	调查访问，堆积形态鉴定，泥石流痕迹勘查
	活动现状	近期活动特点、暴发频率、规模、破坏能力、诱发因素、激发雨量等	查阅灾情记录和有关部门档案
	流体分类	确定泥流的物质组成和流体性质，即区分稀性泥流、黏性泥流和塑性泥流	调查访问泥流发生时情况，或根据泥痕的颜色与稠度、堆积物颗粒组成与水固物质比例分析
	流动特征	泥流流动有两种形式，一种是连续流，另一种是间歇性流动	痕迹调查和模拟计算
	沉积特征	泥流沉积地貌常见有：泥流扇、蛇形垅、泥侧堤和泥球等	实地测量和勘探
灾情调查		泥流危害对象、灾害规模、灾后修复难易程度、成灾规律和发展趋势等	实地勘测

2. 调查说明

(1)泥流在黄土高原主要集中分布在黄土高原腹地的晋西北、陕北、陇东和陇西四大区域，零星分布于黄土高原边缘地带的其他地区 。

(2)固体物质：黄土高原泥流形成的物质主要由黄土供给。其补给方式除黄土滑坡、崩塌、泻溜及坡面冲刷之外，人类的各项工程活动(如采矿、采石、修渠、筑路等)废弃的土石，也是重要的固体物质供给源。

(3)地形：黄土高原泥流主要发育在沟壑区。影响泥流形成的地形要素主要是流域形状、面积、谷坡坡度以及沟床比降等。

(4)水源：黄土高原泥流以暴雨为其主要水源。降雨与泥流形成关系最为密切的3个因子是：暴雨强度、前期降雨量和暴雨发生时间。

(5)泥流分类：黄土高原的泥流按其物理力学性质特征可以分为稀性泥流、黏性泥流和塑性泥流3种。稀性泥流的容重为0.6～1.6t/m³，流动时固液相不等速，呈连续状流态。

黏性泥流的容重一般大于1.6t/m³，流动时固液相等速，呈波状流(阵流)，间有连续流。

塑性泥流的含水量在20%以下，就流体整体来看，呈塑性状态，可搓成泥条或塑成各种形状，弯曲时发生裂口。

(6)泥流流动特征：泥流流动有两种形式，一种是连续流，与一般流水相似，如稀性泥流一般表现为连续流；另一种为间歇性流动，即每隔一段时间流过一个波，也称为阵性波状流，一般来说，黏性泥流多呈阵性波状流。

泥流在它流经的沟床上都会停积一定厚度的泥皮，称之为“残留层”，其厚度一般为1～10cm。

(7)泥流沉积特征：泥流流出沟口后，沟谷变宽，沟床变缓，泥流物质便发生沉积，形成各种特殊的泥流沉积地貌，常见者有泥流扇、蛇形垅、泥侧堤和泥球等。

①泥流扇：泥流尤其是黏性泥流在沉积过程中无明显的按粒径大小分选的现象，而呈整体漫溢沉积的特征。如果沟口原始地形开阔且较平缓，泥流扇外形呈椭圆状或狭长锥形。泥流堆积体的大小主要取决于物源的多寡和堆积区的地形条件，但多遭受后期洪水冲刷而不完整。

②蛇形垅：较小规模的泥流在宽缓的沟谷内沉积往往形成长蛇形垅岗，其前端呈扁平的舌状体。由于受流水冲刷，完整者少见。狭窄沟床内泥流堆积体随时会被流水冲走。

③泥侧堤：当容重在$2t/m^3$以上的黏性泥流或塑性泥流即将结束时，流动速度减到0.02～0.05m/s，呈蠕动状态，这时在泥流自身重力作用下两侧与中部产生速度差，进而切变，中部流动而两侧停积，于是形成泥侧堤。

④泥球：泥流中挟带的红黏土或黄土土块在流动过程中被滚动磨圆并包裹一层泥皮，形成泥球。泥球在泥流流经的沟道中或沉积区内常成片、成带分布，其大小不一，直径一般为10～60cm，大者直径达110m以上。

【数据记录及结果分析】

调查记录表格同表3-20和表3-22。

【思考题】

你认为如何才能避免泥流的发生，以及如何才能建立一个有效的泥流防治体系？

【参考文献】

1. 雷祥义，黄玉华，王卫. 2000. 黄土高原的泥流灾害与人类活动[J]. 陕西地质，18(1)：28－39.

2. 马东涛，崔鹏，张金山，等. 2005. 黄土高原泥流灾害成因及特征[J]. 干旱区地理，28(4)：435－440.

实验35 泥石流观测与调查

【实验目的】

泥石流发育的流域通常称泥石流沟。通过对泥石流沟的观测与调查，可以分析泥石流发生的条件、判定泥石流发生发展的趋势等。

【实验内容】

泥石流沟调查，主要影响因子观测。

【器材与用品】

皮尺、罗盘仪、GPS定位仪，记录簿等。

【实验步骤】

1. 泥石流沟调查

泥石流的形成既有自然因素，如地质、地形、气候、水文、植被等条件，也与人为不合理的生产活动息息相关，如炼山开荒、破坏植被、采石开矿将大量碎石弃之沟底，为泥石流发育创造了条件。因而，泥石流调查主要是人为破坏自然条件的影响调查，以及其他条件的调查。

首先，查清流域内人为活动对植被破坏情况。一般在贫困山区，陡坡开荒比较常见，种植极陡的“挂牌田”，这类地面积越大，泥石流暴发越频繁，反之较少。目前，通过退耕还林还草政策，山丘区植被逐渐得到恢复，但一般幼林或灌丛草地正在增长，需要结合土地利用调查了解植被覆盖及物种组成、生长情况。

其次，查清流域内因修路、采石、开矿等活动产生弃渣的数量及处理情况。随着《水土保持法》的实施，各地监督力度加大，弃渣、破坏面等已有减少或有防渣措施，但还不够，给泥石流暴发提供了条件，因而要了解弃渣数量和位置。

2. 主要影响因子观测

截至目前，泥石流发生影响因子观测仅局限于流域降水观测，在有预报任务和有条件的泥石流观测站，要在泥石流沟形成区下游到流通区上中游，以及较大支沟沟口设置泥石流探测仪，一旦出现泥石流即刻报警。

降水观测采用自计雨量计和量雨筒，每日8：00观测一次，特别注意24h大暴雨量，它是激发泥石流的重要因素。观测点的布设及密度要求同水蚀的流域观测。

具体的调查内容和方法见表3-19。

表 3-19 泥石流调查的内容和方法

项	目	调查内容	调查方法
形成条件	沟谷地貌	沟谷位置和形态、流域面积、谷坡坡度、沟谷长度和比降等	收集或实测地形图、量测坡度和面积
	地质背景	地质构造、地层岩性、新构造运动和地震活动、地下水活动	现场调查测绘
	气象水文	主要调查与泥石流形成和防治有关的温度、降水和其他形式的供水条件	主要通过查阅气象资料进行相关推算，必要时进行小流域气象观测
	土壤植被	土壤类型、厚度和适生性，植物种类和层次结构、覆盖率等	实地调查
	侵蚀特征	主要调查沟谷内滑坡、崩塌、坡面冲刷、冲床冲蚀等现象的发育情况及其与泥石流的关系	现场调查
	物质供应	泥石流沟谷中松散物质贮量和供应方式，按活动滑坡体积、坡面松散物质、沟床松散物质、泥石流堆积物 4 种类型量测计算	调查为主，必要时实地测量和勘探
活动特征	活动历史	调查核实历次泥石流活动时间发生的日期、持续时间、规模、危害，以及当时的降雨和地震等情况	调查访问、堆积形态鉴定、泥石流痕迹勘查
	活动现状	近期活动特点、暴发频率、规模、破坏能力、诱发因素、激发雨量等	查阅灾情记录和有关部门档案
	流体性质	确定泥石流的物质组成和流体性质，即区分泥流、泥石流和水石流。	调查访问泥石流发生时情况，或根据泥痕的颜色与稠度、堆积物颗粒组成与水固物质比例反分析
	运动特征	确定泥石流流速、流量、龙头高度	痕迹调查和模拟计算
	堆积特征	堆积扇形态、堆积物组成、淤积速度、停淤坡度、冲淤特征、搬运能力和破坏能力	实地测量和勘探
	灾情调查	泥石流危害对象、灾害规模、灾后修复难易程度、成灾规律和发展趋势等	实地勘测

【数据记录及结果分析】

表 3-20 泥石流测验及调查成果表

沟道编号及名称：______________________________

所属水系及主河名称：______________________________

行政区：________省_______县_______乡(镇)________村

地理坐标： 东经______________ 北纬____________

流域地貌	流域面积(km^3)		流域地质	所处大地构造部位	
	流域长度(km)			岩层构造	
	流域平均宽度(km)			地震烈度	
	流域形状系数			地面组成物质	
	沟道比降(%)			地表岩石风化程度	
	沟口海拔高程(m)			沟道堆积物情况	
	相对最大高差(m)			重力侵蚀、沟蚀规模、面积、活动等情况	
	冲积扇面积(km^2)				
	冲积扇厚度(m)				
土地利用	农业用地(hm^2)				
	林业用地(hm^2)		流域植被	森林覆盖率(%)	
	牧业用地(hm^2)			林草覆盖率(%)	
	水域(hm^2)			林木生长及分布	
	裸岩及风化地(hm^2)			灌草生长及分布	
	其他面积(hm^2)			林草涵养水源功能	
气候	年平均气温(℃)			林草防蚀功能	
	年平均温差(℃)		社会经济情况		
	年均降水量(mm)				
	日最大降水量(mm)				
诱发原因			活动与危害		

表 3-21 典型泥石流发生情况调查记录

各种诱发原因			
活动历史及危害			
发生时间		历时(s)	
容重(t/m^3)		流体性质	
流速(m/s)		流量(m^3/t)	
流态		冲出量(m^3)	
降雨情况		沟口堆积情况	
潜在危害及威胁对象		防治情况	

测验(调查)人： 核算人： 调查时间： 年 月 日

泥石流探测仪分为震动式、光电式、音响式等多种探测传感器，可自动传输也可人工读取。当有泥石流通过时，传感器发出信号，通过有线或无线通信传给下游，为防灾、避灾作好准备。

【思考题】

你认为如何才能建立一个有效的泥石流防治体系?

【参考文献】

1. 张洪江 . 2008. 土壤侵蚀原理[M]. 2 版 . 北京：中国林业出版社 .
2. 李智广 . 2005. 水土流失测验与调查[M]. 北京：中国水利水电出版社 .

实验 36 重力侵蚀调查

【实验目的】

通过重力侵蚀的调查，了解重力侵蚀的形式及其观测方法。

【实验内容】

泻溜观测、崩塌观测、滑坡观测、重力侵蚀影响因子调查与观测、重力侵蚀资料整理。

【器材与用品】

记录簿、皮尺、罗盘仪、青砖、天平等。

【实验步骤】

重力侵蚀是指斜坡上的风化碎屑、土体或岩体在重力作用下发生变形、移位和破坏的一种土壤侵蚀现象。重力侵蚀即受外部环境因素，如降水、地形、植被、地下水、人为活动影响外，还与内部的物质结构关系密切，因而重力侵蚀研究较为复杂、困难。

重力侵蚀的主要形式有泻溜、崩塌和滑坡 3 类。以下分别介绍其观测内容和方法，以及重力侵蚀影响因子调查与观测。

(一) 泻溜观测

泻溜也称散落，是指斜坡上的土(岩)体经风化作用，产生碎块或岩屑，在自身重力作用下沿坡面向下坠落或滚动的现象。

泻溜多发生在45°~70°的裸露陡坡、易风化的破碎岩体和含黏土矿物较多的土体，在干湿、冷暖气候交互作用下，极易形成泻溜。黄土区的“红层”是主要发生的泻溜面。泻溜侵蚀观测有两种基本方法：一是集泥槽收集法，二是针测法。这里主要介绍集泥槽收集法。

1. 集泥槽法

集泥槽法是在要观测的典型坡面底部，紧贴坡面用青砖浆砌筑收集槽，定期收集泻溜物、算出泻溜剥蚀量的方法。因而，槽体容积以能收集一定时段最大泻溜量为准。通常为便于收集清理，槽体略向坡面一侧倾斜。槽长可大可小，一般取 5cm 或 10cm，或视坡面面积、形状大小而定；为了避免受降水影响，可以设盖，也可以在槽一端设一孔排除积水(一般距底 1 ~2cm 并有双层拦网)。此外，若坡脚有平坦的地面，可作简单处理，设一围梗即可。

2. 观测项目与要求

(1)侵蚀量测验：泻积物顺坡下落进入收集槽，可于每月、每季或每年清理收集槽中泻积物称重(风干重)，然后加总得年侵蚀量，用收集坡面面积去除得到单位面积侵蚀量，最后将坡面侵蚀量用公式换算为平面侵蚀量即可：

$$M = M_b \cos\alpha$$

式中 M——平面上单位面积侵蚀量；

M_b——坡面上单位面积侵蚀量；

α——坡度。

(2)泻积物粒级分析：在有分析条件的观测场，若设有不同组成质地的坡面泄溜观测场，就需要分析坡面物质组成对侵蚀的影响。这时采用一般的筛分法就能实现。

(3)气象因子的观测：影响泻溜侵蚀的重要气象因子有气温、降水和风3个方面。气温的变化引起组成颗粒的热胀冷缩，不同组成物质膨胀系数不同，导致表层土(岩)体结构破坏。再加上降水使一些矿物颗粒吸收膨胀和失水干缩，促进了裂隙发展，形成脱离母体的碎屑；若是寒冷季节，进入裂隙的水体会冻结膨胀，产生很大的侧压力，导致脱离体的进一步崩解和离体，加上风的作用会很快落下。因而，气象因子观测多在观测场附近设立气象园，距离不超过100m和不影响泻积坡为好，进行气象因子观测。

泻溜观测成果可用表3-23整理汇总。

(二)崩塌观测

崩塌是斜坡上的分离土体或岩体在自身重力作用下，快速向坡下移动的侵蚀破坏。它的运动速度快，一般为200m/s左右，有时可达自由落体速度，其规模从数立方米到上亿立方米，有山崩、岸崩和巨石崩落(坠石)，侵蚀强度大，危害大。

崩塌一般发生在45°以上的陡坡，且坡高越大崩塌规模越大；坡面岩体破碎，倾斜稍缓，越易发生；在日温差、年温差大的地区，若遇暴雨增加岩土体负荷，容易发生崩塌。

目前，崩塌预报还未成熟，人们通过大量野外调查发现，当斜坡分离岩(土)体的张裂隙深度超过沟深的1/2(即坡面高的1/2)后，崩塌有随时发生的可能。有关崩塌侵蚀的观测，常用相关沉积法进行。相关沉积法是测量崩塌发生后的塌积物体积估算出的。由于塌积物中存有大块岩(土)体构架的空洞，量算的体积往往偏大。因而，还要在坡面上依据量测未崩塌坡面出露的宽度(厚度)、崩塌坡面长度和高度计算出体积予以校核。

崩塌侵蚀还不能计算到单位面积上，目前，多通过典型调查，以单位长度(每千米)发生的崩塌数量表示该地区的崩塌强度。

(三)滑坡观测

滑坡的发生一般要经过松弛张裂、蠕动和破坏(滑动)3个阶段。对于前两个阶段常采用排桩法配合其他方法，以监测地表形变与位移，判断滑坡发生规模与大致时间，所以也称预报监测；第三阶段滑坡发生后常用测量法，以确定滑动土(岩)体的体积大小。在上述监测的同时，观测主要影响因素对滑坡预报十分重要。

1. 排桩法监测设施与布设

排桩法监测设施有测桩、标桩、觇标及高精度定位测绘仪器等。

(1)测桩：依据性质，测桩分基准桩、置镜桩和照准桩。基准桩设置在滑体以外的不动体上固定不变，要求通视良好，能观测滑体的变化。置镜桩设在不动体上，能观测滑体上设置的照准桩。置镜桩一般在观测期不变，若有特殊想不到的事件发生，也可重设。照准桩设置在滑体上，用以指示桩位处的地面变化，所以要牢靠、清晰。在设置时，考虑到滑体各部分位移变化的差异，一般沿滑体滑动中心线及两侧，分设上中下三排桩；若滑体较大，可以加密，一般桩距为15～30m，最大不超过50m。

(2)标桩：标桩是为检测滑体地面破裂线的位移变化而设置的。由于破裂面在滑坡发育过程中变化灵敏，且不同位置变化差异很大。所以，标桩设置密度较大，桩距一般为15m左右，并成对设置，即一桩在滑动体上，另一桩在不动体上，两者间距以不超过5m为好，以提高测量精度。

(3)觇标：觇标是用以监测大型滑体上建筑物破坏变形的小设施，为一个不大于20cm×20cm的水泥片。上有锥形小坑3个，成正三角排列。该觇标铺设在建筑物破裂隙上(墙上或地面上)，使其中2个小坑连线与裂隙平行(在破裂面一侧)。另一个小坑在破裂面另一侧。设置密度可随建筑物部位不同而变化，无严格限定。

2. 观测与要求

(1)排桩法观测：由于滑体运动是三维的，所以观测既要有方位(二维)，还要有高程变化。一般观测程序是：先在要确定观测的滑坡地段作现场踏勘，以初步确定测桩的设置方案；布设基准桩、置镜桩、照准桩和标桩(标桩一般有明显裂隙出现后设置)；由基准桩做控制测量，再由置镜桩精测照准桩和标桩的方位和高程，并用直尺测标桩的距离；用大比例尺绘制已编号的各桩位置及高程图，作为观测的基础。然后，定期观测照准桩位和高程变化，与前期观测值比较后能知道变形位移量。一般初期可一月一次，随变形加快可5～10d一次，具体观测期需视实际情况而定。

(2)觇标观测：一般只做两维观测，即由每个锥形坑测量到裂隙边缘距离和该处裂隙开裂宽度的变化量。观测期限可按排桩法同期进行，也可依据实际情况确定观测期限。

(3)滑坡发生后的测量：通常用经纬仪测量出该滑坡体未滑前的大比例尺地形图，作为对比计算的基础。当滑坡发生后，再精测一次，用同样的比例尺绘图。根据两图做若干横断面图，并量算断面面积及高程变化，分别结算部分体积和总体积。由于滑动后岩土破碎，堆积体会有孔隙存在，测量体积偏大。这可通过两种途径解决：一是根据滑体遗留的痕迹，实测滑体宽、长、厚度并计算予以校核；二是估测堆积物孔隙率，计算后给予扣除。用两者测算体积值修正前述断面量算体积，就能估算出较准确的滑坡侵蚀体积。

(四)重力侵蚀影响因子调查与观测

影响重力侵蚀的因子复杂多样，以滑坡为例，表现为滑动力矩与抗滑力矩的平衡关系。滑动力矩主要受滑体的质量和重心与破裂面的距离控制，降水、地形、人为活动是主要影响因子；抗滑力矩受摩阻力、黏聚力及破裂面形状、坡脚、坡形控制，岩石性质、产状、地下水活动、破裂面填充物等是主要影响因子。

1. 岩层结构与岩性调查

(1)岩层结构及结构面：坡面岩层由不同岩石组成，特别是容易泥化、软化的岩石，这些岩石相互叠置、交切、穿插，所形成的结构面，有的容易引起滑动变形，有的不利于引起滑动变形。当结构面倾斜与坡面一致时，最容易引起滑动变化，相反，则不利于滑动；当结构面被泥质填充，则易引起滑动，当被硅质、钙质等胶结时，则不易发生滑动；当结构面宽而光滑，则有利于滑动发生；当呈锯齿状，且紧密闭合，则发生移动的可能性小。

(2)岩层产状及岩性：由于受构造变动影响，岩层多数不是水平状产出，其倾向、倾角与滑坡发生关系密切。当岩层倾角与坡向一致，且倾角小坡角时，极易引起坡面滑动，这就是顺层滑坡多的缘故；当岩层内倾，无论倾角如何均较稳定。因岩石的形成和受外界影响不同，其性质差异很大：有的坚硬仅有原生节理；有的较软，受风化破坏影响，次生裂隙发育；有的次生矿物形成，改变了原来岩石性质，创造了滑动的条件。

一般在地质构造复杂和活动性强的区域，岩层多破碎，坡面易失稳，滑动发生的可能性大；相反，滑动发生的可能性较小。

2. 地下水活动与观测

地下水活动一般能使破裂面润滑、摩擦力减弱，地下水活动产生的动水压力能推动滑体运动，尤其在水位高、比降大的情况下作用更明显。因此，观测地下水的水位、流速、流向及其变化也可为预报滑坡提供依据。

若是较大滑坡体，滑体及周围均有水井(通常为生活用井)，可以用测尺观测井水水位，用汲水方法计算井水流量，用无污染示踪法测定井水流速和流向，甚至观测水温、混浊度等的变化也都会对滑坡预报有意义。因为，临滑前，往往地下水位、水温、混浊度都会急剧变化。

3. 降雨观测

降雨对滑坡的影响，一方面是由于降至滑体的水下渗，增大了滑体的质量，从而增大了滑动力；另一方面，降雨形成地面径流沿坡面流动，当与破裂裂隙相遇，便会很快下泄冲刷，使活动面快速形成并破裂，常在暴雨之后造成滑坡的发生。因此，大暴雨或长历时的大量降雨，对不稳定坡面都是十分不利的。

降雨观测已有规定，但应该注意的是，一旦观测滑体确定，就应监测滑体周围降雨情况，避免地区差异导致降水资料不准。

(五)重力侵蚀资料整理

泻溜侵蚀资料整理已由表3-22给出，这里着重说明滑坡观测资料整理的内容、方法和要求。

1. 滑坡观测资料整理

滑坡观测实际是不同时期各个桩点位置移动和高程变化的测量，因此多用地形测量手簿记录。若要预报滑坡，需要对观测位移量作对比分析，并提出预报等级，各地可依据实际情况而定。

2. 滑坡调查资料整理

对典型滑坡的形成条件、诱发原因、滑体特征及滑坡危害、稳定性评价等作全面调查，有助于防灾避灾，推动滑坡防治工作的进展。因此，在调查后，需要对上述内容进行讨论分述，提出调查报告，并汇总调查成果概括于表3-23中。

【数据记录及结果分析】

表3-22　泻溜观测成果表

年　　月　　日

观测场地	场地名		坡向		坡度	
	场地面积(m^2)			坡面性质		
	植被状况					
	其他					
观测项目	方法					
	序次					总计
	起讫时间					
	风干称重(g)					
	平面折重(g/m^2)					

观测者：　　　　　　　　　　　　　　　审核者：

表3-23　滑坡(含崩塌)调查表

滑坡编号及名称：________________________

所属行政区：__________省________县_______乡(镇)________村

地理坐标：　东经____________北纬______________

使用地形图比例尺、名称、编号：______________________

滑坡在图上位置或坐标：___________________________

形成条件	地势地貌			
	地质构造			
	水文地质			
	滑体组成与结构			
	土地利用			
诱发原因	降水情况			
	滑体前缘冲刷			
	滑体地质征兆			
	人为活动			
滑坡几何数据	滑壁最大高程(m)		滑舌高程(m)	
	后缘高差(m)		滑体中轴长度(m)	
	滑体宽度(m)		滑体最大厚度(m)	
			滑体体积($\times10^3m^3$)	

（续）

滑坡发生时间	
危害及经济损失	
防治情况及意见	
滑坡稳定性评价	
（滑坡平面图）	（滑坡纵坡面图）
备注	

调查人： 组长： 调查日期： 年 月 日

【思考题】

1. 预防重力侵蚀的方法有哪些？
2. 重力侵蚀的危害有哪些？

【参考文献】

1. 张洪江 . 2008. 土壤侵蚀原理[M]. 2 版 . 北京：中国林业出版社 .
2. 李智广 . 2005. 水土流失测验与调查[M]. 北京：中国水利水电出版社 .
3. 刘震 . 2004. 水土保持监测技术[M]. 北京：中国大地出版社 .

实验37 冻融侵蚀调查

【实验目的】

冻融侵蚀是温度在0℃及其以下变化时，产生对土体的机械破坏作用，是高寒地区的一种重要的侵蚀形式。因此，观测冻融侵蚀对保护环境和开发都十分重要。

【实验内容】

寒冻剥蚀观测、热融侵蚀观测和冰雪侵蚀观测。

【器材与用品】

皮尺、罗盘仪、测钎，记录簿、测桩等。

【实验步骤】

冻融侵蚀基本方式有：寒冻剥蚀、热融侵蚀和冰雪侵蚀。

寒冻剥蚀是在极高山裸岩区，岩石受热力作用而胀缩，由于组成矿物胀缩和导热性能差异，导致岩石表面产生环带裂隙，进而失重剥落，这是最常见的寒冻崩解方式。剥落物成为冰碛物的一部分，也可能成为冰川泥石流的物质来源。

热融侵蚀，在青藏高原冻土区存在着地下冻冰，当暖季到来(每年5~9月)，覆盖的冰雪及冻土由表及里开始消融，坡面上的消融层沿着解冻面在重力和流水双重作用下，向坡下移动。当坡面较陡(大于40°)消融较深时，常呈热融崩塌；当坡面较缓(9°~25°)，融水作用显著，就会出现热融滑坡(含滑塌)；当消融水较多，使解冻层饱和，在缓坡(16°左右)细粒物质饱和泥化后，沿解冻面快速下移，成为热融泥流；当表层沙丘解冻，消融水沿解冻面冲刷，会造成风沙融蚀坍塌。

冰雪侵蚀，在冰雪覆盖的极高山和山谷，由于雪崩或冰川活动，产生崩塌、刻蚀和刨蚀，形成各种冰蚀地貌；当冰舌前进至雪线附近逐渐消融，出现冰碛垅堆积，部分冰碛物随消融水下泄进入山前洪积冲积扇或下游堆积，这就是冰雪侵蚀。

1. 寒冻剥蚀观测

本项观测与重力侵蚀中撒落观测基本相同，可采用容器收集法或测钎法。

容器收集法用于本项观测，需要在观测的裸岩坡面、坡脚设置收集器(或收集池)，定期收集称重该容器内的剥蚀坠积物，并测量坡面面积和坡度，即可获得剥蚀强度。需要注意的是，收集器(池)边缘砌筑围墙(或设围栏)要可靠，以免洪水冲走或坠积物落出池外。当坡面岩石变化大，剥蚀差异明显或作其他分析研究时，可采用测钎法，也可两法同时使用。由于岩坡风化坠积物可能有石块，所以测钎不能细小且要有较高强度，以免毁坏。布设时，尽量利用岩层裂隙或层间裂隙，使测钎呈排(网)状，间距可控制在1.5~2m，量测钎顶连线到坡面的距离，并比较两期的测量值，即可知道剥蚀厚度。

寒冻剥蚀影响因素除岩性及其破碎程度外，温度变化、降水多少和风的作用也是十分重要的。因此，观测场应有不同岩性差异和坡向(至少有阳坡和阴坡)处理，以及降水、风速、风向的观测。

2. 热融侵蚀观测

热融侵蚀从形式上可以看出是地表的变形与位移，这样可应用排桩法结合典型调查来进行。在要观测的坡面布设若干排测桩，及几个固定基准桩，由基准桩对测桩逐个作定位和高程测量，并绘制平面图，然后定期观测。当热融侵蚀开始发生或发生后，通过再次观测，并量测侵蚀厚度，由图量算面积，即可算出侵蚀体积。应该注意，测桩埋深要以不超过消融层为准，一般控制在30cm以内，否则影响侵蚀。在同类典型地区作抽样调查，可以估算出热融侵蚀面积比或侵蚀强度。

热融侵蚀受海拔高程、地形、地温、气温、地表覆盖及物质组成等影响，因而观测场应有不同坡度、不同坡向、不同下垫面特征的处理布设，再配以地温、气温、日照、降水等气候因子观测，就能分析这类侵蚀基本特征。

排桩布设可呈排状或网状，桩距不超过10m。热融侵蚀观测在暖季初，可半月观测一次；随着气温升高，观测期应缩短到10d或5d。当热融侵蚀发生后，受气候影响，裸坡可能还有变形或水流冲刷，应持续观测到9月底。

3. 冰雪侵蚀观测

借鉴国外已有经验，可采用水文站观测径流、泥沙(含推移质)的方法，结合冰碛垅的形态测量来实现。形态测量实质是大比例尺高精度地形测量，通过年初和年中的测量成果比较，计算出堆积变化量。

冰雪侵蚀受降水、气温及地质、地形因素影响较大，限于观测条件比较严酷、危险，通常在雪线以下沟道有条件的断面设站观测，并配备气象场观测气候因子；而对流域乃至源头，仅在近雪线不同高程处设一处或几处气象观测点，由这些观测点的观测值进行推算。

上述3类观测场应选在具有观测条件、交通便利和基本生活有保障的地方，若有其他生态站或水文站，可尽量利用，合作完成。当要作较深入的分析研究时，可在有条件的地区建立分析实验室，配备水、电及相应设施，保证工作正常开展。

【数据记录及结果分析】

根据前述观测涉及方法和要求，以下拟出冻融侵蚀观测资料整编的原则要求。

1. 侵蚀速率月变化

无论上述何种侵蚀方式均与暖季气温变化有关，需在5～9月的各月末量算统计出本月的侵蚀量、移动量和输沙量。

2. 年侵蚀量或侵蚀模数

将各月侵蚀量、移动量和输沙量累加得年总值。根据寒冻剥蚀面调查、热融侵蚀的典型调查和冰川流域面积测算，可以计算年侵蚀模数；若热融侵蚀未作典型面上调查，则不计算侵蚀模数。

3. 主要影响因子记录整理

(1)气温、地温观测：最好采用4时段，即当地8：00、14：00、20：00和2：00

观测。按气象部门规定，计算日均值、月均值、年均值，若难以实现也应该测出14：00和2：00的极端气温和地温值，计算相应值，并摘抄极值。

（2）风力观测：以风速为主，可用自记风速仪，按4时段和有关规定整理日均风速、月均风速和年均风速，并摘抄大风日数和最大风速。

（3）其他因子观测：可以实际情况整理汇总。

表3-24　冻融侵蚀观测成果表

观测场（站）名：____________________________________

所属行政区：_________省（区）________县（州）________乡（镇）_________村

地理坐标：东经__________________　北纬_______________

观测方法：__________________

调查及观测记录

<table>
<tr><td rowspan="4">观测场情况</td><td>观测场（流域）面积</td><td></td><td colspan="3" rowspan="2">观测场（流域）岩性及地面物质组成</td><td></td></tr>
<tr><td>观测场（流域）长度</td><td></td><td></td></tr>
<tr><td>观测场（流域）宽度</td><td></td><td colspan="3">地面（流域）植被覆盖及人为活动</td><td></td></tr>
<tr><td>观测场（流域）坡度
（沟道比降）</td><td></td><td colspan="3">观测场（流域）海拔高程</td><td></td></tr>
<tr><td rowspan="12">观测项目</td><td>观测次序</td><td></td><td></td><td></td><td></td><td></td></tr>
<tr><td>起讫日期</td><td></td><td></td><td></td><td></td><td></td></tr>
<tr><td>平均气温和地温（℃）</td><td></td><td></td><td></td><td></td><td></td></tr>
<tr><td>日温差（地温差）（℃）</td><td></td><td></td><td></td><td></td><td></td></tr>
<tr><td>降水（mm）</td><td></td><td></td><td></td><td></td><td></td></tr>
<tr><td>平均风速（m/s）</td><td></td><td></td><td></td><td></td><td></td></tr>
<tr><td>寒冻剥蚀量（深）（mm）</td><td></td><td></td><td></td><td></td><td></td></tr>
<tr><td>热融侵蚀深（cm）</td><td></td><td></td><td></td><td></td><td></td></tr>
<tr><td>热融侵蚀面积（m^2）</td><td></td><td></td><td></td><td></td><td></td></tr>
<tr><td>含沙量（kg/m^3）</td><td></td><td></td><td></td><td></td><td></td></tr>
<tr><td>径流量（m^3）</td><td></td><td></td><td></td><td></td><td></td></tr>
<tr><td>输沙量（kg或t）</td><td></td><td></td><td></td><td></td><td></td></tr>
<tr><td colspan="2">调查情况</td><td colspan="5"></td></tr>
<tr><td colspan="2">其他说明</td><td colspan="5"></td></tr>
</table>

填表：　　　　　　　　审核：　　　　　　　　观测时间：　　　　年　　月　　日

【思考题】

1. 冻融侵蚀发生的范围及在我国冻融侵蚀分布的区域有哪些？
2. 冻融侵蚀地貌的特点有哪些？

【参考文献】

李智广．2005．水土流失测验与调查[M]．北京：中国水利水电出版社．

实验38 冰川侵蚀调查

【实验目的】

通过实习加深对冰川地貌形态的了解，掌握冰川地貌的野外观察方法。

【实验内容】

现代冰川观察、冰蚀地貌观察和冰碛地貌观察。

【器材与用品】

罗盘仪、GPS定位仪、皮尺、记录簿等。

【实验步骤】

冰川侵蚀的范围较易确定，凡是冰川覆盖区域均有冰川侵蚀作用发生。利用航空相片、卫星相片或在地面上都可勾绘出冰川侵蚀区的范围。

高纬度和高山地区气候寒冷，年平均气温多在0℃以下，地表常被冰雪覆盖。全世界现代冰川面积为$1\ 623 \times 10^4 km^2$，占世界陆地面积的11%。我国现代冰川和冻土的总面积约$220.86 \times 10^4 km^2$，约占国土面积的23%。在第四纪最大冰期时，世界上冰川分布面积更为广大。

冰川地貌是由冰川的侵蚀和堆积作用而形成。最常见的山岳冰川地貌观察包括以下3个方面内容。

1. 现代冰川观察

现代冰川观察目的是了解冰川的规模、补给和运动等特征。冰川的规模可通过测量冰川的长度、宽度、厚度及面积来判断。冰川的长度是指从冰川末端至粒雪盆后缘的距离。还要测量冰川的前缘、后缘高程及其表面坡度。冰川补给状况，受分布于雪线以上的粒雪盆的形态、方位和规模，以及冰斗数目、冰雪覆盖程度等因素控制。冰川的运动状态，可通过测量冰川的运动速度，观察冰川表面的各种裂隙、沟槽、冰柱、冰蘑菇及各种冰碛物的岩性、形态特征等来了解。

2. 冰蚀地貌观察

冰蚀地貌主要包括冰斗、刃脊、角峰、冰川谷(U形谷)、羊背石等。冰斗形成于雪线附近的积雪凹地，往往成群地分布于同一高程上。冰斗的形态容易辨认，其三面为峭壁所围，外形呈围椅状，朝向坡下的出口处存在岩坎，底部常有巨砾分布。测量冰斗出口处的高程，可确定雪线的位置。当冰川消退后，冰斗底部常会积水形成冰斗湖。辨认刃脊或角峰不能单凭是否是狭窄的山脊或塔状的山峰形态来确定，只有这些地貌形态与冰斗共生才是真的刃脊或角峰。

对冰川谷观察，主要是测量其纵、横剖面形态及高程、方位等。要注意冰川谷壁上冰川作用痕迹、擦痕和刻槽等，确定它们的深度、宽度及方向。分析冰川谷纵剖面上坡坎的分布与成因，是否与岩性、构造、支冰川汇入等因素有关。如果冰川谷底部有羊背石发育，要测量其形态、坡度及长轴方向等，还应分析羊背石的岩性、构造与表面擦痕等特征。

3. 冰碛地貌观察

典型的冰碛地貌形态包括终碛垄、侧碛垄、冰碛丘陵等。终碛垄是分布在冰川冰舌前端由冰碛物堆积而成的弧形垄岗状地貌。终碛垄可以成组出现，分别代表不同的冰期或不同的冰川活动范围。侧碛垄上游源头始于雪线附近，下游末端与终碛垄相连。在冰川消退后，冰川中的表碛、中碛、内碛等都沉落在底碛上，形成波状起伏的冰碛丘陵。冰碛地貌调查，主要是观测这些冰碛地貌形态的高度、宽度、长度、表面形态、岩性成分、结构、堆积年代等，重塑冰川进退演变过程。

【数据记录及结果分析】

表 3-25　现代冰川观察记录表

冰川的规模				粒雪盆			冰斗数目	冰雪覆盖程度	冰川的运动状态						
长度	宽度	厚度	面积	形态	方位	规模			运动速度	裂隙	沟槽	冰柱	冰蘑菇	冰碛物的岩性	冰碛物的形态特征

表 3-26　冰蚀地貌观察记录表

冰斗	冰川谷							羊背石(冰川谷底部)					
出口处高程	纵剖面形态	横剖面形态	高程	方位	谷壁上的痕迹、擦痕和刻槽			表面擦痕	构造	形态	坡度	长轴方向	岩性
					深度	宽度	方向						

表 3-27　冰碛地貌观察记录表

终碛垄							侧碛垄							冰碛丘陵						
高度	宽度	长度	表面形态	岩性成分	结构	堆积年代	高度	宽度	长度	表面形态	岩性成分	结构	堆积年代	高度	宽度	长度	表面形态	岩性成分	结构	堆积年代

【思考题】

1. 冰川在我国的分布范围？
2. 冰川侵蚀地貌的类型及每种类型的特点？

实验 39 淋溶侵蚀调查

【实验目的】

通过淋溶侵蚀的调查，可以研究养分的淋溶规律，土壤中一些元素的移动规律，地球化学过程和分布分配特征等。

【实验内容】

采用土柱法，对土壤中养分的淋溶情况进行调查。

【器材与用品】

土柱、尿素、土壤筛、尺子、记录簿等。

【实验步骤】

淋溶侵蚀是在降水或灌溉水进入土壤后，土壤水分受重力作用沿土壤空隙向下层运动，将溶解的物质和未溶解的细小土壤颗粒带到深层土壤，产生有机质等土壤养分向土壤剖面深层的迁移聚集，甚至流失进入地下水体的过程。

淋溶侵蚀的调查对水田可用渗漏池来测定，对旱地可用土柱或剖面调查来确定。本实验主要介绍采用土柱法研究土壤中养分(如氮肥——以尿素为例)的淋溶调查。具体的步骤包括：

(1) 根据研究区的土壤类型，以及研究内容，确定采样的深度。如果只是研究耕层土壤的养分淋溶情况，可以只取表层 0 ~ 20cm 的土样，如果是研究整个剖面的土壤养分淋溶情况，取样的深度就要大一些，一般要分层取到 60cm。其中，0 ~ 20cm 为一层，20 ~ 40cm 为一层 ，40 ~ 60cm 为一层。60cm 只是一个常用数值，对不同的地区，可根据当地土壤剖面的具体情况及地下水深度来确定。土壤取回后，按照不同的层次进行风干，风干后过 2mm 筛，装入土柱中。

(2) 研究养分的淋溶情况，就要对土柱 0 ~ 20cm 土层作施肥处理，以土柱的横截面积折算每个土柱的施肥量，如果有不同的施肥处理，则每种施肥处理需重复 3 次。

(3) 根据当地历史上最大年降雨量或者年平均降雨量作为淋洗水量。按时定量给土柱加水(去离子水)，一般每隔 6d 加水一次，每次加水量约为当地周最大降雨量，加水时采用间歇淋溶法，控制不产生径流。分次灌完(次数 = 淋洗水量/每次加水量)。每次灌水后收集全部下渗水量直到 2h 内无水下滴为止。测定水样当中的养分含量。水样测定指标为 TDN(可溶性总氮)、NO_3^- - N、NH_4^+ - N。水样的 NH_4^+ - N 用纳氏试剂光度法，NO_3^- - N 用镀铜镉还原 - 重氮化偶合比色法，TDN 用过硫酸钾氧化 - 紫外分光光度法。

为保证各个土柱水分的统一性，在施肥前统一加水至田间持水量，之后进行表层 0 ~ 20 cm 的施肥处理。方法是取出此层土壤，将所施肥料溶解于水中，之后喷洒土壤使土肥均匀混合，再装入土柱。淋洗实验结束后，分层采集 0～60cm 高度土样，测定碱解氮含量。

【数据记录及结果分析】

表 3-28 淋溶侵蚀记录

灌溉次数	TDN(可溶性总氮)	$NO_3^- - N$	$NH_4^+ - N$

【注意事项】

1. 在进行淋溶侵蚀调查时，要对调查区域的降水量进行调查，包括年降水量、降水年内分配等。

2. 取土回来后，还要对土壤的理化性质进行测定。

【思考题】

淋溶侵蚀在地球化学当中的作用有哪些？

【参考文献】

1. 张洪江 . 2008. 土壤侵蚀原理[M]. 2 版 . 北京：中国林业出版社 .

2. 王少平，俞立中，许世远，等 . 2002. 上海青紫泥土壤氮素淋溶及其对水环境影响研究[J]. 长江流域资源与环境，11(6)：554－558.

3. 郭胜利，余存祖，戴鸣钧 . 2000. 有机肥对土壤剖面硝态氮淋失影响的模拟研究[J]. 水土保持研究，7(4)：123－126.

实验40 岩溶侵蚀调查

【实验目的】

通过实习进一步认识岩溶侵蚀地貌类型的特征，初步掌握岩溶侵蚀地貌的野外调查，为合理开发利用提供基础资料。

【实验内容】

环境因子的调查、岩性和构造的调查、地下水循环调查、喀斯特地貌形态调查、溶洞与溶洞堆积调查。

【器材与用品】

罗盘仪、GPS定位仪、皮尺、记录簿等。

【实验步骤】

岩溶侵蚀，是指可溶性岩层在水的作用下发生以化学溶蚀作用为主，伴随有塌陷、沉积等物理过程而形成独特地貌景观的过程及结果。依据发育的位置可分为地表岩溶侵蚀和地下岩溶侵蚀两类。地表岩溶侵蚀包括溶沟、石芽、漏斗、落水洞、溶蚀洼地、溶蚀盆地和溶蚀平原、峰从、峰林和孤峰等侵蚀形态。地下岩溶侵蚀主要包括溶洞、地下河和暗湖。

在地表水和地下水的物理过程和化学过程共同作用下，对可溶性岩石的破坏和改造，导致岩溶侵蚀过程的发生，所形成的地貌景观，称为岩溶地貌或称喀斯特地貌。

选择典型地段，野外实地进行岩溶侵蚀调查，调查的内容有气象(主要包括年降水量及平均气温等)和地质构造(主要包括岩石种类、地质构造、岩层分布、地下水及其循环运动特征等)，尤其是调查地层组合中可溶性岩石(碳酸盐岩类、石膏及卤素岩类等)的分布状况和岩溶现状等。

1. 环境因子的调查

调查研究区的自然环境特征，包括降雨量、蒸发量、平均温度、湿度、地面和土壤空气CO_2含量、植被的类型及其覆盖率等。

2. 岩性和构造的调查

(1)岩性方面的调查研究：主要包括岩石的种类、成分、结构等特征；还要查明可溶岩层与不可溶岩层的接触关系，以及不同岩石的厚度、产状和构造形态等。这方面的调查研究应以实地调查为基础，再采集标本进行室内鉴定。

其中，喀斯特地区的可溶性岩石种类主要有碳酸盐岩类、石膏及卤素岩类等。

成分的分析主要是分析氧化钙、氧化镁的含量和它们两者比值大小等。因为各种岩溶形态均是水中侵蚀性二氧化碳对岩石长期溶蚀的结果。岩石中钙镁离子的含量，对岩溶发育起着决定性的作用。氧化钙与氧化镁的比值越高，即石灰岩纯度越高，越有利于溶蚀，岩溶越发育。

结构分析方面，结构是指组成岩石的矿物的结晶程度、大小、形态以及晶粒之间或晶粒与玻璃质之间的相互关系，有等粒、斑状、似斑状等。

岩层产状要素用地质罗盘测量，包括岩层走向、倾向和倾角的测量。用罗盘的长边与层面接触并使罗盘保持水平，磁针停摆后，读指北针所指刻度盘的度数，即为走向；用罗盘的N端朝向岩层的倾斜方向，S端与层面接触并使罗盘保持水平，读指北针所指刻度盘度数，即为倾向；将刻有测斜角的罗盘长边垂直置于层面倾斜线上，轻微调整测斜仪上的长水准器，使水泡居中，读测斜仪游标所指的度数，即为岩层的倾角(见图3-7)。

图3-7　岩性调查研究示意图

(2)构造方面的调查研究：主要是在通过区域性调查构造的成果中，掌握所调查地区处在全球、全国中的具体构造的部位，以便对它的构造有全貌的概念。对某一特定的地区为研究岩溶而进行的调查，需要具体地调查分析断层、裂隙与褶皱的构造体系，与当地地质构造史的关系。特别要了解这些构造形迹——裂隙、断裂及褶皱对岩溶发育所起的控制作用。也要深入研究裂隙中的充填物及断层带的性质，方法可用在对岩性方面的调查研究中所采用的办法。

3. 地下水循环

测量地下水的季节性变动，了解地下水水平流动带的流动方向；观察地下水出口的类型、位置、高程、水量、数目及其分布特征；测量地下河的流量、流速、流向、补给源和流动途径，确定地下河的出口。

4. 喀斯特地貌形态

喀斯特地貌调查可采用填图的方法，详细描述和测量各种喀斯特地貌的形态特征，如石芽石林、峰林石山的形态、高度、分布，喀斯特漏斗的规模、密度、发育位置，以及落水洞的位置、溶蚀洼地的形态等，并将其标示在地形图上，作为基本资料。

5. 溶洞与溶洞堆积

溶洞调查必须配备专业探洞、测洞装备，如罗盘仪、经纬仪、测距仪、手电筒、绳索等，掌握有关的专业知识与技能，测绘溶洞的平面图和纵剖面图，观察记录洞穴中石笋、石钟乳、石幔等各种堆积地貌形态及分布，注意洞壁有无古人类的绘画、文字等文明遗迹。洞穴堆积物经常埋藏有古脊椎动物化石和古人类化石、旧石器等，且多被钙质胶结，质地较坚硬。洞穴堆积物研究一般得开挖沉积层剖面，对其岩性、结构、化石等进行描述和分析，测定沉积物的形成年龄，推断洞穴的发育演变过程。

对上述几方面喀斯特地貌观测获得的基本资料，要加以分析、综合，并结合研究区的自然环境特征，如降雨、温度、湿度、植被的类型及其覆盖率等，判断是否有利于其喀斯特地貌的发育，分析喀斯特地貌发育的基本条件，确定喀斯特地貌所处的发育阶段及发育前景。在此基础上，对喀斯特地区的开发利用提出科学的建议。

【数据记录及结果分析】

表 3-29 岩性和构造的调查

岩石的种类	成分	结构	相对溶解度	岩石孔隙度	岩石的裂隙发育及联通情况	节理	断层	岩石的厚度(m)	岩层产状			构造形态
									走向	倾向	倾角(°)	

表 3-30 环境因子的调查表格

研究区	位置		年平均气温(℃)	年平均降雨量(mm)	年平均蒸发量(mm)	最高点海拔(m)	地方性侵蚀基准面(m，海拔)	植被类型	植被覆盖率(%)	空气中 CO_2 浓度(g/L)	土壤中 CO_2 浓度(g/L)	
	东经	北纬									埋深20cm	埋深50cm

表 3-31 溶蚀洼地形态指标

洼地名称	洼地面积(km^2)	最高点高程(m)	最低点高程(m)	平均高程(m)	平均深度(m)	漏斗和落水洞数(个)

表 3-32 石芽石林、峰林石山的观测内容

类型	形态	高度(m)	分布	个数	直径(m)	备注

表 3-33 漏斗的观测内容

类型	规模	行状	宽度(m)	深度(m)	个数	密度	发育位置	备注

表 3-34 落水洞的观测内容

类型	位置	宽度(m)	深度(m)	个数	备注

表 3-35 地下河的观测指标

编号	出口高程(m)	流量(L/s)	长度(km)	流域面积(km^2)	构造部位	补给来源	洞体规模	坡降	堆积物	崩塌现象	洞内水文现象

表 3-36 溶洞与溶洞堆积的观测内容

地点	洞深	洞长	垂直分层情况	石笋		石钟乳		石幔		有无文明遗迹	溶洞平面图	溶洞纵剖面图	备注
				形态	分布	形态	分布	形态	分布				

各个表格的内容可以根据实际的情况进行增减。

【思考题】

1. 岩溶侵蚀在我国分布的范围及发生岩溶侵蚀的条件有哪些?
2. 岩溶侵蚀地貌类型有哪些?

【参考文献】

张洪江. 2008. 土壤侵蚀原理[M]. 2 版. 北京：中国林业出版社.

实验 41 小流域土壤侵蚀强度调查

【实验目的】

通过对小流域土壤侵蚀强度的调查，可以了解流域内水土流失的状况及程度。

【实验内容】

1. 采用剖面对比分析法对土壤侵蚀量的测定。
2. 通过对面蚀和沟蚀进行现场调查，计算土壤侵蚀总量。
3. 通过调查分析法确定土壤侵蚀强度。

【器材与用品】

皮尺、罗盘仪、铁锹，记录簿等。

【实验步骤】

土壤侵蚀强度所指的是某种土壤侵蚀形式在特定外营力作用和其所处环境条件不变的情况下，该种土壤侵蚀形式发生可能性的大小。它定量地表示和衡量某区域土壤侵蚀数量的多少和侵蚀的强烈程度，通常用调查研究和定位长期观测得到，它是水土保持规划和水土保持措施布置、设计的重要依据。土壤侵蚀强度常用土壤侵蚀模数和侵蚀深表示。

土壤侵蚀强度是根据土壤侵蚀的实际情况，按轻微、中度、严重等分为不同级别。由于各国土壤侵蚀严重程度不同，土壤侵蚀分级强度也不尽一致，一般是按照容许土壤流失量和最大流失量值之间进行内插分级。我国水力侵蚀强度分级见表 3-37。

表 3-37 土壤侵蚀强度分级指标

级别	定量指标		定性指标组合				
			面蚀		沟蚀		重力侵蚀
	侵蚀模数 [t/(km^2·a)]	侵蚀深 (mm)	坡度(°)(坡耕地)	植被覆盖率(%)(林地、草坡)	沟壑密度 (km/km^2)	沟壑面积比(%)	重力侵蚀面积比(%)
Ⅰ. 微度侵蚀	<(200, 500 或 1 000)	<0.16, 0.4 或 0.8	<3	>90			
Ⅱ. 轻度侵蚀	(200, 500 或 1 000) ~2 500	(0.16, 0.4 或 0.8) ~2	3~5	70~90	<1	<10	<10
Ⅲ. 中度侵蚀	2 500~5 000	2~4	5~8	50~70	1~2	10~25	10~15
Ⅳ. 强度侵蚀	5 000~8 000	4~6	8~15	30~50	2~3	25~35	15~20
Ⅴ. 极强度侵蚀	8 000~15 000	6~12	15~25	10~30	3~5	35~50	20~30
Ⅵ. 剧烈侵蚀	>15 000	>12	>25	<10	>5	>50	>30

注：沟蚀面积比为侵蚀沟面积与坡面总面积之比；重力侵蚀面积比为重力侵蚀面积与坡面面积之比。

土壤侵蚀模数的确定是根据当地条件，采用各种分析确定。这些方法是：①采用侵蚀针法，这种方法是在坡地上插入若干带有刻度的直尺，通过刻度观测侵蚀深度，由此计算出不同坡地上每一年的土壤流失量；②利用小型水库和坑塘的多年淤积量进行推算，最好获得下游水文站的输沙量资料，淤积量和输沙量之和为上游小流域面积的侵蚀量；③坡面径流小区法，这种方法是在坡面上，选择不同地面坡度建立径流小区，小区宽 5m（与等高线平行），长 20m（水平投影），水平投影面积 $100m^2$，小区上部及两侧设置围埂，下部设集水槽和引水槽，引水槽末端设量水量沙设备，通过径流小区可计算出不同地面的平均土壤流失量；④根据水文站多年输沙模数资料，用输移比的比值进行推算；⑤采用土壤通用流失方程（USLE）对各因子调查分析后，选取合适的参数进行计算。还可以采用现场剖面对比分析法，可间接推算土壤流失的数量，由此确定侵蚀的强度。

一般在测定时，为了克服调查不足，减少调查误差，可以用多种方法同时调查，相互印证和校核，提高调查质量。本实验介绍了 3 种调查方法，供选择使用。

1. 利用图书馆和网络资源，查阅所要调查区域的地理位置、自然生态条件、社会经济状况等相关资料。

2. 土壤侵蚀量的确定——剖面对比分析法（方法一）

土壤剖面是指从地面垂直向下的土壤纵剖面，是在土壤发育过程中，由有机质的积聚、物质的淋溶和淀积而形成的，它或多或少表现出土壤特征的水平层次分异。为能进行比较，在有侵蚀部位挖一个土壤剖面，在与有侵蚀区域位于同一部位的林地中挖另一个剖面，两剖面进行对比，确定土壤侵蚀量或侵蚀深。

3. 通过对面蚀和沟蚀进行现场调查，计算土壤侵蚀总量（方法二）

面蚀调查采用侵蚀针法，沟蚀调查用样方法。调查区域土壤侵蚀模数为面蚀与沟蚀单位时段、单位面积侵蚀量之和。

（1）侵蚀针法面蚀调查计算

为了便于观测，在需要进行观测的区域，打 5m×10m 的小样方，在地形不适宜布设该面积小区时，小区的面积可小些，在样方内将直径 0.6cm、长 20～30cm 铁钉相距 50cm×50cm 分上中下、左中右纵横沿坡面垂直方向打入坡面，为了避免在钉帽处淤积，把铁钉留出一定距离，并在钉帽上涂上油漆，编号登记入册，每次暴雨后和汛期终了以及时段末，观测钉帽出露地面高度与原出露高度的差值，计算土壤侵蚀深度及土壤侵蚀量。计算公式如下。

$$A = \frac{ZS}{1\ 000\ \cos\theta}$$

式中 A——土壤侵蚀量；

Z——侵蚀深度（mm）；

S——侵蚀面积（m^2）；

θ——坡度值。

（2）侵蚀沟样方调查计算

在已经发生侵蚀的地方，通过选定样方，测定样方内侵蚀沟的数量、侵蚀深度和断面性状来确定沟蚀量，样方大小取 5～10m 宽的坡面，侵蚀沟按大(沟宽＞100cm)、中(沟宽 30～100cm)、小(沟宽＜30cm)分 3 类统计，每条沟测定沟长和上、中、下各部位的沟顶宽、底宽、沟深，通过计算侵蚀沟体积，用体积乘以土壤容重来推算侵蚀量。

由于受侵蚀历时和外部环境的干扰，侵蚀的实际发生过程不断发生变化，为了解土壤侵蚀的实际发生过程，在进行侵蚀沟样方法测定的同时，还应通过照相、录像等方式记录其实际发生过程。

4. 土壤侵蚀强度的确定——调查分析法(方法三)

调查流域内的坡度、植被覆盖率、沟壑密度、沟蚀面积占坡面面积比、崩塌面积占坡面面积比、降雨量、土壤等因素。通过调查的指标，参照土壤侵蚀分级指标，确定土壤侵蚀强度，调查表格为表 3-38。

【数据记录及结果分析】

表 3-38 土壤侵蚀强度调查分析法调查表格

海拔(m)	坡向	地形	坡位	坡度(°)	植物群落组成	盖度(%)	降雨量(mm)	地下水位深度(m)	土壤种类	土层厚度(m)	质地	坡面面积(m^2)	沟蚀面积(m^2)	崩塌面积(m^2)	沟壑密度(km/km^2)

【思考题】

土壤侵蚀强度的调查方法有很多，你认为每种方法的优缺点是什么？

【参考文献】

1. 张洪江 . 2008. 土壤侵蚀原理[M]. 2 版 . 北京：中国林业出版社 .

2. 查小春，唐克丽 . 2000. 黄土丘陵林区开垦地土壤侵蚀强度时间变化研究[J]. 水土保持通报 . 20(2)：5－7，40.

实验 42 植被调查

【实验目的】

植被是一个地区各类植物群落的总称。植被调查是从调查不同类型的植物群落入手，然后加以综合分析，找出群落本身特征和生态环境的关系，以及各类群落之间的相互联系。植被调查的方法有很多，如点法、距离法(包括最近个体法、最近邻居法、随机对法、点四分方法)、样方法和样圆法等。其中以样方法应用最多，也是最基本方法，所获得的第一手资料比较详细可靠，因此，在这里主要介绍运用样方法进行植被调查的方法和步骤。

【实验内容】

主要包括群落最小面积调查以及植物样方调查。

【器材与用品】

皮尺、测绳、围尺、记录夹、罗盘仪、海拔仪、测高器、钢卷尺、枝剪、标本夹、长杆等。

【实验步骤】

1. 样地的选择

选择样地应对整个群落有宏观的了解。然后选择植物生长比较均匀，且有代表性的地段作为样地，用量绳(尺)或事先做好的框架圈定。样地不要设在两个不同群落的过渡区，其生境应尽量一致。

2. 群落最小面积调查

调查有两种方法，一种是植物群落的取样方法，另一种是一些经验的群落类型的最小面积。

(1)植物群落的取样方法

在作群落结构调查之前，通常是先作一个最小面积的调查，也就是说研究一下这个地区，能够反映群落基本特征的样方面积至少应该多大合适。我们把能够反映群落基本特征，包含群落绝大多数物种的最小样方面积称做最小面积或者称做表现面积。这个表现面积的调查方法是采取逐渐增减面积了解物种变化规律的方法，具体如图 3-8 所示。

1 2
3
4
5 6
7
8
9
10（调查顺序）

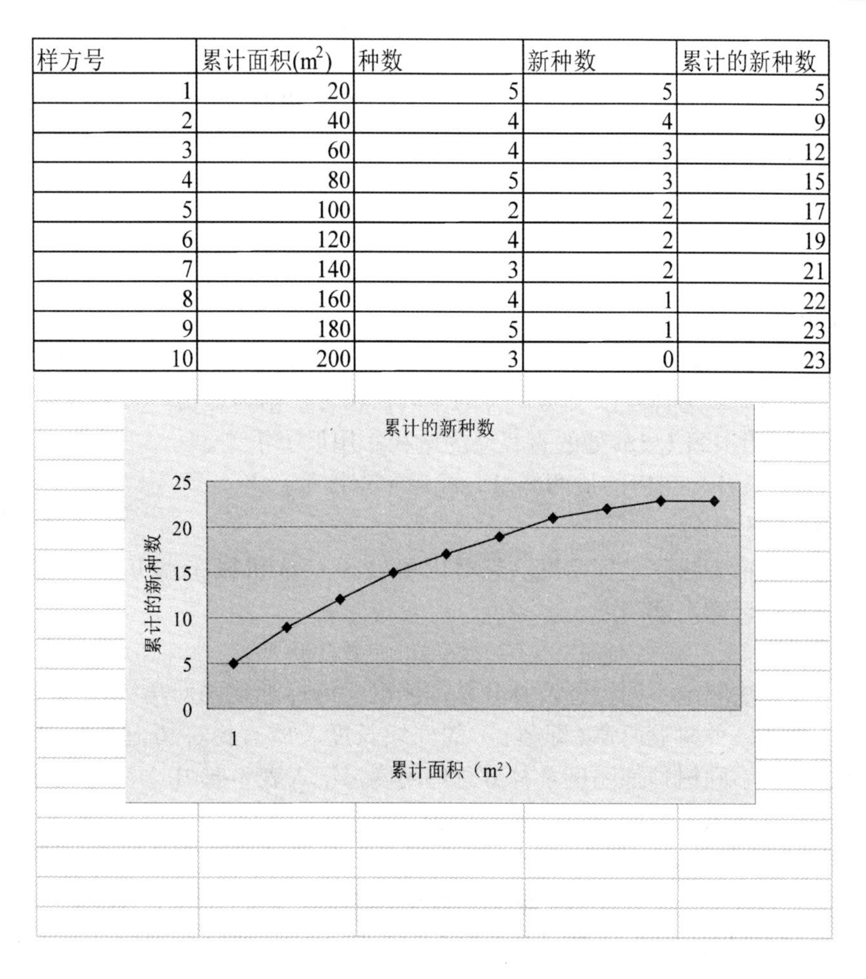

样方号	累计面积(m^2)	种数	新种数	累计的新种数
1	20	5	5	5
2	40	4	4	9
3	60	4	3	12
4	80	5	3	15
5	100	2	2	17
6	120	4	2	19
7	140	3	2	21
8	160	4	1	22
9	180	5	1	23
10	200	3	0	23

图 3-8 植物群落取样方法示意图

(2)一些群落类型的最小面积

表 3-39 不同植物群落最小采样面积

类型	最小面积(m^2)	类型	最小面积(m^2)
热带雨林	1 000 ~ 50 000	石楠灌丛	10 ~ 25
温带森林：乔木层	200 ~ 500	湿地	5 ~ 10
林下植被	50 ~ 200	苔藓和地衣群落	0.1 ~ 4
温带干草原	50 ~ 100		

3. 样地调查方法

按照上述方法确定调查地区的最小面积后，用测绳按照面积的大小打成方形或矩形的样地，在样地中再分隔成若干个样方，一般乔木样方的大小为 10m × 10m，灌木样方的面积可以为 10m × 10m、5m × 5m 或 2m × 2m 等，草本样方的面积一般为 1m × 1m，在每个乔木样方中分别进行乔木、灌木和草本的调查。其中，乔木调查的内容包括乔木的种类、株数、树龄、胸径、树高、枝下高、冠幅、郁闭度等，记入表 3-40。灌木和草本的调查包括样方内灌木和草本的种类、株数、平均高度、生长状况、分布状况、盖度等，记入表 3-41 表 3-42。同时记录所要调查的林分的主要地形因子，包括海拔、坡度、坡向、坡位等。

各指标的测量方法：

(1)树龄：轮生枝明显的树种(如针叶树种)，可通过查数轮生枝轮的方法确定。如果是人工林，那么造林年限就是树种的年龄，还可根据当地访查资料或进行估计。

(2)胸径：距根颈 1.3m 处的直径，为胸径，用尺子量测。

(3)冠幅：长杆，在树的最两侧量，或用它直接量。

(4)郁闭度的测定：

①采用百步抬头法测定郁闭度。在林内每隔 3 ~ 5m 机械布点 100 个(50 个)，记载郁闭的点数，计算出郁闭度。

郁闭度 = 有树冠覆盖的点数/100(50)

②采用样线法测定不同树种及林分总郁闭度。沿标准地两对角线设置样线，在样线上分别测出各树种树冠所截(即覆盖)的样线长度及所有树种树冠所截(即覆盖)的样线长度，得出不同树种郁闭度及林分总郁闭度，记入表 3-42 中。测定林分总郁闭度时以样线上林冠空隙长度调查更为方便快捷。

(5)密度：是指单位面积上植物种的个体数目，分种统计为种的密度。密度是与多度意义相近的一个指标，下木和活地被物常用多度记载，而林木则以密度记载。

(6)频度：是指植物在群落中水平分布的均匀程度，即群落中某种植物在一定地段的特定样方中所出现的样方百分率。

(7)盖度：是指植物枝叶垂直投影所覆盖的面积占样地面积的百分比，也为投影盖度。林业上将林分的盖度称做郁闭度。下木和活地被物枝叶所覆盖的面积占样地面积的百分比称做投影盖度，简称盖度。一般下木和活地被物盖度采用小样方目测法，该层所有植物的盖度为总盖度，分种目测为种盖度。

(8)利用罗盘仪测定磁方位角

测量时，将罗盘仪安置在待测线的一端，对中、整平、松开磁针。用望远镜瞄准直线的另一端点的目标，待磁针静止后，读出磁针北端的读数，即为该直线的磁方位角。

带盘的那边拿在手中，测时白针指北，选择刻度盘白针与北端重合，此时读盘上小白点指示的刻度，读黑色数字。

【数据记录及结果分析】

表 3-40 乔木调查记录表

林 型		地 点	
样方总面积(m^2)		东经	
样方面积		北纬	
总 盖 度		海拔	
调查时间		记录人	

样方号	树 种	胸径(周长)(cm)	树高(m)	枝下高(m)	冠 幅(m×m)	备注

表 3-41 灌木、幼树、藤本调查记录表

林 型		地 点	
样方总面积(m^2)		东经	
样方面积		北纬	
总 盖 度		海拔	
调查时间		记录人	

样方号	植物名称	高度(cm)	株树	盖度(%)	生长状况	分布状况

表 3-42 活地被物(草本、小灌木)调查记录表

林型		地点	
样方总面积(m^2)		东经	
样方面积	1m×1m	北纬	
总盖度		海拔	
调查时间		记录人	

样方号	植物名称	高度(cm)	株树	盖度(%)	生长状况	分布状况

1. 重要值计算

重要值是表示植物在群落中相对重要性的指标。重要值越大的植物种，在群落结构中的重要性越大，对群落环境、外貌和发展方向的影响作用也越大。种的重要值通常是综合种的多度或密度、盖度、频度指标计算得出。

重要值=(相对多度+相对盖度+相对频度)/3

其中，

相对多度=(某个种的各样方多度之和/(该层中)所有种各样方多度之和)×100%

相对盖度=(某个种的各样方盖度之和/(该层中)所有种各样方盖度之和)×100%

相对频度=(某个种的各样方频度之和/(该层中)所有种各样方频度之和)×100%

2. 多样性计算

(1)Shannon-Wiener 多样性指数(H)：$H = -\sum_{i=1}^{s} p_i \ln p_i$；

(2)Simpson 指数(D)： $D = 1 - \sum_{i=1}^{s} p_i^2$

(3)Pielow 的均匀度指数(J_{sw}和 J_{si})

$$J_{sw} = (-\sum_{i=1}^{s} p_i \ln p)\ln S$$

$$J_{si} = (1 - \sum_{i=1}^{s} p_i^2)/\left(1 - \frac{1}{S}\right)$$

式中 P_i——物种 i 的重要值；

S——物种数目。

【思考题】

在植物调查过程当中，你认为禾本科是以“株”来计数，还是以“丛”来计数？

【参考文献】

1. 郭正刚，刘慧霞，孙学刚，等. 2003. 白龙江上游地区森林植物群落物种多样性的研究[J]. 植物生态学报，27(3)：388－395.

2. 马晓勇，上官铁梁. 2004. 太岳山森林群落物种多样性[J]. 山地学报，22(5)：606－612.

实验43 土地利用现状调查

【实验目的】

土地利用调查又称土地资源数量调查。土地利用是人类根据自身需要和土地的特性，对土地资源进行的多种形式的利用。土地利用现状是土地资源的自然属性和经济特性的深刻反映。土地利用现状调查是反映土地开发、整治和保护现状的调查。土地利用现状依据一定的土地利用分类标准，运用测绘、遥感等技术查清各类现状用地数量、质量、分布、空间组合以及它们之间的相互关系。现状调查是土地利用分析的基础，是土地利用规划的前期准备。

通过实习，掌握土地利用现状调查的工作程序、调查方法、分析方法；掌握土地利用分类标准及现状图的编制程序；编写调查报告，分析土地利用的经验教训，提出合理利用土地的建议。

【实验内容】

对调查区域的土地利用现状进行调查，并根据相应规范进行图斑填充。

【实验步骤】

1. 准备工作

(1)收集、整理和分析需要调查区域的各种专业图件、数字与文字资料、工作底图(包括地形图、航空相片等)。底图主要是近期地形图与航空相片，比例尺最好用1∶10 000，一般1∶25 000。调查区域有关的行政区划、地质地貌、水利、交通、农林牧等方面的图件和文字资料；调查区域的社会经济资料，如人口、劳动力、各种用地的统计数据、生产和经济状况及经济开发规划等。同时，对收集到的各种资料进行整理和分析，以供调查时使用。

(2)熟悉《土地利用分类标准》(GB/T 21010—2007)，掌握12类一级类土地含义，了解57类二级类土地的含义。熟悉各种地类的图例标识。

(3)仪器设备的准备：常规仪器设备有罗盘仪、钢卷尺、测绳、立体镜、放大镜、图片夹、复式比例尺、圆规、全站仪、GPS定位仪、照相机等。还需准备相应的文具，如透明方格纸、绘图透明纸、绘图笔、透明胶带、专用野外记录簿等。

2. 外业工作

(1)选择一个行政区(如一个乡镇)或一条小流域进行具体调查。

(2)根据全国统一的《土地利用分类及含义表》(GB/T 21010—2007)进行地类调绘，并根据各个地类在航空相片上的表现逐块进行解译和填图。

调绘的精度要求：最小图斑按《土地利用现状调查技术规程》要求，如以1∶10 000地形图作底图，耕地、园地为6.0mm^2，林地、草地为15.0 mm^2，居民点为4 mm^2；明显的地物界限在1∶10 000比例尺图上位移不大于0.3mm，不明显地物的界限图上位移不大于1.0mm。

(3)实测地物：选择明显的地物(如河流、山脉、沟谷、居民点等)进行实地调查，并在图上进行勾绘，特别是调绘底图上变化的新增地物需进行补测。地物补测一般采用截距法、距离交汇法、直角坐标或极坐标法。

(4)填写外业调查簿：记录各种土地利用的类型、面积、有关补测的地物，包括土地利用中有争议的分类及存在的问题。

3. 内业工作

(1)航片转绘：常用的方法是用航片转绘仪，将调绘航片上的图斑及图斑注记纠正转绘到所要求的一定比例尺的地形图上。要求转绘对点误差一般不大于0.5mm，最大误差不超过0.8mm；相邻航片、图幅、高程带间的接边误差，一般不大于《土地利用现状调查技术规程》所允许的最大误差。

(2)面积量算工作：包括面积量算和统计汇总，具体内容包括精确地计算每个图斑的面积，按地类、权属进行整理和逐类汇总统计。面积统计按行政区划统计和按地类分级统计。编制各类土地面积统计和土地总面积汇总平衡表。

(3)编制成果图件：我国县级土地利用现状调查要求完成土地利用现状图和权属界限图。图件比例尺一般要求乡级1∶10 000～1∶25 000，县级可用1∶25 000～1∶50 000。图件要求按《土地利用现状调查技术规程》分类着色、标注符号，并标注图例、比例尺等。

(4)编写调查报告：土地利用现状调查报告一般有两种，一种为工作报告，主要从组织管理角度对开展土地利用调查的情况、调查形成的结果和取得的经验作出报告；另一种为技术报告，主要从技术角度总结土地利用现状调查的成果，包括调查区的自然、经济和社会概况，调查的工作过程及经验，调查的技术和方法，调查成果及质量，土地利用的经验、存在的问题，合理利用土地的建议等。

【数据记录及结果分析】

1. 土地利用的结构和布局

根据土地利用现状调查结果，填写土地利用现状外业调查记载表(表3-43)、土地利用现状分布统计表(表3-44)。分别对12类一级类土地分布特点进行总结。

2. 规划实施期间土地利用动态变化分析

在现状调查数据的基础上，利用历史资料和现有调查数据进行对比，通过土地利用平衡表(表3-45)分析比较年期间的土地变化情况及特点。

表 3-43 土地利用现状外业调查记载表

地类编号	地类名称	地类符号	权属	临时图斑号	土地利用状况	线状地物				零星地类				备注
						名称	实宽(m)	长度(m)	面积(hm^2)	名称	符号	权属	面积(hm^2)	
														1. 线状地物的宽度变化大时应分段实地丈量：其长度在地形图或影像平面图上量取 2. 零星地类记载小于地形图上最小图斑面积的各种地类 3. 土地利用状况各地可根据实际需要填写，如作物种植状况，耕作制度、灌溉方式、植被、地貌等

表 3-44 土地利用现状分布统计表

土地利用类型	面积(hm^2)	占土地总面积的比例(%)	二级类土地的面积(hm^2)	占土地总面积的比例(%)
耕地				
园地				
林地				
草地				
商服用地				
工矿仓储用地				
住宅用地				
公共管理与服务用地				
特殊用地				
交通运输用地				
水域及水利设施用地				
其他用地				

【思考题】

通过土地利用现状分析如何确定后备土地资源及开发潜力？

【参考文献】

1. 彭补拙．周生路．2003. 土地利用规划学[M]. 南京：东南大学出版社．

2. 董玉祥，全洪，张青年，等．2004. 大比例尺土地利用更新调查技术与方法[M]. 北京：科学出版社．

表 3-45 现状土地利用平衡表

hm^2

项目	历史年	耕地	园地	林地	草地	商服用地	工矿仓储用地	住宅用地	公共管理与服务用地	特殊用地	交通运输用地	水域及水利设施用地	其他用地	期内减少
耕地		—												
园地			—											
林地				—										
草地					—									
商服用地						—								
工矿仓储用地							—							
住宅用地								—						
公共管理与服务用地									—					
特殊用地										—				
交通运输用地											—			
水域及水利设施用地												—		
其他用地													—	
现年末	—													—
期内增加	—													—
增减相抵	—													—

实验44 水土流失综合治理评价

【实验目的】

《综合治理评价图》是监测结果的主要表现形式，是一种能定性、定量、定位表示出水土保持措施配置和治理程度的综合性图件。其作用是既可表明各项措施的质量水平，又能显示其空间分布特征；既可表示出已经取得的治理成效，又能指明需要进一步治理的方向。

【实验内容】

以黄土高原地区为例，进行水土流失综合治理评价。

【实验步骤】

本次水土流失综合治理评价主要以黄土高原地区为例来进行评价，评价的内容包括：综合治理评价分级系统、《综合治理评价图》制图程序，以及《综合治理评价图》说明书编写内容。

(一)综合治理评价分级系统

1. 分级依据

综合治理的目的是改善生态环境，提高土地生产水平。针对黄土高原的主要特征，治理的重点是改变生产条件，概括起来有以下几个方面：

(1)旱改水：干旱是黄土高原农业生产的主要威胁，尽管人们在作物品种、土壤改良、耕作制度等方面为提高抗旱能力作了许多努力，也取得了一些成效，但干旱特别是“卡脖旱”对农业生产的影响仍然是相当大的。例如，陕西固原全县干旱年发生频率为40%，即三年两遇。春夏干旱(4～7月)更加频繁，其影响也更大。所以，充分利用一切可以利用的水源发展灌溉对保证稳产高产是非常重要的。

(2)坡改平：黄土高原，特别是黄土丘陵沟壑区，地形破碎，绝大部分是坡地。以晋西陕北为例，大于25°的坡地占38.94%，小于3°的平缓地仅占10%左右(包括一部分沙地)。坡地不仅生产力低(亩产多年50kg以下)，而且是径流泥沙主要策源地。所以，水土保持的一个重要措施就是坡改平，包括坡地上筑水平梯田、沟道里修筑坝系和谷坊、在较陡的坡地上修筑水平阶、鱼鳞坑等。

(3)黄改绿：由于不合理的利用土地，特别是滥垦，盲目扩大耕地，再加上长期的超载放牧，致使本区天然植被遭到严重破坏。以固原试区为例，占总面积77%的坡地中，18%为农耕地，56%仍然是植被覆盖度很低(约30%)的天然草地。所以，荒坡绿化是改变本区面貌的主要内容，也是本区挖掘土地潜力、发展多种经营的“主战场”。

(4)瘠改肥：土壤贫瘠化是影响本区生产发展的另一个重要因素。其主要原因是：

①水土流失严重，据测定，年平均表土侵蚀深为0.3cm，致使坡地的庄稼几乎是在接近黄土母质上生长；②用地和养地失调，特别是离村庄较远的土地，几乎不施肥；③过度放牧，本区天然草地处于过度放牧状态，根本没有条件与可能恢复地力。所以，如何提高土地生产力水平，也是综合治理的重要内容之一。

(5)穷变富：综合治理的效益直观地表现在两个方面，一是生产条件的改善；二是社会经济的发展。两者是相辅相成，缺一不可的。前者是基础，后者是结果。没有生产条件的改善，即使经济收入有所提高，也是不稳定的。当然，不致力于解决“穷”的问题，群众的收入不提高，改变生产条件的积极性也不可能持久。

2. 分级系统

首先，按利用现状将土地分成5种利用类型，即农耕地、果园、乔木林地、灌木林地和牧草地。其中，牧草地包括人工草地和天然荒坡。水面、砖瓦窑以及村庄等建筑占地未列入评价对象。

其次，在每一种利用类型中，按治理程度和生态经济效益分成5级。第一、二级治理程度较高，水土流失已基本控制，经济效益明显且较高。两级之类间的差别是：第一级稳定性较第二级强些。第三级治理的程度低于第一、二级，如加了一些治理措施，但水土流失尚未得到基本控制水平，有的是原来基础条件较好，稍加治理就可以达到第一、二级水平，但没有做。第四、五级都是未作任何治理地块。相比之下，第五级的治理难度更大一些。

最后，再按多种措施叠加产生的复合效应，将第一、二、三级又进一步划分出3个等(亚级)。

(二)《综合治理评价图》制图程序

《综合治理评价图》是建立在土地专题系列图基础上的综合性图件。所以，一般专题图的制图规范和主要编图程序也适用于该图。本文只谈及与本图关系较大而且具有一定特殊性的程序。

1. 信息采集

(1)采用大比例彩红外航摄，航片的比例尺为1:10 000～1:12 000。色彩丰富、反差适中，清楚地显示了各种治理措施的空间布局，为《综合治理评价图》的编制提供了最新的、真实的基本数据。

(2)用国家正式出版的或实测的大比例尺地形图作为底图，采用航片判读和野外调绘相结合的方法，编制了土地资源专题系列图，包括同比例尺的土地类型图、坡度图、土地资源评价图、土地利用现状图(治理初期的终期)以及水土保持措施分布图。这些图件为编制《综合治理评价图》提供了可靠的空间定位基础和翔实的地面性状资料。

(3)选择典型地块进行综合治理生态经济效益调查，包括收集径流小区观测资料、田间水分测定数据，以及作物产量、林草地生物量的测定等。这些为定量评价治理措施的质量和效益提供了科学依据。

2. 编制评价单元图和拟定分级指标

(1)评价单元图是评价的基本框架。每一个图斑——评价单元内的主要地学特征、利用现状、以及施加的治理措施基本上是一致的。该图是以土地利用现状图图斑作为基本单元，即先分成农耕地、果园、乔木林、灌木林和牧草地；再将土地类型图、坡度图的界线叠加进去，作为级和亚级的主要界线。

(2)依据采集的资料(田间测定数据)，拟定等级划分标准。其中，果园的产量合并了相对的概念，即高、中、低的具体指标因地区而异。

3. 评定等级

依据评价分级系统和规定的指标，逐块进行评价，等级的评定主要是按经济效益。例如，农耕地是按水浇地—旱平地—旱缓坡地—旱陡坡地—极陡坡地的序列；林草地则按郁闭度和覆盖度的大小划分；亚级则依照生物与工程措施叠加复合效应划分，如在一级林草地中又划分为小于15°，有工程措施和无工程措施3个亚级。注记采用“级—亚级—利用类型”三联制，级用罗马数字Ⅰ，Ⅱ，…，Ⅴ，亚级用阿拉伯数字1，2，3，利用类型用小写英文字母区分(c—农耕地，a—果园，f—乔木林地，b—灌木林地，g—牧草地)。

(三)《综合治理评价图》说明书编写内容

1. 调查区地理位置和基本概况。

2. 调查区治理特点。

3. 综合治理评价等级描述，包括各等级治理度、土地使用现状、土地生产力状况和作物产量等指标。

4. 综合治理评价各等级面积及所占百分比统计表。

【思考题】

对水土流失综合治理评价，目前主要有哪些方法？

第 2 篇

荒漠化防治

Ⅳ　室内实验

实验45　沙物质粒度测定与分析

【实验目的】

掌握利用筛析法测定沙物质粒度的方法。

【实验原理】

沙物质是指能够形成风沙流的所有地表固体碎屑物质。R·A·拜格诺曾根据颗粒在空气中的运动方式，给沙物质下了这样的定义，当颗粒的最终沉速小于平均地面风向上漩涡流速时，即为沙物质颗粒粒径的下限，当风的直接压力或其他运动中的颗粒的冲击都不能够移动在地表面的颗粒时，即为沙物质颗粒粒径的上限。在这两个粒径极限之间的任何无黏性固体颗粒都称为沙物质。大量的实验研究结果表明，粒径在0.01～2mm的地表固体松散颗粒最容易被风带走，这一粒径范围可称做可蚀径级，而大于或小于这一径级的砂粒一般不易被风吹动。风沙土的砂粒粒径大都在可蚀径级内，它是风沙流的最丰富的物质源，所以通常的沙物质就是指风沙土。筛析法测定沙物质粒度就是利用大小孔径不同的标准土壤筛对沙物质进行分离，通过称量得到各粒组的质量，计算各粒组的相对含量，可确定沙物质的粒度成分。

此外，粒度仪法也是一种快速、简便的分析方法。激光粒度分析仪是根据光的散射原理测量颗粒大小，具有测量动态范围大、测量速度快、操作方便等优点，是一种适用较广的粒度仪。

本实验主要是通过筛析法使学生掌握测定沙物质粒度的方法。

【器材与用品】

标准土壤筛一套、电子天平、研钵、研棒、药勺、振筛机、毛刷、镊子、白纸、直尺。

【实验步骤】

1. 将样品风干或烘干备用。若样品中有结块，将其倒入研钵中用研棒轻轻研磨，将结块研开，但不要把颗粒研碎。

2. 用四分法选取样品，称量样品总质量(m)，称重应精确到0.01g。

3. 将干净的标准土壤筛按照大小孔径顺序由上至下排好，将已称量样品倒入最顶层的筛盘中，盖好顶盖。在振筛机上筛15～20min，然后分级称重，称重应准确到

0.01g，如分级量不足1g时，则称重应准确到0.001g。测量并记录各筛盘中最大颗粒的直径。

若无振筛机也可手动筛分，即用手托住筛析，摇振5~10min，粗筛所用时间可短于细筛。取下摇振后的筛盘在白纸上用手轻扣，摇晃，直至筛净为止。把漏在白纸上的砂粒倒入下一层筛盘内，重复以上操作，到最末一层筛盘筛净为止。

【数据记录及结果分析】

1. 各粒组百分含量计算

$$某粒组百分含量 = \frac{m_i}{m} \times 100\%$$

式中 m_i——某粒组质量(g)；

m——样品总质量(g)。

2. 以粒级为横坐标，累积频率或概率值为纵坐标绘制累积曲线。

3. 还可用三角图表示粒度。三角形的3个端分别代表一定的粒度，如沙、粉沙、黏土。由点在图上的位置可看出粒度分布情况，还可看出不同地区或剖面上粒度的变化趋势。

【注意事项】

1. 在筛析进行中，要检查筛孔中是否夹有颗粒，若夹有颗粒，应将颗粒轻轻刷下，与放入该筛盘上的土样一并称量。

2. 各筛盘及底盘上土粒的质量之和与筛前所称试样质量之差不能大于试样总质量的1%，否则应重新实验。若两者差值小于试样总质量的1%，可视为实验过程中误差产生的原因，分配给某些粒组，最终各粒组百分含量之和应等于100%。

3. 若粒径小于0.1mm的含量大于10%，则应将这一部分用沉降法继续分析。

【思考题】

测定沙物质粒度有哪些方法？各有哪些优缺点？

【参考文献】

1. R · A · 拜格诺. 1959. 风沙和荒漠沙丘物理学[M]. 钱宁，林秉南，译. 北京：科学出版社.

2. 朱朝云，丁国栋，杨明远. 1994. 风沙物理学[M]. 北京：中国林业出版社.

实验 46 沙物质矿物成分分析

【实验目的】

学习使用转靶多晶体 X 射线衍射方法通则来对沙物质矿物成分进行分析。此方法规定了多晶体 X 射线衍射仪在室温、高温、低温条件下对各种多晶体材料进行物相组成的定性分析、物相组成的定量分析、晶体的大小及晶体内点阵畸变的测定。属于立方晶系晶体的点阵常数测定的一般方法，主要适用于衍射仪法。

【实验原理】

1. 物相组成的定性分析

不同物相的多晶衍射谱，在衍射峰的数量、2θ 位置及强度上总有一些不同，具有物相特征。几个物相混合物的衍射谱是各物相多晶衍射谱的权重叠加，因而将混合物的衍射谱与各种单一物相标准衍射谱进行匹配，可以解析出混合物中的各组成相。一个衍射谱可用一张实际图谱来表示，也可以用与各衍射峰对应的一组晶面间距值（d 值）和相对强度值（$I/I1$）来表示。因而这种匹配可以是图谱对比，也可是将它们的各 d（2θ），$I/I1$ 值进行对比。这种匹配解析可以用计算机自动进行，也可用人工进行。

衍射数据国际中心将各种物相的标准粉末衍射谱进行收集、整理和出版，即为 PDF 卡，可作为分析依据。此外，其他各种衍射数据汇编或散见于文献资料中的各种衍射数据或确定的新化合物的自制标准衍射谱等也可作为分析依据。

2. 物相组成的定量分析

不同物相多晶体混合物的衍射谱是各组成物相衍射谱的权重叠加。各组成物相的衍射强度虽受其他物相的影响，但是与其含量成正比，故可通过衍射谱的强度分析求出各组成物相的质量百分比。定量分析的基本公式为：

$$I_{Ih} = K_{Ih} W_i / \mu_m$$

式中 I_{Ih}——第 i 物相的第 H 个衍射的累积强度；

K_{Ih}——是与 i 物相及 H 衍射有关的一个常数；

W_i——i 物相在样品中的质量百分比；

μ_m——样品的平均质量吸收系数。

【器材与用品】

1. 器材

筛分样品用的筛子、显微镜、显微镜用载玻片、平板玻璃、玛瑙研钵、夹子、各种试料板（如中空铝试料板、侧空铝试料板、凹槽玻璃试料板、单晶硅或多孔材料等无本底试料板）、多晶体 X 射线衍射仪、旋转试样台、高温或低温衍射附件和温度控制器。

2. 试剂

（1）角度 2θ 校正用标准物质：最常用的是硅粉，纯度要优于 99.999 9%，粒度在

5～30μm，结晶完美，无残余应力及太多缺陷。国际上通用的是美国国家标准局出的牌号为SRM640系列的硅粉，国内的硅粉标准牌号为GBW(E)130014。硅粉适用在$2\theta>29°$的范围，在$2\theta<29°$时，需用云母SRM675。还可用其他二级标准物质。选取标准物质的原则、各种标准物质的名称、登记它们的标准衍射数据的PDF卡号、及硅粉、云母的标准衍射数据均见附录1。

(2)衍射线相对强度校正用标准物质：最常用的是块状刚玉，其牌号为SRM1976。它的测角范围、相对强度值见附录1。

(3)仪器分辨率测定用标准物质：最常用的是硅粉，也可用其他角度校正用标准物质及其他专用物质。

(4)清洁器皿用的有机溶剂。

【实验步骤】

(一)样品的预处理

1. 研磨

若样品颗粒太大，则用玛瑙研钵研磨，使粒度符合要求。但要注意，研磨常会使样品发生分解(脱水)，晶型转化，对于混合物，硬的一相粒度变化不大，而软的一相会非晶化，有时还会发生反应。在研磨前后作衍射图比较，以判断研磨造成的影响。

2. 样品与标准样品的配比混合

各组分应事先干燥并研磨至适当的粒度。按配比要求准确称量样品和标样。

必须使各组分混合均匀。混样方法有以下几种：

(1)将被混合各组分的粉末定量转移到一玻璃小瓶中，在转动小瓶的同时将其轻叩桌面，约5min，效果较好。

(2)将试样分别制成悬浊液，然后混合再干燥得到，试样不能与分散用液体发生作用。

(3)在黏稠物(如凡士林)中混合，试料与黏稠物不能发生作用。

判断混合是否均匀：取不同混样时间的试样，作扫描，若所得图谱基本一样，表示混合均匀。若所得图谱上不同物相的衍射强度有较大变化，表示混合不均匀，需继续混合。

3. 试样板的装填

(1)背装法：使用中空铝试料板，此种试料板的一面是经过精磨的，比另一面更平整，是正面，可以用两种装填法。

将清洁过的试料板正面向下放在清洁过的平玻璃上。向孔中均匀填入已混合均匀的待测试样，注意四角不要空。用一块载玻片的长边轻轻刮去多余的粉料，使孔中粉料面比铝板面略高，用载玻片平面轻轻压紧粉料，压紧度应使正面的粉料均匀平整，不会产生择优取向，而当试料板竖直或水平放置时，孔中的粉料不会落下。

将一块约300号的金粗砂纸砂面向上放在平玻璃上，将中空铝试料板正面向下平放在砂纸上，填入混合试料，以后步骤同上。

(2)侧装法：使用侧空铝试料板，将两块载玻片放在侧空试料板的两侧，完全覆盖住长方形的孔，用夹子夹紧，然后将试料板侧面的开口向上，缓缓倒入试料粉末。倒满后，将试料板放平，再轻轻移去载玻片，使孔中试样不会落下。

(3)正装法：在试料量较少时，应使用凹槽玻璃试料板。将试料均匀填入凹槽，试料面比玻璃板面略高，用一块载玻片压紧试料，应使试料面与试料板面在同一平面上。竖直或水平转动试料板，试料都不会从槽中落下。

(4)铺展法：在试料量很少时，使用单晶或多孔材料制的无孔无本底试料板。将试料与既不会使之溶解又不会与之发生反应的易挥发溶剂混合，然后将此混合液滴在试料板的正面，使其铺展开，溶剂挥发后，在试料板正面得到一薄层试料，供测定用。

判断试料板是否合用：对试料板作快速扫描。若各物质的衍射线的强度序列与PDF卡片所列相近，表示无严重择优取向，此试料板可用，否则要重新填充试料板。

(二)物相组成定性分析的分析步骤

1. 样品的预分离

若样品是多相混合物，则应预分离，尽可能将各相分离开来。如颗粒较粗且不同物相的颗粒有明显差异，则可在显微镜下将它们分开。如有的溶于水而有的不溶，则可用水将它们分离。如有的能与酸作用，则可用酸除去此部分物相，分析残留物，也可用不同的有机溶剂萃取其中一部分。还可利用密度或磁性等物理性质进行分离。分离得越清楚，谱线重叠少，谱图就越易分析，结果的可靠性也大。

2. 制作试料板

先做一次 2θ 约从3°至100°的快速扫描，依据峰的实际位置决定扫描范围。小角侧扫描起始角应依据第一条衍射线的 2θ 位置决定。

正确选择强度坐标的量程，使既能显示弱峰，又不使强度超出量程的衍射峰多于3个。也可用两个有不同量程的谱，一个用以显示强峰，另一个用以显示弱峰。

3. 寻峰

对带有计算机自动寻峰的衍射仪，要选择好用于平滑、寻峰、去背底及噪声各种参数，避免漏峰或多峰，否则用人工确定各衍射峰的 2θ 位置。

4. 求 d 值与 I/I_t

将测量所得衍射谱上各衍射峰位置(2θ)代入布拉格公式，求出面间距 d 值，并估算各衍射线的相对强度 I/I_t，可手工计算，也可由计算机计算。计算机尚可算出各峰之半高宽(FWHM)。

5. 图谱分析

使用PDF索引作人工检索或计算机自动检索，找出可能的已知物相的衍射卡片或其他图谱仔细对照、比较，最后判断出试样所包含的物相。

分析时应注意由于固溶现象、混合物重叠峰、择优取向等的影响造成 d 值或相对强度数据的较大偏移。如有明显的择优取向存在，则应考虑重新制样或在测定时采用旋转试样台以减少其影响。

若在衍射实验时无法得到有尖锐衍射峰的衍射图谱，只能获得一条只有一、二个弥散峰的散射曲线，或在结晶峰下有高的背底时，则该样品可判断为可能非晶态或可能含有非晶态。

（三）物相组成定量分析的分析步骤

1. 试料准备

按所选定量分析方法准备需用的试样、标样。试料板用背装法或侧装法制取，不得已时采用正装法或铺展法。对每个试料均应制取 3 块试料板。

2. 试料板判别与分析线的选取

将所制备试料板作快速扫描，若扫得衍射谱上之强度序列与相应 PDF 上的序列相近，表示择优取向不严重，试料板可用，否则应重制试料板。在全谱扫描的基础上，选取与相邻峰分离清楚的峰作为分析线。待测相的分析线应与标样的分析线靠近而不重叠。也可选取属于待测相的几个分不开、叠在一起的峰群作为分析线，或虽重叠但可进行分峰处理的峰作为分析线。

3. 测定

对试样选定的分析线进行扫描。峰或峰群的两侧应有足够长度，以准确求得背底。对每块试料板应反复扫描 3 次。

4. 求取积分强度

可用计算机程序、曲线拟合等方法扣除本底，求取每根分析线的积分强度。若分析线与其他衍射线有重叠，则须进行分峰，再求积分强度。若试样存在择优取向，但不严重，则对所得积分强度按 GB 5225—1985 之附录 B 进行择优取向校正。

5. 求出物相含量 W_i

每个试样有 3 块试料板，每块试料板扫描 3 次，可得 9 个 W_i。取 9 个 W_i 的平均值。计算相对标准偏差。

（四）测定后的检查

1. 检查测定后的试样状态是否仍和测定前一样，有无脱落、潮解、变色等情况。如有则应重新制样测定。

2. 若发现仪器性能不稳定，性能指标有较大的变动，则应重调仪器，在性能达到要求后，重新测定试样。

【数据记录及结果分析】

1. 测定数据记录

对任一种测定，都必须详细记录其有关的测定数据，成为分析结果表述中的必备内容。需记录的基本内容见表 4-1，可用计算机打印出来的测试条件表格代替。

表 4-1 实验数据记录

B1 样品的数据	
名称(化学名、矿物名、俗名或代号)	
经验式	
化学分析	
来源	
前处理过程	
B2 技术数据	
衍射仪型号	
辐射类型　　　　所用波长值	
单色器种类	
测角仪半径	
狭缝：发射狭缝　　防散射狭缝　　接收狭缝	
索拉狭缝，有、无　　数量	
实验温度	
2θ 测量范围	
试样运动方式	
2θ 校准：内标、外标　　标准物名称　　生产单位	
牌号　　纯度	
试料板种类	
制样方法	
样品颗粒大小	

2. 测定用方法及测定过程

叙述所选测定方法及实际处理过程。列出所用标样及配比量。列出选用的各分析线的衍射指数及 2θ 值。如使用高、低温衍射装置，则应列出控温程序。如使用 Rietveid 全谱拟合法，则应说明选用的各种近似函数形式及各种参数。

3. 分析结果

列出测定所得结果及标准偏差。对于物相定性分析，要附有数据分析表格，将实验图谱与对上的标准谱按 d 值(或 2θ 值)顺序匹配排列。也可用计算机打印出来的对比图谱或数据对比表代替。除列出分析得出的结论外，还应对其可靠性作出估计，列出存在的问题(如未能与标准谱匹配的衍射线等)。

【注意事项】

1. 在进行物相组成定量分析时，设置仪器参数时应考虑到最大计数率应小于强度的线性范围，选择分析线用的每个衍射峰的积分强度应不低于 $10^4 \sim 10^5$ 光子数。

2. X 射线是一种高能辐射，会危害人体健康。仪器应有良好的防护装置，防护罩外的散射剂量应低于安全标准，工作室外应没有散射线，应贴有表示射线工作的国际统一标志，实验时应严格执行 GB 8703—1988 中有关环境与个人的安全防护规则。

3. X 射线发生器需用高压，必须有接地良好的专用地线。

【思考题】

在进行物相组成定量分析时，要注意哪些问题？

【参考文献】

国家教育委员会 . 1997. JY/T 009—1996 转靶多晶体 X 射线衍射方法通则[S].

实验47 盐碱土盐分测定

【实验目的】

我国盐碱土的分布广，面积大，类型多。在干旱、半干旱地区盐渍化土壤，以水溶性的氯化物和硫酸盐为主。滨海地区由于受海水浸渍，生成滨海盐土，所含盐分以氯化物为主。在我国南方沿海还分布着一种反酸盐土。土壤水溶性盐是盐碱土的一个重要属性，是研究盐渍土盐分动态的重要方法之一，可为了解盐渍土的发生、演变、分类等提供重要依据。通过本实验可以掌握盐碱土盐分测定的方法，并通过实验来了解一般盐碱土中含盐量的大致范围。

【实验内容】

水溶性盐的测定主要分两步，一是用一定水土比制备浸出液，以提出盐分；二是测定浸出液中的盐分。盐分测定中主要测定8个离子，即阴离子：CO_3^{2-}，HCO_3^-，Cl^-，SO_4^{2-}和阳离子：Ca^{2+}，Mg^{2+}，K^+，Na^+，微量元素可忽略不计。一般根据生产和科研中的分析目的而定，不要求每项都测定。要了解盐渍土类型、盐分组成和水盐动态时，可测总盐量和阴、阳离子组成。要了解盐害及防盐所采取措施的效果时，可测总盐量或有害离子，如滨海地区可测 Cl^-。为打井或了解灌溉水质时，可测定水的矿化度(水中易溶盐的总量)。

（一）土壤水溶性盐的浸提

【实验原理】

制备盐渍土水浸出液的水土比例有多种，如1:1、2:1、5:1、10:1和饱和土浆浸出液等。一般来讲，水土比例越大，分析操作越容易，但对作物生长的相关性差。因此，为了研究盐分对植物生长的影响，最好在田间湿度情况下获得土壤溶液；如果研究土壤中盐分的运动规律或某种改良措施对盐分变化的影响，则可用较大的水土比(5:1)浸提水溶性盐。

浸出液中各种盐分的绝对含量和相对含量受水土比例的影响很大。有些成分随水分的增加而增加，有些则相反。一般来讲，全盐量是随水分的增加而增加。含石膏的土壤用5:1的水土比例浸提出来的 Ca^{2+} 和 SO_4^{2-} 数量是用1:1的水土比的5倍，这是因为水的增加，石膏的溶解量也增加。含碳酸钙的盐碱土，水的增加，Na^+ 和 HCO_3^- 的量也增加。Na^+ 的增加是因为 $CaCO_3$ 溶解，Ca^{2+} 把胶体上 Na^+ 置换下来的结果。5:1的水土比浸出液中的 Na^+ 比1:1浸出液中的大2倍。对碱化土壤来说，用高的水土比例浸提对 Na^+ 的测定影响较大，故1:1浸出液更适用于碱土化学性质分析方面的研究。

我国采用5:1浸提法较为普遍，在此重点介绍1:1、5:1浸提法和饱和土浆浸提法，以便在不同情况下选择使用。

【器材与用品】

器材：台秤(感量 0.1g)、三角瓶、布氏漏斗、抽滤瓶、往返式电动振荡机、滤纸、真空泵、分析天平(感量 0.000 1g)、烘箱、离心机(4 000r/min)。

试剂：无二氧化碳的蒸馏水、1g/L 六偏磷酸钠溶液。

【实验步骤】

1. 1∶1 水土比浸出液的制备

称取通过 1mm 筛孔相当于 100.0g 烘干土的风干土，如风干土含水量为 3%，则称取 103g 风干土放入 500mL 的三角瓶中，加入刚沸过的冷蒸馏水 97mL，则水土比为 1∶1。盖好瓶塞，在振荡机上振荡 15min。

用直径 11cm 的布氏漏斗过滤，用密实的滤纸，倾倒土液时应摇浑泥浆，在抽气情况下缓缓倾入漏斗中心。当滤纸全部湿润并与漏斗底部完全密接时再继续倒入土液，这样可避免滤液混浊。如果滤液浑浊应倒回重新过滤或弃去浊液。如果过滤时间长，用表面皿盖上以防水分蒸发。

将清亮液收集在 250mL 细口瓶中，每 250mL 加 1g/L 六偏磷酸钠一滴，贮存在 4℃备用。

2. 5∶1 水土比浸出液的制备

称取通过 1mm 筛孔相当于 50.0g 烘干土的风干土，放入 500mL 的三角瓶中，加水 250mL(如果土壤含水量为 3% 时，加水量应加以校正)。

盖好瓶塞，在振荡机上振荡 3min，或用手摇荡 3min。然后将布氏漏斗与抽气系统相连，铺上与漏斗直径大小一致的紧密滤纸，缓缓抽气，使滤纸与漏斗紧贴，先倒少量土液于漏斗中心，使滤纸湿润并完全贴实在漏斗底上，再将悬浊土浆缓缓倒入，直至抽滤完毕。如果滤液开始浑浊应倒回重新过滤或弃去浊液，将清亮滤液收集备用。

如果遇到碱性土壤，分散性很强或质地黏重的土壤，难以得到清亮滤液时，最好用素陶瓷中孔(巴斯德)吸滤管减压过滤。如用巴氏滤管过滤应加大土液数量，过滤时可用几个吸滤瓶连接在一起。

3. 饱和土浆浸出液的制备

称取风干土样(1mm)20.0 ~ 25.0g，用毛管吸水饱和法制成饱和土浆，放在 105 ~ 110℃烘箱中烘干、称重，计算出饱和土浆含水量。

制备饱和土浆浸出液所需的土样重与土壤质地有关。一般制备 25 ~ 30mL 饱和土浆浸出液需要土样重：壤质沙土 400 ~ 600g，沙壤土 250 ~ 400g，壤土 150 ~ 250g，粉沙壤土和黏土 100 ~ 150g，黏土 50 ~ 100g。根据此标准，称取一定量的风干土样，放入一个带盖的塑料杯中，加入计算好的所需水量，充分混合成糊状，加盖防止蒸发。放在低温处过夜(14 ~ 16h)，次日再充分搅拌。将此饱和土浆在 4 000r/min 下离心，提取土壤溶液，或移入预先铺有滤纸的砂芯漏斗或平瓷漏斗中(用密实的滤纸，先加少量泥浆湿润滤纸，抽气使滤纸与漏斗紧贴在漏斗上，继续倒入泥浆)，减压抽滤，滤液收集在一个干净的瓶中，加塞盖紧，供分析用。浸出液的 pH 值、CO_3^{2-}、HCO_3^- 和电导率应当立即测定。其余的浸出液，每 25mL 溶液加 1g/L 六偏磷酸钠 1 滴，以防在静置时 $CaCO_3$ 从溶液中沉淀。盖紧瓶口，留待分析用。

【注意事项】

1. 水土比例大小直接影响土壤可溶性盐分的提取，因此提取的水土比例不要随便更改，否则分析结果无法对比。

2. 空气中的二氧化碳分压大小以及蒸馏水中溶解的二氧化碳都会影响 $CaCO_3$、$MgCO_3$ 和 $CaSO_4$ 的溶解度，相应地影响着水浸出液的盐分数量，因此，必须使用无二氧化碳的蒸馏水来提取样品。

3. 土壤可溶性盐分浸提(振荡)时间问题，经实验证明，水土作用 2min，即可使土壤可溶性的氯化物、碳酸盐与硫酸盐等全部溶于水中，如果延长时间，将有中溶性盐和难溶性盐($CaSO_4$ 和 $CaCO_3$ 等)进入溶液。因此，建议采用振荡 3min 立即过滤的方法，振荡和放置时间越长，对可溶性盐的分析结果误差也越大。

4. 待测液不可在室温下放置过长时间(一般不得超过 1d)，否则会影响 Ca^{2+}、Mg^{2+}、CO_3^{2-} 和 HCO_3^- 的测定。可以将滤液贮存 4℃ 条件下备用。

(二)土壤可溶性盐总量的测定——电导法

测定土壤可溶性盐总量有电导法和残渣烘干法。电导法比较简便、方便、快速。残渣烘干法比较准确，但操作烦琐、费时。另外，它也可用于阴阳离子总量相加计算。

【实验原理】

土壤可溶性盐是强电解质，其水溶液具有导电作用。以测定电解质溶液的电导为基础的分析方法，称为电导分析法。在一定浓度范围内，溶液的含盐量与电导率呈正相关。因此，土壤浸出液的电导率的数值能反映土壤含盐量的高低，但不能反映混合盐的组成。如果土壤溶液中几种盐类彼此间的比值比较固定，则用电导率值测定总盐分浓度的高低是相当准确的。土壤浸出液的电导率可用电导仪测定，并可直接用电导率的数值来表示土壤含盐量的高低。

将连接电源的两个电极插入土壤浸出液(电解质溶液)中，构成一个电导池。正负两种离子在电场作用下发生移动，并在电极上发生电化学反应而传递电子，因此电解质溶液具有导电作用。

根据欧姆定律，当温度一定时，电阻与电极间的距离(L)成正比，与电极的截面积(A)成反比。

$$R = \rho \frac{L}{A}$$

式中　R——电阻(Ω)；

L——电阻子电极间的距离(cm);

A——电极二截面积(cm^2);

ρ——电阻率。

当 $L=1cm$，$A=1cm^2$ 则 $R=\rho$，此时测得的电阻称为电阻率 ρ。

溶液的电导是电阻的倒数，溶液的电阻率(EC)则是电阻率的倒数。

$$EC = \frac{1}{\rho}$$

电阻率的单位常用西门子/米(S/m)。土壤溶液的电阻率一般小于1S/m，因此，常用dS/m(分西门子/米)表示。

两电极片间的距离和电极片的截面积难以精确测量，一般可用标准KCl溶液(其电导率在一定温度下是已知的)求出电极常数(K):

$$\frac{EC_{KCl}}{S_{KCl}} = K$$

K 为电极常数，EC_{KCl} 为标准KCl溶液(0.02mol/L)的电阻率(dS/m)，18℃时 $EC_{KCl}=2.397dS/m$，25℃时为2.765dS/m。S_{KCl} 为同一电极在相同条件下实际测得的电导度值。那么，待测液测得的电导度乘以电极常数就是待测液的电导率:

$$EC = KS$$

式中 EC——待测液的电导率(dS/m);

K——电极常数;

S——待测液电导度(dS/m)。

大多数电导仪有电极常数调节装置，可以直接读出待测液的电阻率，无须再用电极常数进行结果计算。

【器材与用品】

1. 器材

电导仪、电导电极、烧杯。

2. 试剂

(1)0.01mol/L-氯化钾溶液：称取干燥分析纯KCl 0.745 6g溶于刚煮沸过的冷蒸馏水中，于25℃稀释至1L，贮于塑料瓶中备用。这一参比标准溶液在25℃时的电阻率是1.412 dS/m。

(2)0.02mol/L的氯化钾溶液：称取KCl 1.491 1g，同上法配成1L，则25℃时的电阻率是2.765dS/m。

【实验步骤】

1. 吸取土壤浸出液或水样30～40mL，放在50mL的小烧杯中(如果土壤只用电导仪测定总盐量，可称取4g风干土放在25mm×200mm的大试管中，加水20mL，盖紧皮塞，振荡3min，静置澄清后，不必过滤直接测定)测量液体温度。如果测一批样品时，应每隔10min测一次液体温度，在10min内所测样品可用前后两次液体温度的平均温度或者在25℃恒温水浴中测定。

2. 将电极用待测液淋洗1~2次(如待测液少或不易取出时可用水冲洗，用滤纸吸干)，再将电极插入待测液中，使铂片全部浸没在液面下，并尽量插在液体的中心部位。按电导仪说明书调节电导仪，测定待测液的电导度(S)，记下读数。每个样品应重读2~3次，以防偶尔出现的误差。

3. 一个样品测定后及时用蒸馏水冲洗电极，如果电极上附着水滴，可用滤纸吸干，以备测定下一个样品继续使用。

【数据记录及结果分析】

1. 土壤浸出液的电导率

$$EC_{25} = 电导度(S) \times 温度校正系数(f_t) \times 电极常数(K)$$

一般电导仪的电极常数值已在仪器上补偿，故只要乘以温度校正系数即可，不需要再乘电极常数。温度校正系数(f_t)可查表4-2。粗略校正时，可按每增高1℃，电导度约增加2%计算。

表4-2 电阻或电导的温度校正系数(f_t)

温度(℃)	校正值	温度(℃)	校正值	温度(℃)	校正值	温度(℃)	校正值
3.0	1.709	20.0	1.112	25.0	1.000	30.0	0.907
4.0	1.660	20.2	1.107	25.2	0.996	30.2	0.904
5.0	1.663	20.4	1.102	25.4	0.992	30.4	0.901
6.0	1.569	20.6	1.097	25.6	0.988	30.6	0.897
7.0	1.528	20.8	1.092	25.8	0.983	30.8	0.894
8.0	1.488	21.0	1.087	26.0	0.979	31.0	0.890
9.0	1.448	21.2	1.082	26.2	0.975	31.2	0.887
10.0	1.411	21.4	1.078	26.4	0.971	31.4	0.884
11.0	1.375	21.6	1.073	26.6	0.967	31.6	0.880
12.0	1.341	21.8	1.068	26.8	0.964	31.8	0.877
13.0	1.309	22.0	1.064	27.0	0.960	32.0	0.873
14.0	1.277	22.2	1.060	27.2	0.956	32.2	0.870
15.0	1.247	22.4	1.055	27.4	0.953	32.4	0.867
16.0	1.218	22.6	1.051	27.6	0.950	32.6	0.864
17.0	1.189	22.8	1.047	27.8	0.947	32.8	0.861
18.0	1.163	23.0	1.043	28.0	0.943	33.0	0.858
18.2	1.157	23.2	1.038	28.2	0.940	34.0	0.843
18.4	1.152	23.4	1.034	28.4	0.936	35.0	0.829
18.6	1.147	23.6	1.029	28.6	0.932	36.0	0.815
18.8	1.142	23.8	1.025	28.8	0.929	37.0	0.801
19.0	1.136	24.0	1.020	29.0	0.925	38.0	0.788
19.2	1.131	24.2	1.016	29.2	0.921	39.0	0.775
19.4	1.127	24.4	1.012	29.4	0.918	40.0	0.763
19.6	1.122	24.6	1.008	29.6	0.914	41.0	0.750
19.8	1.117	24.8	1.004	29.8	0.911		

当液温在17~35℃时，液温与标准液温25℃每差1℃，则电导率约增减2%，所以EC_{25}也可按下式直接算出：

$$EC_t = S_t \times K$$

$$EC_{25} = EC_t - [(t-25) \times 2\% \times EC_t] = EC_t[1-(t-25) \times 2\%] = KS_t[1-(t-25) \times 2\%$$

2. 标准曲线法(或回归法)计算土壤全盐量

从土壤含盐量与电导率的相关直线或回归方程查算土壤全盐量(%或g/kg)。

标准曲线的绘制：溶液的电导度不仅与溶液中盐分的浓度有关，而且受盐分组成成分影响。因此，要使电导度的数值能符合土壤溶液中盐分的浓度，就必须预先用所测地区盐分的不同浓度的代表性土样若干个(如20个或更多一些)采用残渣烘干法测得土壤水溶性盐总量。再以电导法测其土壤溶液的电导度，换算成电导率(EC_{25})，在方格坐标纸上，以纵坐标为电导率，横坐标为土壤水溶性盐总量，画出各个散点，将有关点作出曲线，或者计算出回归方程。

根据这条直线或方程，可以把同一地区的土壤溶液盐分用同一型号的电导仪测得电导度，换算成电导率，查出土壤水溶性盐总量。

3. 直接用土壤浸出液的电导率来表示土壤水溶性盐总量

美国用水饱和土浆浸出液的电导率来估计土壤全盐量，其结果较接近田间情况，已有明确的应用指标(见表4-3)。

表4-3 土壤饱和浸出液的电导率与盐分和作物生长关系

饱和浸出液 EC_{25}(dS/m)	盐分(g/kg)	盐渍化程度	植物反应
0~2	<1.0	非盐渍化土壤	对作物不产生盐害
2~4	1.0~3.0	盐渍化土壤	对盐分极敏感的作物产量可能受到影响
4~8	3.0~5.0	中度盐土	对盐分敏感作物产量受到影响，但对耐盐作物(苜蓿、棉花、甜菜、高粱、谷子)无多大影响
8~16	5.0~10.0	重盐土	只有耐盐作物有收成，但影响种子发芽，而且出现缺苗，严重影响产量
>16	>10.0	极重盐土	只有极少数耐盐植物能生长，如盐植的牧草、灌木、树木等

【注意事项】

1. 电极常数K的测定。电极的铂片面积与距离不一定是标准的，因此，必须测定电极常数K值。测定方法是：用电导电极来测定已知电导率的KCl标准溶液的电导度，即可算出该电极常数K值。不同温度时KCl标准溶液的电导率如表4-4所示。

$$K = \frac{EC}{S}$$

式中 K——电极常数；

EC——KCl标准溶液的电导率；

S——测得KCl标准溶液的电导度。

表 4-4 0. 020 00mol KCl 标准溶液在不同温度下的电导度

T(℃)	电导度	T(℃)	电导度	T(℃)	电导度	T(℃)	电导度
11	2. 043	16	2. 294	21	2. 553	26	2. 819
12	2. 093	17	2. 345	22	2. 606	27	2. 873
13	2. 142	18	2. 397	23	2. 659	28	2. 927
14	2. 193	19	2. 449	24	2. 712	29	2. 981
15	2. 243	20	2. 501	25	2. 765	30	3. 036

2. 许多研究者发现盐的含量与溶液电导率不是简单的直线关系，若以盐含量对电导率的对数值作图或回归统计，可以取得更理想的线性效果。

(三)土壤可溶性盐总量的测定——残渣烘干法(质量法)

【实验原理】

吸取一定量的土壤浸出液放在瓷蒸发皿中，在水浴上蒸干，用过氧化氢氧化有机质，然后在 105 ~ 110℃烘箱中烘干，称重，即得烘干残渣质量。

【器材与用品】

器材：瓷蒸发皿、水浴锅、滴管、烘箱、干燥器、分析天平。

试剂：150g/L 过氧化氢溶液。

【实验步骤】

1. 吸取 5∶1 土壤浸出液 20 ~ 50mL(根据盐分多少取样，一般应使盐分质量在 0. 02 ~ 0. 2g)放在 100mL 已知烘干质量的瓷蒸发皿内，在水浴上蒸干，不必取下蒸发皿，用滴管沿皿四周加 150g/L 过氧化氢，使残渣湿润，继续蒸干，如此反复用过氧化氢处理，使有机质完全氧化为止，此时干残渣全为白色。

2. 蒸干后残渣和皿放在 105 ~ 110℃烘箱中烘干 1 ~ 2h，取出冷却，用分析天平称重，记下质量。将蒸发皿和残渣再次烘干 0. 5h，取出放在干燥器中冷却，前后两次质量之差不得大于 1mg。

【数据记录及结果分析】

$$\text{土壤水溶性盐总量(g/kg)} = \frac{m_1}{m_2} \times 1\,000$$

式中 m_1——烘干残渣质量(g)；

m_2——烘干土样质量(g)。

【注意事项】

1. 吸取待测液的数量，应以盐分的多少而定，如果含盐量大于 5. 0g/kg，则吸取

25mL；含盐量小于5.0 g/kg，则吸取50mL或100mL。保持盐分含量在0.02～0.2g。

2. 加过氧化氢去除有机质时，只要达到使残渣湿润即可，这样可以避免由于过氧化氢分解时泡沫过多，使盐分溅失，因而必须少量多次地反复处理，直至残渣完全变白为止。但溶液中有铁存在而出现黄色氧化铁时，不可误认为有机质的颜色。

3. 由于盐分(特别是镁盐)在空气中容易吸水，故应在相同的时间和条件下冷却称重。

(四)钙和镁的测定——EDTA 滴定法

土壤水溶性盐中的阳离子包括Ca^{2+}、Mg^{2+}、K^{+}、Na^{+}。目前，Ca^{2+}和Mg^{2+}的测定中用的是EDTA滴定法，可不经分离而同时测定Ca^{2+}、Mg^{2+}含量，符合准确和快速分析的要求。原子吸收光谱法也是测定Ca^{2+}、Mg^{2+}的好方法。目前，K^{+}、Na^{+}普遍使用火焰光度法测定。

【实验原理】

EDTA能与许多金属离子Ca^{2+}、Mg^{2+}、Fe^{3+}、Al^{3+}、Mn^{2+}、Cu^{2+}、Zn^{2+}等配合反应，形成微离解的无色稳定性配合物。土壤水溶液中除Ca^{2+}和Mg^{2+}外，能与EDTA配合其他金属离子的数量极少，可不考虑。因而可用EDTA在pH10时直接测定Ca^{2+}和Mg^{2+}的数量。

干扰离子加掩蔽剂消除，待测液中Mn^{2+}、Fe^{3+}、Al^{3+}等含量多时，可加三乙醇胺掩蔽。1:5的三乙醇胺溶液2mL能掩蔽Fe^{3+}5～10mg、Al^{3+}10mg、Mn^{2+}4mg。

当待测液中含有大量CO_3^{2-}或HCO_3^-时，应预先酸化，加热除去二氧化碳，否则用氢氧化钠溶液调节，待测溶液pH值大于12时会产生$CaCO_3$沉淀，用EDTA滴定时，由于$CaCO_3$逐渐离解而使滴定终点拖长。

当单独测定Ca^{2+}时，如果待测液含Mg^{2+}超过Ca^{2+}的5倍，用EDTA滴定Ca^{2+}时应先稍加过量的EDTA，使Ca^{2+}先和EDTA配合，防止碱化形成的$Mg(OH)_2$沉淀对其吸附。最后再用$CaCl_2$标准溶液回滴过量EDTA。

单独测定Ca^{2+}时，使用的指示剂有紫尿酸铵，钙指示剂(NN)或酸性铬蓝K等。测定Ca^{2+}、Mg^{2+}含量时使用的指示剂有铬黑T、酸性铬蓝K等。

【器材与用品】

1. 器材

天平、容量瓶、塑料瓶、棕色瓶、研钵、烧杯、加热板、移液管、吸耳球、磁性拌器、10mL半微量滴定管。

2. 试剂

(1)4mol/L氢氧化钠：溶解氢氧化钠40g于水中，稀释至250mL，贮塑料瓶中备用。

(2)铬黑T指示剂：溶解铬黑T 0.2g于50mL甲醇中，贮于棕色瓶中备用，此液每月配制1次，或者溶解铬黑T 0.2g于50mL二乙醇胺中，贮于棕色瓶。这样配制的溶液比较稳定，可用数月。或者称铬黑 T 0.5g 与干燥分析纯氯化钠 100g 共同研细，贮于棕色瓶中，用毕即刻盖好，可长期使用。

(3)酸性铬蓝 K 萘酚绿 B 混合指示剂(K—B 指示剂)：称取酸性铬蓝 K 0.5g 和萘酚绿 B 1g 与干燥分析纯氯化钠 100g 共同研磨成细粉，贮于棕色瓶中或塑料瓶中，用后即刻盖好。可长期使用。或者称取酸性铬蓝 K 0.1g，萘酚绿 B 0.2g，溶于 50 mL 水中备用。此液应每月配制 1 次。

(4)浓盐酸(化学纯，$\rho=1.19$g/mL)。

(5)1∶1 盐酸(化学纯)∶取 1 份盐酸加 1 份水。

(6)pH10 缓冲溶液：称取氯化铵(化学纯)67.5g 溶于无二氧化碳的水中，加入新开瓶的浓氨水(化学纯，$\rho=0.9$ g/mL，含氨 25%)570mL，用水稀释至 1L，贮于塑料瓶中，并注意防止吸收空气中的二氧化碳。

(7)0.01mol/mL 钙标准溶液：准确称取在 105℃下烘干 4～6h 的分析纯 $CaCO_3$ 0.5004g 溶于 25mL 0.5 mol/mL 盐酸中煮沸除去二氧化碳，用无二氧化碳蒸馏水洗入 500mL 量瓶，并稀释至刻度。

(8)0.01mol/mL EDTA 标准溶液：取 EDTA 二钠盐 3.720g 溶于无二氧化碳的蒸馏水中，微热溶解，冷却定容至 1 000mL。用标准 Ca^{2+} 溶液标定，贮于塑料瓶中，备用。

【实验步骤】

1. 钙的测定。吸取土壤浸出液或水样 10～20mL(含 Ca^{2+} 0.02～0.2mol)放在 150mL 烧杯中，加 1∶1 盐酸 2 滴，加热 1min，除去二氧化碳，冷却，将烧杯放在磁搅拌器上，杯下垫一张白纸，以便观察颜色变化。

2. 给此溶液中加 4 mol/mL 的氢氧化钠 3 滴中和盐酸，然后每 5mL 待测液再加 1 滴氢氧化钠和适量 K—B 指示剂，搅动以使氢氧化镁沉淀。

3. 用 EDTA 标准溶液滴定，其终点由紫红色至蓝绿色。当接近终点时，应放慢滴定速度，5～10s 加 1 滴。如果无磁搅拌器时应充分搅动，谨防滴定过量，否则将会得不到准确终点。记下 EDTA 用量(V_1)。

4. Ca^{2+}、Mg^{2+}含量的测定。吸取土壤浸出液或水样 1～20mL(每份含 Ca^{2+} 和 Mg^{2+}0.01～0.1mol)放在 150mL 的烧杯中，加 1∶1 盐酸滴摇动，加热至沸 1min，除去二氧化碳，冷却。加 3.5mL pH10 缓冲液，加 1～2 滴铬黑 T 指示剂，用 EDTA 标准溶液滴定，终点颜色由深红色到天蓝色，如加 K—B 指示剂则终点颜色由紫红变成蓝绿色，记录消耗 EDTA 量(V_2)。

【数据记录及结果分析】

$$土壤水溶性钙(1/2\ Ca^{2+})含量(cmol/kg)=\frac{c(EDTA)\times V_1\times 2\times ts}{m}\times 100$$

$$土壤水溶性钙(Ca^{2+})含量(g/kg)=\frac{c(EDTA)\times V_1\times ts\times 0.040}{m}\times 1\,000$$

$$土壤水溶性镁(1/2\ Mg^{2+})含量(cmol/kg) = \frac{c(EDTA) \times (V_2 - V_1) \times 2 \times ts}{m} \times 100$$

$$土壤水溶性镁(Mg^{2+})含量(g/kg) = \frac{c(EDTA) \times (V_2 - V_1) \times ts \times 0.0244}{m} \times 1000$$

式中 V_1——滴定 Ca^{2+} 时所用的 EDTA 体积(mL)；

V_2——滴定时 Ca^{2+}、Mg^{2+} 含量时所用的 EDTA 体积(mL)；

c(EDTA)——EDTA 标准溶液的浓度(mol/mL)；

ts——分取倍数；

m——烘干土壤样品的质量(g)。

(五)钙和镁的测定——原子吸收分光光度法

【器材与用品】

1. 器材

天平、容量瓶、烘箱、烧杯、电热板、玻璃棒、移液管、吸耳球、原子吸收分光光度计。

2. 试剂

(1)50g/L $LaCl_3 \cdot 7H_2O$ 溶液：称取 $LaCl_3 \cdot 7H_2O$ 13.40g 溶于 100mL 水中，此为 50g/L 镧溶液。

(2)100μg/mL Ca 标准溶液：称取 $CaCO_3$(分析纯，在 110℃烘 4h)2.4973g 溶于 1mol/L 盐酸溶剂中，煮沸除去二氧化碳，用水洗入 1000mL 容量瓶中，定容。此溶液钙浓度为 1000μg/mL，再稀释成 100μg/mL Ca 标准溶液。

(3)25μg/mL Mg 标准溶液：称金属镁(化学纯)0.1000g 溶于少量 6mol/L 盐酸溶液中，用水洗入 1000mL 容量瓶中，此溶液镁浓度为 100μg/mL，再稀释成 250μg/mL 镁标准溶液。

将以上这两种标准溶液配制成 Ca、Mg 混合标准溶液系列，含 Ca 0～20μg/mL；Mg 0～1.0μg/mL，最后应含有待测液相同浓度的盐酸和 $LaCl_3$。

【实验步骤】

1. 吸取一定量的土壤浸出液于 50mL 量瓶中，加 50g/L $LaCl_3$溶液 5mL，用去离子水定容。

2. 在选择工作条件的原子吸收分光光度计上分别在 422.7nm(Ca)及 285.2nm(Mg)波长处测定吸收值。可用自动进样系统或手控进样，读取记录标准溶液和待测液的结果。并在标准曲线上查出(或回归法求出)待测液的测定结果。在批量测定中，应按照一定时间间隔用标准溶液校正仪器，以保证测定结果的正确性。

【数据记录及结果分析】

$$土壤水溶性钙(Ca^{2+})含量(g/kg) = \rho(Ca^{2+}) \times 50 \times ts \times 10^3/m$$

土壤水溶性钙($1/2Ca^{2+}$)含量(cmol/kg) = Ca^{2+}(g/kg)/0.020

土壤水溶性钙(Mg^{2+})含量(g/kg) =$\rho(Mg^{2+}) \times 50 \times ts \times 10^3/m$

土壤水溶性钙($1/2Mg^{2+}$)含量(cmol/kg) = Mg^{2+}(g/kg)/0.012 2

式中 $\rho(Ca^{2+})$或(Mg^{2+})——钙或镁的质量浓度(μg/mL);

ts——分取倍数;

50——待测液体积(mL);

0.020 和 0.012 2——1/2 Ca^{2+}和 Mg^{2+}的摩尔质量(kg/mol);

m——土壤样品的质量(g)。

(六)钾和钠的测定——火焰光度法

【实验原理】

K、Na 元素通过火焰燃烧容易激发而放出不同能量的谱线,用火焰光度计测示出来,以确定土壤溶液中的 K^+、Na^+含量。为抵消 K^+、Na^+二者的相互干扰,可把 K^+、Na^+配成混合标准溶液,而待测液中的 Ca^{2+}对于 K^+干扰不大,但对 Na^+影响较大。当 Ca^{2+}达 400mg/kg 时对 K^+测定无影响,而 Ca^{2+}在 20mg/kg 时对 Na^+就有干扰,可用 $Al_2(SO_4)_3$抑制 Ca^{2+}的激发以减少干扰,其他 Fe^{3+}200mg/kg,Mg^{2+}500mg/kg 对 K^+、Na^+测定皆无干扰,在一般情况下(特别是水浸出液)上述元素未达到此限。

【器材与用品】

1. 器材

天平、容量瓶、烘箱、烧杯、移液管、吸耳球、火焰光度计。

2. 试剂

(1)约 0.1mol/L 1/6 $Al_2(SO_4)_3$溶液:称取 $Al_2(SO_4)_3$ 34g 或 $Al_2(SO_4)_3 \cdot 18H_2O$ 66g 溶于水中,稀释至 1L。

(2)K 标准溶液:称取在 105℃烘干 4~6h 的分析纯 KCl 1.906 9g 溶于水中,定容至 1 000mL,则含 K^+为 1 000μg/mL,吸取此液 100mL,定容 1 000mL,则得 100μg/mL K 标准溶液。

(3)Na 标准溶液:称取在 105℃烘干 4~6h 的分析纯 NaCl 2.542g 溶于水中,定容至 1 000mL,则含 Na^+为 1 000μg/mL,吸取此液 250mL,定容 1 000mL,则得 250μg/mL Na 标准溶液。

将 K、Na 两标准溶液按照需要可配成不同浓度和比例的混合标准溶液。

【实验步骤】

1. 吸取土壤浸出液 10~20mL,放入 50mL 量瓶中,加 $Al_2(SO_4)_3$溶液 1mL,定容。然后,在火焰光度计上测试,记录检流计读数,在标准曲线上查出它们的浓度;也可利用带有回归功能的计算器算出待测液的浓度。

2. 标准曲线的制作。吸取 K、Na 混合标准溶液 0,2,4,6,8,10,12,16,

20mL，分别移入 9 个 50mL 的量瓶中，加 $Al_2(SO_4)_3$ 1mL，定容，则分别含 K^+ 为 0，2，4，6，8，10，12，16，20μg/mL 和含 Na^+ 为 0，5，10，15，20，25，30，40，50μg/mL。

3. 用上述系列标准溶液，在火焰光度计上用各自的滤光片分别测出 K^+ 和 Na^+ 在检流计上的读数。以检流计读数为纵坐标，在直角坐标纸上绘出 K^+、Na^+ 的标准曲线；或输入带有回归功能的计算器，求出回归方程。

【数据记录及结果分析】

$$\text{土壤水溶性 } K^+、Na^+ \text{含量}(g/kg) = \rho(K^+、Na^+) \times 50 \times ts \times 10^3/m$$

式中 $\rho(K^+、Na^+)$——钾或钠的质量浓度(μg/mL)；

ts——分取倍数；

50——待测液体积(mL)；

m——土壤样品的质量(g)。

(七)碳酸根和重碳酸根的测定——双指示剂-中和滴定法

在盐土分类中，常用阴离子的种类和含量进行划分，所以在盐土的化学分析中，须进行阴离子的测定。在阴离子分析中除 SO_4^{2-} 外，多采用半微量滴定法。

【实验原理】

在盐土中常有大量 HCO_3^-，而在盐碱土或碱土中不仅有 HCO_3^-，也有 CO_3^{2-}。在盐碱土或碱土中 OH^- 很少发现。在盐土或盐碱土中由于淋洗作用而使 Ca^{2+} 或 Mg^{2+} 在土壤下层形成 $CaCO_3$ 和 $MgCO_3$ 或者 $CaSO_4 \cdot 2H_2O$ 和 $MgSO_4 \cdot H_2O$ 沉淀，致使土壤上层 Ca^{2+}、Mg^{2+} 减少，$Na^+/(Ca^{2+}+Mg^{2+})$ 比值增大，土壤胶体对 Na^+ 的吸附增多，这样就会导致碱土的形成，同时土壤中出现 CO_3^{2-}。这是因为土壤胶体吸附的钠水解形成 NaOH，而 NaOH 又吸收土壤空气中的 CO_2 形成 Na_2CO_3。因而，CO_3^{2-} 和 HCO_3^- 是盐碱土或碱土中的重要成分。

土壤水浸出液的碱度主要取决于碱金属和碱土金属的碳酸盐及重碳酸盐。溶液中同时存在 CO_3^{2-} 和 HCO_3^- 时，可以应用双指示剂进行滴定。

$$2Na_2CO_3 + H_2SO_4 \rightarrow 2NaHCO_3 + Na_2SO_4$$

(pH 值 =8.3，酚酞指示剂，终点浅红色)

$$2NaHCO_3 + H_2SO_4 \rightarrow Na_2SO_4 + 2CO_2 + 2H_2O$$

(pH 值 =3.8，甲基橙指示剂，终点橙红色)

由标准酸的两步用量可分别求得土壤中 CO_3^{2-} 和 HCO_3^- 的含量。滴定时标准酸如果采用 H_2SO_4，则滴定后的溶液可以继续测定 Cl^- 的含量。

【器材与用品】

1. 器材

天平、容量瓶、研钵、锥形瓶、移液管、吸耳球、磁力搅拌器、酸式滴定管。

2. 试剂

(1)1%酚酞指示剂：称取1g酚酞溶于100mL 95%乙醇中。

(2)0.1%甲基橙指示剂：称取0.1g甲基橙溶于100mL水中。

(3)0.02mol/L 1/2 H_2SO_4标准溶液：将1.4mL浓H_2SO_4(密度1.84g/mL)加入到500mL去二氧化碳水中，用Na_2CO_3标定其标准浓度(约为0.10mol/L)，然后将此溶液准确稀释5倍成0.02 mol/L 1/2 H_2SO_4标准溶液。

【实验步骤】

1. 吸取水土比为5∶1的土壤浸出液25mL，放入150mL锥形瓶中。加1滴酚酞指示剂。如溶液无颜色变化，表示无CO_3^{2-}存在，应继续测定HCO_3^-。如呈现红色，用10mL滴定管，用H_2SO_4标准溶液滴定，边滴边摇，至粉红色不明显为止。记录滴定时所用H_2SO_4溶液的毫升数V_1。

2. 再向溶液中加入2滴甲基橙指示剂，继续用H_2SO_4标准溶液滴定，溶液由黄色突变为橙红色，即为终点。记录此段滴定所用H_2SO_4标准溶液的毫升数(V_2)。

【数据记录及结果分析】

$$CO_3^{2-}(1/2\ CO_3^{2-})含量(cmol/kg) = (2V_1 \times C/10) \times 1\ 000$$

$$CO_3^{2-}含量(g/kg) = CO_3^{2-}(1/2\ CO_3^{2-})含量(cmol) \times 0.030\ 0 \times 10$$

$$HCO_3^-(HCO_3^-)含量(cmol/kg) = [(V_2 - V_1)C/10] \times 1\ 000$$

$$HCO_3^-含量(g/kg) = HCO_3^-(HCO_3^-)含量 \times 0.061 \times 10$$

式中 C——1/2H_2SO_4标准溶液浓度(mol/L)；

m——相当于分析时所取浸出液体积的干土质量(g)；

0.030 0——1/2 CO_3^{2-}的摩尔质量(kg/mol)；

0.061 0——HCO_3^-的摩尔质量(kg/mol)。

【注意事项】

1. CO_3^{2-}和HCO_3^-的测定必须在过滤后立即进行，不宜放置过夜，否则由于浸出液吸收或释放出二氧化碳而产生误差。滴定CO_3^{2-}的等当点pH值应为8.3，此时酚酞微呈桃红色；如滴定至完全无色，pH值已小于7.7。

2. 用硫酸标准溶液滴定CO_3^{2-}和HCO_3^-后的溶液，用0.01 mol/L碳酸氢钠将pH值调至7左右，呈纯黄色以后，可继续滴定氯离子。

3. 允许偏差范围见表4-5。

表 4-5 碳酸根和重碳酸根允许偏差范围

各离子含量的范围（c mol/kg）		相对偏差(%)
CO_3^{2-}	HCO_3^-	
<0.25	<0.5	10~15
0.25~0.5	0.5~1.0	5~10
0.5~2.5	1.0~5.0	3~5
>2.5	>5	<3

(八)氯离子的测定——硝酸银滴定法

盐碱土中 Cl^- 主要来源于含氯矿物的风化、地下水的供给和海水浸漫等。由于 Cl^- 在盐土中含量很高，有时高达水溶性盐总量的 80%，所以常被用来表示盐土的盐化程度，作为盐土分类和改良的主要参考指标。因而盐土分析中 Cl^- 是必须测定的项目之一，甚至有些情况下只测定 Cl^- 就可以判断盐化程度。

以二苯卡巴腙为指示剂的硝酸汞滴定法，滴定终点明显，灵敏度较高，但需调节溶液酸度，手续较烦琐。以铬酸钾为指示剂的硝酸银滴定法(莫尔法)，应用较广，方法简便快速，滴定在中性或微酸性介质中进行，尤其适用于盐渍化土壤中 Cl^- 测定。待测液如有颜色可用电位滴定法。

【实验原理】

根据分别沉淀的原理，用 $AgNO_3$ 标准溶液滴定 Cl^-，用 K_2CrO_4 为指示剂，其反应和颜色变化如下：

$$Cl^- + Ag^+ \rightarrow AgCl\downarrow \text{（白色）}$$

$$CrO_4{}^{2-} + 2Ag^+ \rightarrow Ag_2CrO_4\downarrow \text{（砖红色）}$$

AgCl 和 Ag_2CrO_4 虽然都是沉淀，但在室温下，AgCl 的溶解度(1.5×10^{-3}g/L)比 Ag_2CrO_4 的溶解度(2.5×10^{-3}g/L)小，所以当溶液中加入 $AgNO_3$ 时，Cl^- 首先与 Ag^+ 作用形成白色 AgCl 沉淀，当溶液中 Cl^- 全被 Ag^+ 沉淀后，则 Ag^+ 就与 K_2CrO_4 指示剂起作用，形成砖红色 Ag_2CrO_4 沉淀，此时即达终点。

用 $AgNO_3$ 滴定 Cl^- 时应在中性溶液中进行，因为在酸性环境中会发生如下反应：

$$CrO_4{}^{2-} + H^+ \rightarrow HCrO_4{}^-$$

因而降低了 K_2CrO_4 指示剂的灵敏性，如果在碱性环境中则：

$$Ag^+ + OH^- \rightarrow AgOH\downarrow$$

而 AgOH 饱和溶液中的 Ag^+ 浓度比 Ag_2CrO_4 饱和液中的小，所以 AgOH 将先于 Ag_2CrO_4 沉淀出来，因此，虽达 Cl^- 的滴定终点而无棕红色沉淀出现，这样就会影响 Cl^- 的测定。所以，用测定 CO_3^{2-} 和 HCO_3^- 后的溶液进行 Cl^- 的测定比较合适。在黄色光下滴定，终点更易辨别。

【器材与用品】

1. 器材

酸式滴定管、磁力搅拌器。

2. 试剂

(1)5%铬酸钾指示剂：将5g K_2CrO_4溶解于大约75mL水中，逐滴加入饱和的$AgNO_3$溶液，直到刚出现砖红色Ag_2CrO_4沉淀为止，避光放置24h后过滤，过滤清液稀释至100mL，贮存在棕色瓶中备用。

(2)0.04mol/L硝酸银标准溶液：将105℃烘干的$AgNO_3$6.80g溶解于水中，稀释至1L。保存于棕色瓶中，必要时用0.01mol/L KCl溶液标定其准确浓度。

(3)0.02mol/L碳酸氢钠溶液：1.7g $NaHCO_3$溶于水中稀释至1L。

【实验步骤】

用滴定CO_3^{2-}和HCO_3^-以后的溶液继续滴定Cl^-时，应逐滴加入0.02mol/L碳酸氢钠溶液(约3滴)至溶液刚变为黄色(pH值=7)，再加入K_2CrO_4指示剂5滴，在磁力搅拌器上，用$AgNO_3$标准溶液滴定。无磁力搅拌器时，滴加$AgNO_3$时应随时搅拌或摇动，直到刚好出现砖红色沉淀不再消失为止，即为终点。记录滴定所用$AgNO_3$标准溶液的毫升数(V)。

如果不用这个溶液，可另取两份新的土壤浸出液，用饱和$NaHCO_3$溶液或0.05 mol/L H_2SO_4溶液调至酚酞指示剂红色褪去。

【数据记录及结果分析】

$$土壤中水溶性Cl^-(Cl^-)含量(cmol/kg)=[(V\times C)/10m]\times 1\,000$$

$$土壤中水溶性Cl^-含量(g/kg)=Cl^-(Cl^-)含量0.035\,5\times 10$$

式中 V——滴定用$AgNO_3$标准溶液体积(mL)；

C——$AgNO_3$摩尔浓度(mol/L)；

m——相当于分析时所取浸出液体积的干土质量(g)；

0.035 5——Cl^-的摩尔质量(kg/mol)。

【注意事项】

1. 硝酸银滴定法(莫尔法)测定Cl^-时，溶液的pH值应在6.5~10.5。铬酸银能溶于酸，故溶液pH值不能低于6.5；若pH>10，则会生成氧化银黑色沉淀。所以在滴定前，应用碳酸氢钠溶液调节pH至大约7。

2. 待测液如有颜色，可用电位滴定法测定。

3. 允许偏差见表4-6。

表 4-6 氯离子允许偏差范围

Cl^-离子含量的范围(mmol/kg)	相对偏差(%)	Cl^-离子含量的范围(mmol/kg)	相对偏差(%)
<5.0	10～15	10～50	3～5
5.0～10	5～10	>50	<3

(九)硫酸根的测定——土壤浸出液中硫酸根的预测

在干旱地区的盐土中易溶性盐往往以硫酸盐为主。硫酸根分析是水溶性盐分析中比较麻烦的一个项目。经典方法是硫酸钡沉淀称重法，但比较烦琐。近几十年来，滴定方法的发展，特别是 EDTA 滴定方法的出现有取代质量法之势。硫酸钡比浊测定 SO_4^{2-} 虽然快速、方便，但受沉淀条件的影响，结果准确性差。硫酸—联苯胺比浊法虽然精度差，但作为野外快速测定 SO_4^{2-} 还是比较方便的。用铬酸钡测定 SO_4^{2-}，可以用硫代硫酸钠滴定法，也可以用 CrO_4^{2-} 比色法，前者比较麻烦，后者较快速，但精确度较差，四羟基醌(二钠盐)可以快速测定 SO_4^{2-}。四羟基醌(二钠盐)是一种 Ba^{2+} 的指示剂，在一定条件下，四羟基醌与溶液中的 Ba^{2+} 形成红色络合物。所以，可用 $BaCl_2$ 滴定来测定 SO_4^{2-}。

【器材与用品】

(1)50g/L 氯化钡溶液：5.0g $BaCl \cdot 2H_2O$(分析纯)溶于 100mL 水中。

(2)1∶1 盐酸溶液：浓盐酸(密度 1.19g/mL)与水等体积混合。

【实验步骤】

1. 取 5mL 土壤浸出液，放入 2cm 口径的小试管中，加入 1∶1 盐酸溶液 2 滴、50g/L $BaCl_2$ 溶液 5 滴，立即混匀，观察混浊情况，并用线条法与硫酸根标准浊液比浊，估测 SO_4^{2-} 的大致含量。据此按照表 4-7 选择适宜的 SO_4^{2-} 测定方法和测定时应取浸出液的体积，以及 EDTA 方法中钡镁混合剂的用量。

表 4-7 浸出液中 SO_4^{2-} 的预测和测定方法的选择及各法的控制条件

等级	加 $BaCl_2$ 后混浊情况	SO_4^{2-} 浓度(μg/mL)	EDTA 法		用比浊法浸出液的处理	适用方法
			应取浸出液体积(mL)	钡镁混合剂用量(mL)		
1	几分钟后微混浊	10～25	25	5	不需处理	比浊法
2	立即显微混浊	25～50	25	5	不需处理	比浊法和 EDTA 法
3	立即混浊	50～100	25	5	需稀释	EDTA 法
4	立即有沉淀	100～200	25	10	需稀释	EDTA 法
5	立即有大量沉淀	>200	10	>5	需大量稀释	EDTA 法或质量法

2. 硫酸根标准系列浊液的配制。先配制含 SO_4^{2-} 500μg/mL 的标准溶液(0.226 8g K_2SO_4 溶于水，定容 250mL)，分别取不同量硫酸根标准溶液，用纯水稀释成含 SO_4^{2-}

10、25、50、100、200、400μg/mL 的标准系列溶液。各取 5mL 按照以上过程酸化和显浊即成为标准系列浊液。

3. 比浊方法。将未知浊液与浊度相近的标准溶液管并立，一起放在画有粗细线条的卡片前，透过浊液观测线条的相对清晰度，估测未知液中 SO_4^{2-} 的大致含量。

(十)硫酸根的测定——EDTA 间接络合滴定法

【实验原理】

先用过量 $BaCl_2$ 将溶液中的 SO_4^{2-} 完全沉淀。为了防止 $BaCO_3$ 沉淀的产生，在加入 $BaCl_2$ 溶液之前，待测液必须酸化，同时加热至沸以赶出二氧化碳，趁热加入 $BaCl_2$ 溶液以促进 $BaSO_4$ 沉淀，形成较大颗粒。

过量 Ba^{2+} 连同待测液中原有的 Ca^{2+} 和 Mg^{2+}，在 pH10 时，以铬黑 T 指示剂，用 EDTA 标准液滴定。为了使终点明显，应添加一定量的 Mg^{2+}。由净消耗的钡离子量可求出 SO_4^{2-} 量。如果待测液中 SO_4^{2-} 浓度过大，则应减少用量。

【器材与用品】

1. 器材

电炉、三角瓶、移液管、酸式滴定管。

2. 试剂

(1)钡镁混合液：称 $BaCl_2 \cdot 2H_2O$(化学纯)2.44g 和 $MgCl_2 \cdot 6H_2O$(化学纯)2.04g 溶于水中，稀释至 1L，此溶液中 Ba^{2+} 和 Mg^{2+} 的浓度各为 0.01mol/L，每毫升约可沉淀 SO_4^{2-} 1mg。

(2)HCl(1:4)溶液：1 份浓盐酸(密度 1.19g/mL，化学纯)与 4 份水混合。

(3)0.02mol/L EDTA 标准溶液：取 EDTA 二钠盐 22.32g 溶于无二氧化碳的蒸馏水中，微热溶解，冷却定容至 3L。用标准 Ca^{2+} 溶液标定。此液贮于塑料瓶中备用。如用 EDTA 配制，则取 17.53g EDTA 溶于 120mL1 mol/L NaOH 中，加无二氧化碳的蒸馏水，准确稀释至 3L，贮于塑料瓶中或硬质玻璃瓶中备用。

(4)pH 10 的缓冲溶液：称取氯化铵(NH_4Cl，分析纯)67.5g 溶于水中，加入浓氨水(密度 0.90g/mL，分析纯)570mL，用水稀释至 1L。注意防止吸收空气中的二氧化碳，最好贮于塑料瓶中。

(5)铬黑 T 指示剂：0.5g 铬黑 T 与 100g 烘干的 NaCl 共研至极细，贮于密闭棕色瓶中，用后塞紧。

(6)K-B 指示剂：先将 50g NaCl 研细，再分别将 0.5g 酸性铬蓝 K 和 1.0g 萘酚绿 B 研细，将三者混合均匀，贮存于暗色瓶，在干燥器中保存。

【实验步骤】

1. 根据预测结果吸取 10 ~ 25mL 土水比为 1:5 的土壤浸出液于 150mL 三角瓶中，加 HCl(1:4)8 滴，加热至沸，趁热用移液管缓缓地准确加入过量 50% ~100% 的钡镁混合剂(5～10mL)，继续微沸5min，冷却后放置2h以上。

2. 在此溶液中加入pH10缓冲溶液2mL，加铬黑T指示剂1～2滴，或少许K－B指示剂，充分摇匀。立即用EDTA标准溶液滴定至由酒红突然变为纯蓝色为止。如果终点前颜色太浅，可补加一些指示剂，记录所用EDTA标准溶液的毫升数(V_3)。

3. 空白标定。取25mL纯水，加入8滴HCl(1∶4)和上述同体积的钡镁混合剂。再加入pH10缓冲溶液2mL和指示剂少许，摇匀后，同样用EDTA标准溶液滴定由酒红变为纯蓝色，记录所用EDTA标准溶液的毫升数(V_4)。

【数据记录及结果分析】

土壤中水溶性SO_4^{2-}($1/2\ SO_4^{2-}$)含量(cmol/kg) = $[2c \times (V_2 + V_4 - V_3)/10m] \times 1\,000$

土壤中水溶性SO_4^{2-}含量(g/kg) = SO_4^{2-}($1/2\ SO_4^{2-}$)含量×0.0480×10

式中 c——EDTA标准溶液的摩尔浓度(mol/L)；

V_2——测定钙和镁离子含量时所用的EDTA标准溶液的体积(mL)；

m——相当于分析时所取浸出液体积的干土质量(g)；

0.048 0——$1/2\ SO_4^{2-}$的摩尔质量(kg/mol)；

2——将mol换算成mol($1/2\ SO_4^{2-}$)。

【注意事项】

1. 允许偏差见表4-8。

表4-8 硫酸根离子允许偏差范围

SO_4^{2-}离子含量的范围(cmol/kg)	相对偏差(%)	SO_4^{2-}离子含量的范围(cmol/kg)	相对偏差(%)
<0.25	10～15	0.5～2.5	3～5
0.25～0.5	5～10	>2.5	<3

2. 用EDTA法测定SO_4^{2-}时沉淀剂钡离子的用量至少应超过理论计算需用量的50%～100%。如果加入钡镁合剂的量不足时，将得到完全错误的结果，在分析样品时，需先用简单方法预测浸出液中SO_4^{2-}的大致含量后，根据预测值来确定钡镁合剂的正确用量。

3. 土壤浸出液中Ca^{2+}、Mg^{2+}多而SO_4^{2-}少时，用EDTA法很难准确测定SO_4^{2-}。因此在此法中，SO_4^{2-}的量是由两个大数值之差求算的。如果这个差数很小，它的相对误差往往较大。

(十一)硫酸根的测定——硫酸钡比浊法

【实验原理】

在酸性介质中，$BaCl_2$与SO_4^{2-}作用生成溶解度很小的$BaSO_4$白色沉淀。加稳定剂使生成的沉淀均匀地悬浮在溶液中，然后用光电比色计或分光光度计测定其浊度(吸光度)。同时绘制工作曲线，由未知浊液的浊度(吸光度)查工作曲线，即可求得 SO_4^{2-} 浓度。本法适用于 SO_4^{2-} 浓度小于 40mg/mL 的溶液。其反应式如下：

$SO_4^{2-} + Ba^{2+} \rightarrow BaSO_4 \downarrow$

【器材与用品】

1. 器材

量勺(容量 0.3cm³ 盛 1.0g $BaCl_2$)、光电比色计或分光光度计或比浊计。

2. 试剂

(1) SO_4^{2-} 标准溶液：K_2SO_4(分析纯，110℃烘 4h)0.181 4g 溶于水，定容至 1L。此溶液含 SO_4^{2-} 100μg/mL。

(2) 稳定剂：NaCl(分析纯)75.0g 溶于 300mL 水中，加入 30mL 浓盐酸和 100mL95%乙醇，再加入 50mL 甘油，充分混合均匀。

(3) 氯化钡晶粒：将氯化钡($BaCl_2 \cdot 2H_2O$，分析纯)结晶磨细过筛，取粒度为 0.25～0.5mm 的晶粒备用。

【实验步骤】

1. 根据预测结果，吸取 25.00mL 土壤浸出液(SO_4^{2-} 浓度在 40μg/mL 以上者，应减少用量，并用纯水准确稀释至 25.00mL)，放入 50mL 锥形瓶中。准确加入 1.0mL 稳定剂和 1.0g 氯化钡晶粒(可用量勺量取)，立即转动锥形瓶至晶粒完全溶解为止。将上述浊液在 15min 内于 420nm 或 480nm 处进行比浊(比浊前须逐个摇匀浊液)。用同一土壤浸出液(25mL 中加 1mL 稳定剂，不加 $BaCl_2$)，调节比色(浊)计吸收值“0”点，或测读吸收值后再在土样浊液吸收值中减去，从工作曲线上查得比浊液中的 SO_4^{2-} 含量(mg/25mL)。记录测定时的室温。

2. 工作曲线的绘制。分别准确吸取含 SO_4^{2-} 100μg/mL 的标准溶液 0、1、2、4、6、8、10mL，各放入 25mL 容量瓶中，加水定容，即成为 SO_4^{2-} 0mg/mL、0.004mg/mL、0.008mg/mL、0.016mg/mL、0.024mg/mL、0.032mg/mL、0.040mg/mL 的标准系列溶液。按上述与待测液相同的步骤，加 1mL 稳定剂和 1g 氯化钡晶粒显浊和测读吸收值后绘制工作曲线。

测定土样和绘制工作曲线时，必须严格按照规定的沉淀和比浊条件操作，以免产生较大的误差。

【数据记录及结果分析】

$$\text{土壤水溶性 } SO_4^{2-} \text{ 含量(g/kg)} = \frac{m_1}{m_2} \times 1\,000$$

$$\text{土壤水溶性 } SO_4^{2-}(1/2\ SO_4^{2-})\text{含量(cmol/kg)} = SO_4^{2-}\text{含量}/(0.048\,0 \times 10)$$

式中　m_1——由工作曲线查得 25mL 浸出液中的 SO_4^{2-} 含量(mg)；

m_2——相当于分析时所取浸出液体积的干土质量(mg)；

0.048 0——1/2 SO_4^{2-}的摩尔质量(kg/mol)。

【注意事项】

1. 浊液放置时间应当一致，以减少误差。

2. 每批土样测定时都应重新绘制工作曲线，在测读20~30个样品吸收值后，应取一两个合适浓度(接近待测液中SO_4^{2-}浓度)的硫酸根标准溶液检验工作曲线的可靠性。

3. 允许误差见表4-9。

表4-9 硫酸根离子允许偏差范围

SO_4^{2-}离子含量的范围(cmol/kg)	相对偏差(%)	SO_4^{2-}离子含量的范围(cmol/kg)	相对偏差(%)
<0.25	10~15	0.5~2.5	3~5
0.25~0.5	5~10	>2.5	<3

(十二)硫酸根的测定——硫酸钡质量法

【实验原理】

在一定条件下用Ba^{2+}使土壤浸出液中SO_4^{2-}生成$BaSO_4$沉淀，然后再经过过滤、洗净、烘干、灼烧，称其质量，即可求出土壤中SO_4^{2-}含量。其反应式如下：

$$SO_4^{2-} + Ba^{2+} \rightarrow BaSO_4 \downarrow$$

【器材与用品】

1. 器材

移液管、吸耳球、烧杯、玻璃棒、滤纸、电炉、水浴锅、喷灯、马福炉、分析天平、坩埚钳。

2. 试剂

(1)5%氯化钡溶液：5.0g氯化钡($BaCl_2 \cdot 2H_2O$，分析纯)溶于100mL水中。

(2)0.1mol/L硝酸银溶液：1.7g硝酸银($AgNO_3$，分析纯)溶于100mL水中，贮存于棕色瓶中。

【实验步骤】

1. 吸取完全清亮的土壤浸出液100mL(含SO_4^{2-}应在20mg以上，最好有100mg，SO_4^{2-}浓度小应多取浸出液浓缩)，放在250mL烧杯中，加3mL 1∶3 HCl，加热至近沸。逐渐加入事先已预热约80℃ 5% $BaCl_2$溶液，随加随搅拌，至$BaCl_2$完全沉淀为止(在沉淀上部的清液中再加几滴$BaCl_2$时，无更多沉淀生成)。此时，再添加约5mL $BaCl_2$溶液($BaCl_2$以过量50%~100%为宜)，从开始加$BaCl_2$算起总用量一般不超过15mL。

2. 沉淀结束将烧杯放在沸水浴上加热3h，取下放置过夜。然后用倾泻法在紧密的无灰定量滤纸上过滤，杯中沉淀用热水洗2~3次，然后转入滤纸，继续洗至无Cl^-

(用0.1mol/L $AgNO_3$ 溶液检查)，过多洗涤会加大误差来源。

3. 洗净滤干的沉淀用滤纸包好放入事先已灼烧至恒重的瓷坩埚中烘干、灰化滤纸，再转入800℃高温电炉中灼烧15min(灼烧至白色)。取出稍冷后，在干燥器中冷却至室温，称量，然后再放入高温炉灼烧，称量至恒重(两次称量之差不允许超过0.5mg)。

【数据记录及结果分析】

$$SO_4^{2-}\text{含量}(g/kg) = (0.411\,6m_1/m) \times 1\,000$$

$$SO_4^{2-}(1/2\ SO_4^{2-})\text{含量}(cmol/kg) = SO_4^{2-}\text{含量}/(0.048\,0 \times 10)$$

式中 m_1——硫酸钡质量(g)；

m——相当于分析时所取浸出液体积的干土质量(g)；

0.411 6——硫酸钡换算成硫酸根(SO_4^{2-})的系数；

0.048 0——1/2 SO_4^{2-}的摩尔质量(kg/mol)。

【注意事项】

1. 本方法适用于硫酸根含量较高的测定。
2. 严格按照操作要求进行，以免影响结果。

【思考题】

进行盐碱土盐分测定时，根据研究目的的不同，分别需要测定哪些项目?

【参考文献】

1. 国家标准局．1987. 森林土壤分析方法(第五分册)[M]．北京：中国标准出版社．

2. 中国土壤学会农业化学专业委员会．1983. 土壤农业化学常规分析方法[M]．北京：科学出版社．

3. 中国科学院南京土壤研究所．1978. 土壤理论分析[M]．上海：上海科学技术出版社．

4. 陈立新．2005. 土壤实验实习教程[M]．哈尔滨：东北林业大学出版社．

实验48 植物抗旱性实验

【实验目的】

进行抗旱性鉴定所采用的方法很多，主要包括田间直接鉴定法、干旱棚法、人工气候室法、盆栽法及室内模拟干旱条件法等。这些方法各有优缺点，适用于不同时期、不同目的的抗旱性鉴定与研究。本实验将以抗旱性存在差异的普通小麦品种为试材介绍植物抗旱性实验的主要方法和步骤。

【实验原理】

作物在田间生长情况可以定性或半定量测定它的抗旱性。抗旱性是许多生理性状的综合表现，不能仅依靠田间测定的产量作为作物抗旱性的直接测定指标，还要根据植物在干旱情况下的存活时间和抗性生理反应来综合评价。

【器材与用品】

1. 器材

小麦幼苗、滤纸、培养皿、电子天平、干燥器、20mL具塞刻度试管、双面刀片、恒温水浴锅、温度计、玻璃棒、研钵、过滤漏斗、容量瓶(50mL)、移液管(2mL、5mL、10mL)、离心机、分光光度计、微量进样器、刻度吸管、G_3垂熔玻璃漏斗等。

2. 试剂

脯氨酸、冰醋酸、酸性茚三酮试剂、磺基水杨酸溶液、甲苯、冰醋酸、2.5%酸性茚三酮显色液(冰乙酸和6mol/L磷酸以3:2混合，于70℃下加热溶解，冷却后置棕色试剂瓶中，4℃下贮存备用，2d内稳定)。

【实验步骤】

(一)田间直接鉴定

当土壤干旱时，植株因失水而逐渐萎蔫，叶片变黄干枯。在午后日照最强、温度最高的高峰过后根据小麦叶片萎蔫程度分5级记载。级数越小，抗旱性越强。

1级 无受害症状；

2级 小部分叶片萎缩，并失去应有光泽，有较少的叶片卷成针状；

3级 大部分叶片萎缩，并有较多的叶片卷成针状；

4级 叶片卷缩严重，颜色显著深于该品种的正常颜色，下部叶片开始变黄；

5级 茎叶明显萎缩，下部叶片变黄至干枯。

以上是根据凋萎程度鉴定品种的抗旱性，也可以把各品种分别种植于旱地(胁迫)和水地(非胁迫)，测定旱地小区产量和水地小区产量，以抗旱系数定量评定品种的抗旱性。品种的抗旱系数越大，其抗旱性越强。

【数据记录及结果分析】

$$抗旱系数(D_C) = \frac{Y_D}{Y_P}$$

式中 Y_D——胁迫下的平均产量(kg)；

Y_P——非胁迫下的平均产量(kg)。

(二)发芽实验鉴定

该方法是在室内人工模拟干旱条件，进行小麦芽期抗旱性鉴定。

1. 将供试种子置于0.1%氯化汞溶液中，灭菌消毒10～15min。

2. 在直径10cm培养皿内放4张定性滤纸，加入15%聚乙二醇溶液6mL或17.6%蔗糖溶液30mL，每皿1个品种，均匀摆放整齐健康籽粒30粒，重复3～4次。

3. 将培养皿放入发芽箱内，25℃发芽7d。

4. 分别在萌发后第3d和第7d，测定种子的发芽势和发芽率，评定品种的抗旱性。也可以同时测定芽鞘长度、根长等，以反映品种的抗旱性强弱。

(三)离体叶片持水力测定

1. 称量小麦旗叶5～10片(或取幼苗展开顶叶若干片，分别称其鲜重)，并对每份样品进行编号，重复3～4次。

2. 将称过鲜重的叶片放入25～30℃的干燥器中，在黑暗条件下干燥2～6h后称量失水叶片质量。

【数据记录及结果分析】

计算每份样品的失水率：

$$失水率 = \frac{g_1 - g_2}{g_1} \times 100\%$$

式中 g_1——鲜重(g)；

g_2——失水后重(g)。

计算出每一供试品种叶片的平均失水率，并进行比较。一般抗旱性强的品种叶片持水力高于抗旱性差的品种。

(四)游离脯氨酸含量的测定

1. 绘制脯氨酸标准曲线

(1)称取10mg脯氨酸，蒸馏水溶解后定容至100mL，其浓度为100μg/mL母液。

(2)取母液0、0.5、1.25、2.5、5.0、7.5、10.0mL分别放入7个50mL容量瓶中，再分别加蒸馏水定容至50mL，配成0、1.0、2.5、5.0、10.0、15.0、20.0μg/mL的标准系列溶液。

(3)分别取上述各溶液2mL，加入已编号的7个试管中，再分别加入2mL冰醋酸、

4mL 酸性茚三酮试剂、2mL 磺基水杨酸溶液，摇匀后用玻璃盖上试管口，在沸水浴中反应2h。

(4)将试管取出冷却至室温，然后向各试管中加入4mL 甲苯，充分震荡后静置约10min，红色反应产物被萃取到甲苯层。

(5)用滴管吸取红色的甲苯萃取液于比色皿中，在分光光度计520nm 波长处测定吸光度。

(6)以脯氨酸含量为横坐标，吸光度为纵坐标绘制标准曲线。

2. 游离脯氨酸的提取

称取0.3g 叶片鲜样(来自经干旱处理和对照的不同材料)，剪碎后放入具塞试管中，加5mL 3%磺基水杨酸溶液，加塞后在沸水浴中提取10min，过滤液待测。

3. 游离脯氨酸的测定

取提取液2mL 于具塞试管中，加入2mL 蒸馏水、2mL 冰醋酸和4mL 酸性茚三酮试剂，摇匀后在沸水浴中加热显色2h，取出后冷却至室温，加入4mL 甲苯，充分摇匀以萃取红色产物。静置约10min，吸取甲苯层，于分光光度计520nm 波长处测定吸光度。

【数据记录及结果分析】

计算样品中的脯氨酸含量：

$$脯氨酸含量(\mu g/g) = (C \times V/A)/W$$

式中 C——由标准溶液查得脯氨酸含量(μg)；

V——提取液总体积(mL)；

A——测定液总体积(mL)；

W——样品质量(g)。

【注意事项】

各种植物在水分胁迫时，脯氨酸的积累有很大差异，有些抗旱品种在轻度干旱胁迫时脯氨酸含量并不增加，而一些不抗旱品种，器官组织内部水势下降快，游离脯氨酸积累也快。因此，用脯氨酸积累作为抗旱鉴定指标时，应结合其他抗旱鉴定指标一起评价。

(五)甜菜碱含量的测定

1. 溶液配制

雷氏盐溶液：精密称取1.5g 雷氏盐，加水至100mL，用盐酸调pH 值为1，室温搅拌45min，须在用前配制。

甜菜碱提取液：配比甲醇∶氯仿∶水=12∶5∶3。

甜菜碱标准液：精确称取甜菜碱100mg，用蒸馏水移入100mL 容量瓶中，待完全溶解后稀释至刻度，即得浓度为1mg/mL 的标准液。

2. 标准曲线绘制

将标准液按每毫升含0.2、0.4、0.6、0.8、1.0mg 配制溶液，吸取以上溶液各

3mL，水浴放置3h，用G_3垂熔玻璃漏斗过滤，3次3mL乙醚洗沉淀，待乙醚挥干，用3次5mL 70%丙酮溶液解沉淀并转移至25mL容量瓶中，用70%丙酮溶液定容，用70%丙酮溶液作空白，在525nm处测其吸光度。

3. 甜菜碱的提取

称取1g左右小麦叶片(来自经干旱处理和对照的不同材料)，加入10mL甜菜碱提取液，研磨，研磨液于温水浴中保持10min，冷却后于20℃离心10min，收集上层水相，下层氯仿相再加入10mL提取液；再离心，取上层水相，下层加入4mL 50%甲醇，离心，然后将上层水相合并，调pH5～7，70℃蒸干，再用5mL水溶解。

4. 甜菜碱的测定

吸取待测液3mL，水浴放置10min，取出，滴加5mL雷氏盐溶液，冷水浴放置3h，用G_3垂熔玻璃漏斗过滤，乙醚洗沉淀，待乙醚挥干，用70%丙酮溶液溶解沉淀并转移至25mL容量瓶中，用70%丙酮溶液定容。70%丙酮溶液作空白，在525nm处测其吸光度光度，由标准曲线中查得甜菜碱的含量。

【思考题】

植物抗旱性鉴定所采用的几种方法各有什么优缺点？

【参考文献】

1. 刘祖祺，张石城. 1994. 植物抗性生理学[M]. 北京：中国农业出版社.
2. 张志良，瞿伟菁. 2005. 植物生理学实验指导[M]. 北京：高等教育出版社.

实验 49　植物耐盐性实验

【实验目的】

通过研究种子萌发和植物生长过程中对盐胁迫的反应来掌握植物耐盐性实验的一些基本方法。

【实验原理】

当盐胁迫超出植物正常生长、发育所能承受的范围，植物体内就会产生一系列生理、生化变化，甚至导致植物受伤死亡。植物的细胞膜会遭到破坏，膜透性增大，使细胞内的电解质外渗，以致植物细胞浸提液的电导率增大。植物细胞膜质还会发生过氧化作用，丙二醛可以作为膜质过氧化指标来表示细胞膜质过氧化程度和植物对逆境条件反应的强弱。脯氨酸是植物体内主要渗透调节物质，可以在一定程度上反应植物的抗逆性大小。

【器材与用品】

1. 器材

苜蓿种子和幼苗、培养皿、滤纸、培养箱、纱布、打孔器、小烧杯、玻璃棒、真空干燥器、抽气泵、电导仪、水浴锅、研钵、研棒、离心机、分光光度计。

2. 试剂

氯化钠、霍格兰氏营养液、蒸馏水、去离子水、重蒸去离子水、5% 三氯乙酸、石英砂、0.67% 硫代巴比妥酸溶液。

【实验步骤】

(一) 种子萌发的耐盐性实验方法

1. 种子的盐胁迫处理

挑选 100 粒饱满种子放入口径为 120mm 内铺两层滤纸的培养皿内，然后在每个培养皿中加入 4mL 的不同浓度的氯化钠盐溶液进行处理，盐溶液浓度为 0.2%、0.4%、0.6% 和 0.8%，另设加蒸馏水为对照，3 次重复，将所有培养皿放在恒温光照(28℃，每天 12h 光照，光照强度为 3 000lx)培养箱中，每天观察记载发芽数并补充等量的蒸馏水，使各处理盐浓度维持不变。

2. 发芽第 4d、第 21d 分别统计发芽势、发芽率并计算相对发芽势和相对发芽率。

发芽势：发芽第 4d 测定，正常发芽种子数占全部供试种子数的百分率。

相对发芽势：一定盐浓度处理下的种子发芽势占对照发芽势的百分率。

发芽率：发芽第 21d，累计发芽种子数与总种子数的百分比。

相对发芽率：一定盐浓度处理下的种子发芽率与对照的种子发芽率的百分比。

(二)温室盆栽耐盐性实验方法

1. 植株的盐胁迫处理

对子叶展平后的苜蓿幼苗在苗期用水和1/2 霍格兰氏营养液浇灌。待株高约10cm时，用含有不同浓度 NaCl 盐的霍格兰氏营养液浇灌，处理用盐浓度为0.2%、0.4%、0.6%和0.8%，对照用不加盐的霍格兰氏营养液进行浇灌。各种处理及对照均设3次重复。处理期间每天补充蒸发损失的水分1.5mL以保持盐浓度不变。处理后第10d，分别取样进行各项生理及生化指标的测定。

2. 植物细胞质膜透性的测定

(1)将苜蓿叶片表面的灰尘用自来水冲洗干净，再用蒸馏水及去离子水各冲洗两次，用干净的纱布将水分擦干，将叶片叠起，用打孔器打取叶圆片。

(2)称取样品10g或10个圆片放入小烧杯，用玻璃棒轻轻压住材料，准确加入20mL重蒸去离子水，浸没样品。

(3)放入真空干燥器，用抽气泵抽气7～8min，以抽出细胞间隙中的空气。重新缓缓放入空气，水即被压入组织中而使叶下沉。

(4)将抽过气的小烧杯取出，静置20min，然后用玻璃棒轻轻搅动叶片，在20～25℃恒温下，用电导仪测定溶液电导率。

(5)测过电导率之后，再将叶片放入100℃沸水中浴15min(以杀死植物组织)，取出冷却10min，在20～25℃恒温下测定其煮沸电导率。

【数据记录及结果分析】

$$\text{电导率相对外渗率} = (\text{处理电导率}/\text{煮沸电导率}) \times 100\%$$

3. 丙二醛(MDA)含量测定

(1)称取剪碎混匀的叶片0.5g，加入5mL 5%三氯乙酸和少量石英砂，研磨至匀浆，匀浆在离心机上4 000r/min离心10min。

(2)吸取上清液2mL(对照加入2mL蒸馏水)，加入2mL 0.67%硫代巴比妥酸溶液，混合后在沸水浴中反应30min，迅速冷却后再离心10min。

(3)取上清液分别测定其在450nm、532nm和600nm波长下的吸光值。

【数据记录及结果分析】

丙二醛的含量计算公式:

$$\text{MDA 浓度}(\mu\text{mol/L}) = 6.45(A_{532} - A_{600}) - 0.56A_{450}$$

$$\text{MDA 含量}(\mu\text{mol/g FW}) = \text{MDA 浓度} \times \text{提取液体积}/\text{叶片鲜重}$$

4. 游离脯氨酸含量测定

用酸性茚三酮法测定，详细步骤见实验48植物抗旱性实验中游离脯氨酸含量测定方法。

【思考题】

为什么植物耐盐性不能仅从单一方面进行评定，而要结合生理指标和生化指标进行综合评定？

【参考文献】

1. 侯福林．2004．植物生理学实验教程[M]．北京：科学出版社.
2. 蒋高明．2004．植物生理生态学[M]．北京：高等教育出版社.

实验50 沙生旱生植物识别、形态特征观察

【实验目的】

熟悉植物石蜡切片的制作过程，掌握HE染色的基本原理和染色方法。掌握沙生旱生植物识别的方法，通过实验观察并掌握沙生旱生植物的形态特征，并掌握其生境调查方法。

【实验原理】

石蜡切片是最基本的切片技术，冰冻切片和超薄切片等都是在石蜡切片基础上发展起来的。苏木精与伊红对比染色法(简称HE染色法)是组织切片最常用的染色方法。这种方法适用范围广泛，对组织细胞的各种成分都可着色，便于全面观察组织构造，而且适用于各种固定液固定的材料，染色后不易褪色可长期保存。经过HE染色，细胞核被苏木精染成蓝紫色，细胞质被伊红染成粉红色。有机体与环境条件具有统一性，不同生态类型具有不同的旱生植物结构。冰冻切片法是将采集的新鲜标本，经快速冷冻的方法切成薄片，以保持组织内的脂类与某些酶类。

【器材与用品】

1. 器材

显微镜、旋转切片机、天秤、切片刀、切片机、恒温箱、温台、熔蜡炉、蜡杯、酒精灯、蜡铲、展片台、解剖刀、解剖针、解剖剪、解剖盘、培养皿、吸管、镊子、单面刀片、台木、毛笔、包埋纸盒、染色缸、盖玻片、载玻片、玻片盘、树胶、树胶瓶、显微镜、温度计、塑料盆、水浴锅、角匙、有色蜡笔、标签。

2. 试剂

(1)固定剂：FAA卡诺氏固定液。

(2)脱水剂：无水酒精、95%酒精、商品酒精、叔丁醇。

(3)渗透剂：各度石蜡。

(4)透明剂：二甲苯、丙酮、氯仿、叔丁醇、丁香油、香柏油、苯等。

(5)黏附剂：鸡蛋清与甘油配置而成。蛋清过滤再取等量甘油，再加入1%麝香草酚，装入清洁瓶中备用。

(6)染剂：苏木精色素。

(7)媒染剂：4%铁矾水溶液。

(8)脱色剂：酸性酒精、酸性水。

(9)蒸馏水及流水。

(10)封藏剂：加拿大树胶、用二甲苯稀释，浓度适中即可使用。

3. 材料

沙生旱生植物的根、茎、叶。

【实验步骤】

1. 取材

材料必须新鲜，搁置时间过久则会导致蛋白质分解变性，使细胞自溶及细菌的滋生，而不能反映组织活体时的形态结构。

2. 固定

固定液的用量通常为材料块的20倍左右，固定时间则根据材料块的大小及紧密程度以及固定液的穿透速度而定，通常为数小时至24h。

3. 洗涤与脱水

固定后的组织材料需除去留在组织内的固定液及其结晶沉淀，否则会影响以后的染色效果。脱水需用酒精多次浸洗，通常从30%或50%酒精开始，经70%、85%、95%直至无水乙醇。

4. 透明

纯酒精不能与石蜡相溶，还需用能与酒精和石蜡相溶的浸液，替换出组织内的酒精。透明剂二甲苯是石蜡的溶剂，组织先经无水乙醇和透明剂各半的混合液浸渍1～2h，再转入纯透明剂中浸渍。如果透明时间过短，则透明不彻底，石蜡难于浸入组织；透明时间过长，则组织硬化变脆，就不易切出完整切片。

5. 浸蜡与包埋

用石蜡取代透明剂，使石蜡浸入组织而起支持作用。先把组织材料块放在熔化的石蜡和二甲苯的等量混合液浸渍1～2h，再先后移入2个熔化的石蜡液中浸渍3h左右，浸蜡应在高于石蜡熔点3℃左右的恒温箱中进行，以利石蜡浸入组织内。浸蜡后的组织材料块放在装有蜡液的容器中(摆好在蜡中的位置)，待蜡液表层凝固即迅速放入冷水中冷却，即做成含有组织块的蜡块。容器可用光亮且厚的纸折叠成纸盒或金属包埋框盒。如果包埋的组织块数量多，应进行编号，以免差错。石蜡熔化后应在蜡箱内过滤后使用，以免因含杂质而影响切片质量，且可能损伤切片刀。通常石蜡采用熔点为56～58℃或60～62℃两种，可根据季节及操作环境温度来选用。

6. 切片

包埋好的蜡块用刀片修成规整的方形或长方形，以少许热蜡液将其底部迅速贴附于小木块上，夹在轮转式切片机的蜡块钳内，使蜡块切面与切片刀刃平行，旋紧。切片刀的锐利与否、蜡块硬度适当都直接影响切片质量，可用热水或冷水等方法适当改变蜡块硬度。通常切片厚度为4～7μm，切出一片接一片的蜡带，用毛笔轻托轻放在纸上。

7. 贴片与烤片

用黏附剂将展平的蜡片牢附于载玻片上，以免在以后的脱蜡、水化及染色等步骤中二者滑脱开。黏附剂是蛋白甘油。首先在洁净的载玻片上涂抹薄层蛋白甘油，再将一定长度蜡带(连续切片)或用刀片断开成单个蜡片于温水(45℃左右)中展平后，捞至载玻片上铺正，或直接滴两滴蒸馏水于载玻片上，再把蜡片放于水滴上，略加温使蜡片铺展，最后用滤纸吸除多余水分，将载玻片放入45℃恒温箱中干燥，也可在

37℃恒温箱中干燥，但需适当延长时间。

8. 切片脱蜡及水化

干燥后的切片要脱蜡及水化才能在水溶性染液中进行染色。用二甲苯脱蜡，再逐级经无水乙醇及梯度酒精直至蒸馏水。如果染料配制于酒精中，则将切片移至与酒精近似浓度时，即可染色。

9. 染色

染色的目的是使细胞组织内的不同结构呈现不同的颜色以便于观察。未经染色的细胞组织其折光率相似，不易辨认。经染色可显示细胞内不同的细胞器及内含物，以及不同类型，经 HE 染色后，细胞核被苏木精染成紫蓝色，多数细胞质及非细胞成分被伊红染成粉红色。

10. 切片脱水、透明和封片

染色后的切片尚不能在显微镜下观察，需经梯度酒精脱水，在95%及无水乙醇中的时间可适当加长以保证脱水彻底；如染液为酒精配制，则应缩短在酒精中的时间，以免脱色。二甲苯透明后，迅速擦去材料周围多余液体，滴加适量(1 ~2 滴)中性树胶，再将洁净盖玻片倾斜放下，以免出现气泡，封片后即制成永久性玻片标本，在光镜下可长期反复观察。

【注意事项】

1. 取材动作要迅速，不宜拖延太久以免组织细胞的成分、结构等发生变化。
2. 切片材料应根据所要观察的部位进行选择，尽可能不损伤所需要的部分。

【思考题】

1. 沙生旱生植物叶片外观有哪些显著特征?
2. 简述沙生旱生植物体解剖切片的制作流程。

【参考文献】

1. A·G·E·皮尔斯 . 1985. 组织化学——理论和实用 卷一：制备与光学技术[M]. 马仲魁，译 . 北京：人民卫生出版社 .

2. 王伯澐，李玉松，黄高松，等 . 2000. 病理学技术[M]. 北京：人民卫生出版社 .

3. 朱浩然 . 1960. 植物制片技术[M](上册). 北京：人民教育出版社 .

实验51 盐生植物识别、形态特征观察

【实验目的】

认识盐生植物细胞的基本结构；练习绘制盐生植物细胞结构图，学会制作冰冻切片基本方法；掌握盐生植物生境调查方法。

【实验原理】

冰冻切片法是借助低温冷冻将活体组织快速冻结达到一定的硬度进行制片的方法。冰冻切片法的优点：简便，可以不需要对组织固定、脱水、透明、包埋等手续即可进行切片，减少了一些中间环节；快速，用时短；组织变化不大；能很好保存脂肪、类脂等成分；能够比较完好地保存各种抗原活性及酶类，特别是对于那些对有机溶剂或热的温度耐受能力较差的细胞膜表面抗原和水解酶保存较好。冰冻切片的方法有很多种，如甲醇循环的半导体冰冻切片法，二氧化碳冰冻切片法，半导体冰冻切片法和氯乙烷冰冻切片法等，这些方法在目前来说已很少使用，目前较常用的是低温恒冷箱冷冻切片制作法。本实验采用低温恒冷箱冷冻切片法。

【器材与用品】

1. 器材

Shandon As 620 E型恒温箱冷冻切片机、载玻片、盖玻片、镊子、烧杯、吸水纸、酒精灯、刀片、吸管、冷冻台、切片机持承器、恒冷箱、载玻片。

2. 试剂

碘酒、OCT包埋剂（聚乙二醇和聚乙烯醇的水溶性混合物）、固定液（95%乙醇100 mL，4%甲醛20 mL，冰醋酸5 mL）、苏木精、碱水、伊红、中性树胶。

【实验步骤】

1. 取材，未能固定的组织取材不能太大、太厚，厚者冰冻费时，大者难以切完整，最好为24mm×24mm×2mm。

2. 取出组织支承器，放平摆好组织，周边滴上包埋剂，速放于冷冻台上，冰冻。对细小组织，应先取一支承器，滴上包埋剂让其冷冻，形成一个小台后，再放上细小组织，滴上包埋剂。

3. 将冷冻好的组织块夹紧于切片机持承器上，启动粗进退键，转动旋钮，将组织修平。

4. 调好欲切的厚度，根据不同的组织而定，原则上是细胞密集的薄切，纤维多、细胞稀的可稍为厚切，一般在5～10μm间。

5. 调好防卷板。制作冰冻切片，关键在于防卷板的调节上，这就要求操作者要细心，准确地将其调校好，调校至适当的位置。切片时，切出的切片能在第一时间顺利

地通过刀防卷板间的通道，平整地躺在持刀器的铁板上。这时便可掀起防卷板，取一个载玻片，将其附贴上即可。

6. 应视不同的组织选择不同的冷冻度。

7. 冰冻切片的快速染色法。冰冻切片附贴于载玻片后，立即放入恒冷箱中的固定液固定1min后即可染色。以往，为了防止切片脱落，当切片附贴于载玻片后，即用电吹风吹干后再固定。冰冻切片附贴于载玻片后，立即放入恒冷箱中的固定液固定，这样可以使切片中细胞内各种物质都在没有任何变化的情况下被固定起来，经1 000例冰冻切片的制作实践认为这样制作固定切片较好，核染色质清晰，核仁明显，其他物质都完好保存。

具体方法：

①切片固定0.5～1min。

②水洗。

③苏木精3～5min。

④分化。

⑤于碱水中返蓝20s。

⑥伊红染色10～20s。

⑦脱水，透明，中性树胶封固。

冰冻组织1～2min，切片1min，固定1min，染色共5min。总共在10min内完成快速制片过程，结果与石蜡切片不相上下。

【注意事项】

1. 防卷板及切片刀和持刀架上的板块应保持干净，需经常用毛笔挑除切片残余和用柔软的纸张擦。有时需要每切完一张切片后就用纸擦一次。因为这个地方是切片通过和附贴的地方，如果有残余的包埋剂粘于刀或板上，将会破坏甚至撕裂切片，使切片不能完整切出。

2. 多块组织同时要做冰冻切片时，可各自放于不同的支承器上，于冷冻台上冻起来，然后依据不同的编号，依序切片。

3. 放置组织冰冻前，应视组织的形状及走势来放置，所谓“砍柴看柴势”，切片也是如此，如果胡乱放置，就不能收到很好的效果。

4. 组织块不须经各种固定液固定，尤其是含水的固定液，在未达到固定前，更不能使用。临床快速冰冻切片，不须要预先固定，一是为了争取时间，二是固定了的组织反而增加了切片的难度。如果使用未完全固定的组织做冰冻切片，就会出现冰晶。这是因为含水的固定液在组织未经固定前，其中的水分也可渗入到组织中去，当冰冻发生时，这些存留于组织中的水分就形成了冰晶。

5. 当切片时，如果发现冰冻过度时，可将冰冻的组织连同支承器取出来，在室温停留片刻，再行切片，或者用口中哈气，或者用大拇指按压组织块，以此来软化组织，再行切片。另外，也可调高冰冻点。

6. 用于附贴切片的载玻片不能存放于冷冻处，于室温存放即可。因为当附贴切片时，从室温中取出的载玻片与冷冻箱中的切片有一种温度差，当温度较高的载玻片附贴上温度较低的切片时，由于两种物质间温度的差别，当它们碰撞在一起时，分子彼此间发生转移而产生了一种吸附力，使切片与载玻片牢固地附贴在一起。

【思考题】

1. 盐生植物分布特点及组织细胞结构特征?
2. 野外如何识别盐生植物?

【参考文献】

1. 刘家琼. 1982. 我国荒漠不同形态类型植物的旱生结构[J]. 植物生态学与地植物学丛刊(4)：314－319.

2. 张哲，刘景坤，王曼，等. 1998. 微小组织异体脏器包埋法在冰冻切片中的应用[J]. 临床与实验病理学杂志，14(5)：436.

3. 孙智才，巍国红，张桂芬，等. 1998. OCT包埋剂对冷冻切片质量的影响[J]. 诊断病理学杂志，5(1)：48－49.

实验52　风成地貌遥感影像识别

【实验目的】

了解遥感图像识别的基础知识，掌握计算机自动分类的方法，并通过实验来了解各种典型地物的光谱特性。

【实验原理】

1. 地物的光谱特性

任何地物都有自身的电磁辐射规律，如反射、发射、吸收电磁波的特性，少数还有透射电磁波的特性。地物的这种特性称为地物的光谱特性。

地物的反射光谱特性：电磁辐射能量入射到地物表面上，将会出现3种过程：部分入射能量被地物反射；部分入射能量被地物吸收，成为地物本身内能或再发射出来；部分入射能量被地物透射。不同地物对入射电磁波的反射能力是不一样的，通常采用反射率(反射系数或亮度系数)来表示。反射率是地物对某一波段电磁波的反射能量与入射的总能量之比，其数值用百分率表示。地物的反射率随入射波长而变化。地物反射率的大小，与入射电磁波的波长、入射角的大小，以及地物表面颜色和粗糙度等有关。一般地说，当入射电磁波波长一定时，反射能力强的地物，反射率大，在黑白遥感图像上呈现的色调就浅；反之，反射入射光能力弱的地物，反射率小，在黑白遥感图像上呈现的色调就深。在遥感图像上色调的差异是判读遥感图像的重要标志。

地物反射光谱：地物的反射率随入射波长变化的规律，称做地物反射光谱。按地物反射率与波长之间关系绘成的曲线(横坐标为波长值，纵坐标为反射率)称为地物反射光谱曲线。不同地物由于物质组成和结构不同具有不同的反射光谱特性。因而可以根据遥感传感器所接收到的电磁波光谱特性的差异来识别不同的地物，这就是遥感的基本出发点。图4-1绘出了4种地物反射光谱曲线。

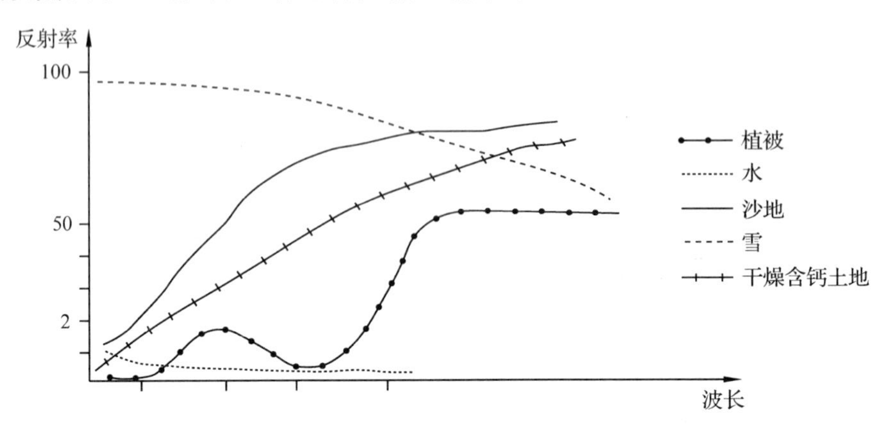

图4-1　4种地物反射光谱曲线

地物波谱曲线的作用：地物波谱曲线形态反映出该地物类型在不同波段的反射率，通过测量该地物在不同波段的反射率，并以此与遥感传感器获得的数据相对照，可以识别遥感影像中的同类地物。

2. 遥感信息提取

由于不同地物在同一波段、同一地物在不同波段都具有不同的波谱特征，通过对某种地物在各波段的波谱曲线进行分析，根据其特点进行相应的增强处理后，可以在遥感影像上识别并提取同类目标物。早期的自动分类和图像分割主要是基于光谱特征，后来发展为结合光谱特征、纹理特征、形状特征、空间关系特征等综合因素的计算机信息提取。

在计算机分类之前，往往要做些预处理，如校正、增强、滤波等，以突出目标物特征或消除同一类型目标的不同部位因照射条件不同、地形变化、扫描观测角的不同而造成的亮度差异等。

利用遥感图像进行分类，就是对单个像元或比较匀质的像元组给出对应其特征的名称，其原理是利用图像识别技术实现对遥感图像的自动分类。计算机用以识别和分类的主要标志是物体的光谱特性，图像上的其他信息(如大小、形状、纹理等)标志尚未充分利用。

计算机图像分类方法常见的有两种，即监督分类和非监督分类。监督分类，首先要从预分类的图像区域中选定一些训练样区，训练区中地物的类别是已知的，可用它建立分类标准，然后计算机将按同样的标准对整个图像进行识别和分类。它是一种由已知样本，外推未知区域类别的方法。非监督分类是一种无先验(已知)类别标准的分类方法。对于待研究的对象和区域，没有已知类别或训练样本作标准，利用图像数据本身在特征测量空间中聚集成群的特点，先形成各个数据集，然后再核对这些数据集所代表的物体类别。

与监督分类相比，非监督分类具有下列优点：不需要对被研究的地区有事先的了解，对分类的结果与精度要求相同的条件下，在时间和成本上较为节省，但实际上，非监督分类不如监督分类的精度高，所以监督分类使用得更为广泛。本实验将使用监督分类进行遥感影像识别。

【器材与用品】

Landsat 5 卫星影像图、遥感图像处理软件(ERDAS、ENVI)等。

【实验步骤】

1. 建立分类系统

分类系统主要包括了类别的名称、特征以及相关数据，确定了分类系统也就确定了分类的标准定义。地类分为：农田、水体、沙地、植被。

2. 建立特征空间

确定了类别后，要建立特征空间，通过特征空间建立分类模板。在这里，特征空间的选择上要针对地物光谱特性来决定，如对植被分类，就应选择近红外与其他波段的组合。通过地物光谱曲线图可以得出：采用4，5 波段的组合识别沙丘是比较理想的，如图 4-2。

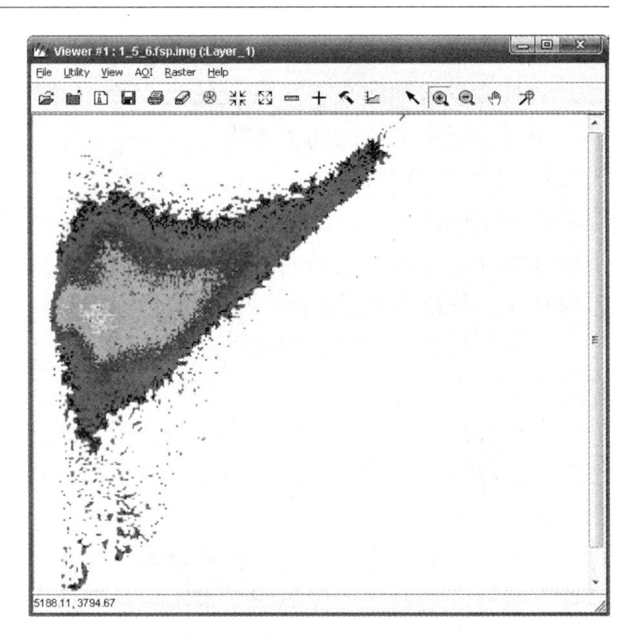

图 4-2 特征空间图像

3. 评价分类模板

分类模板建立完成后，就要对模板进行评价，可以计算各类别的统计值，计算各类别的欧氏光谱距离、Jeffries－vtatusta 距离、分类的分离度、转换分离度等，如图 4-3，通过比较各种变量来评价分类模板的精度。

4. 执行监督分类，评价分类精度

分类得到图像通常为 GRID 数据，每个栅格中存储的为对应地物的属性值。图 4-4 为分类图像，其

Signature Editor (sig.sig)

File Edit View Evaluate Feature Classify Help

Class #	>	Signature Name	Color	Red	Green	Blue	Value	Order
1	>	农田		0.000	0.392	0.000	1	1
2		水体		0.000	0.000	1.000	2	2
3		沙地		0.627	0.322	0.176	3	3
4		植被		0.000	1.000	0.000	4	4

图 4-3 分类模板

中土黄色所代表的就为沙地。

执行监督分类之后，需要对分类结果进行评价(evaluate classification)，ERDAS 系统提供了多种分类评价的方法，本实验主要介绍分类叠加。

分类叠加就是将分类图像与原图像同时在同一窗口打开，将分类专题层置于上层，通过改变分类专题层的透明度及颜色等属性，查看分类专题与原始图像的关系。图 4-5 为分类结果与原图像进行的分类叠加效果。

【数据记录及结果分析】

风成地貌的光谱分析：风成地貌中，沙地是典型的一类，所以以沙地为例对光谱

进行分析。沙地对光的反射很强，因此，沙地的地物光谱反射曲线明显区别于其他地物，实验中使用了 TM 影像，通过光谱曲线剖面图(图 4-6)可以看出沙地对各波段的反射率都很高。

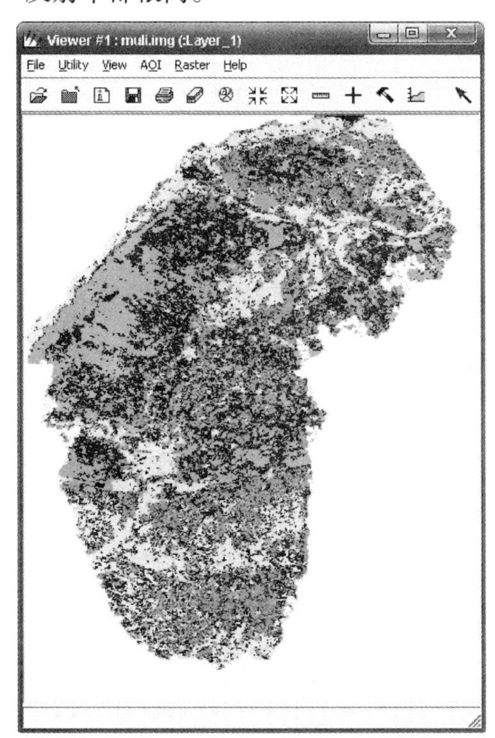

图 4-4 地物分类图像

图 4-5 分类结果与原图像进行的分类叠加效果图

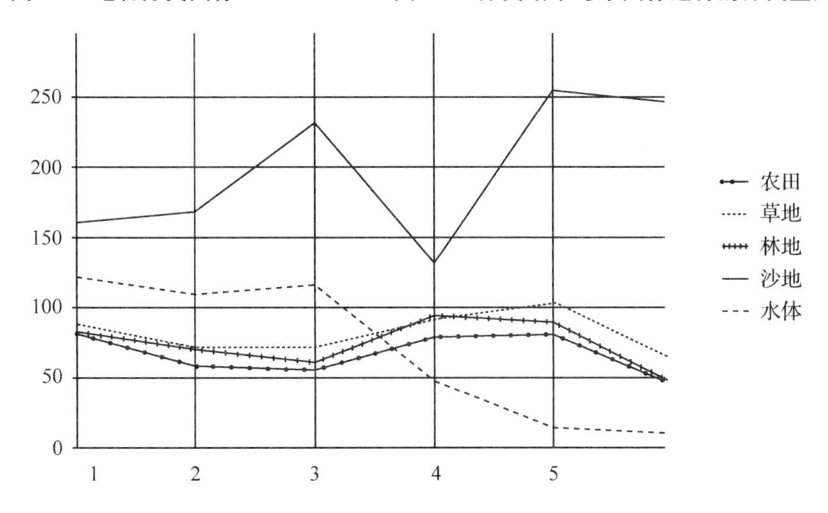

图 4-6 各地物光谱曲线剖面图

【注意事项】

1. 制订分类系统时，要先确定类别的数量和各类别所代表的地物，这要根据所使用的图像所含有的信息量来确定，同时要通过实地调查作为补充。

2. 分类结果往往不能一次达到要求，需要多次实验来取得最佳的效果。

【思考题】

地物的反射光谱有哪些特性?

【参考文献】

1.(美)利尔桑德．2003. 遥感与图像解译[M].4 版．彭望球，等译．北京：电子工业出版社．

2. 杨景春，李有利．2001. 地貌学原理[M]. 北京：北京大学出版社．

实验53 沙丘遥感影像识别

【实验目的】

认识沙丘的分类，掌握目视解译沙丘的方法，通过实验积累目视解译的经验。

【实验原理】

目视解译是指利用图像的影像特征（如色调或色彩，即波谱特征）和空间特征（如形状、大小、阴影、纹理、图形、位置和布局），与多种非遥感信息资料（如地形图、各种专题图）组合，运用其相关规律，进行由此及彼、由表及里、去伪存真的综合分析和逻辑推理的思维过程。早期的目视解译多是纯人工在相片上解译，后来发展为人机交互方式，并应用一系列图像处理方法进行影像的增强，提高影像的视觉效果后在计算机屏幕上解译。

1. 遥感影像目视解译原则

遥感影像目视解译的原则是先“宏观”后“微观”；先“整体”后“局部”；先“已知”后“未知”；先“易”后“难”等。一般判读顺序为，在中小比例尺相片上通常首先判读水系，确定水系的位置和流向，再根据水系确定分水岭的位置，区分流域范围，然后再判读大片农田的位置、居民点的分布和交通道路。在此基础上，再进行地质、地貌等专门要素的判读。

2. 遥感影像目视解译方法

（1）总体观察直接判定法

观察图像特征，分析图像对判读目的任务的可判读性和各判读目标间的内在区别与联系。观察各种直接判读标志在图像上的反映，从而可以把图像分成大类别以及其他易于识别的地面特征。通过色调、形态、纹理、组合特征等直接解译标志来判定和识别地物，如水体、居民地等。

（2）对比分析

对比分析包括多波段、多时域图像、多类型图像的对比分析和各判读标志的对比分析。多波段图像对比有利于识别在某一波段图像上灰度相近但在其他波段图像上灰度差别较大的物体；多时域图像对比分析主要用于物体的变化繁衍情况监测；而多个类型图像对比分析则包括不同成像方式、不同光源成像、不同比例尺图像等之间的对比。

各种直接判读标志之间的对比分析，可以识别标志相同（如色调、形状），而另一些标识不同（纹理、结构）的物体。对比分析可以增加不同物体在图像上的差别，以达到识别目的。

形状指物体的一般形态、构造或轮廓。在立体影像中，物体的高度也定义为它的形状。有些物体的形状明显，仅以此指标就可识别它们的影像，如天安门故宫。当然不是所有的形状都具有诊断性，但形状对图像解译者都是有意义的。

色调(或色彩)指图像上物体的相对亮度或颜色。没有色调的差异，从物体的形状、大小和纹理是无法识别的。

纹理是影像上色调变化的频率。纹理是由特征单元组成的，这些特征单元太小，无法从影像上识别，如树叶和树叶的阴影。物体的纹理是其形状、大小、图案和色调的综合产物，它决定图像特征从总体视觉上是"光滑的"还是"粗糙的"。随着图像比例尺的缩小，任何物体的纹理都会逐渐消失。解译员通常利用纹理的不同来区分具有相似反射系数的地物。举个例子，在中比例尺的航片上，绿草地的光滑纹理与树冠的粗糙纹理是有差别的。

(3)综合分析

由于卫星图像的比例尺小，地面分辨率较低，许多地面景物不能靠直接判定和对比分析解译出来，而主要靠解译人员的专业知识和实践经验，运用地学规律进行相关的分析推理。综合分析主要应用间接判读标志、已有的判读资料、统计资料，对图像上表现得很不明显或毫无表现的物体、现象进行判读。间接判读标志之间相互制约、相互依存。根据这一特点，可作更加深入细致的判读。如对已知判读为农作物的影像范围，按农作物与气候、地貌、土质的依赖关系，可以进一步区别出作物的种属；河口泥沙沉积的速度、数量与河流汇水区域的土质、地貌、植被等因素有关，长江、黄河河口泥沙沉积情况不同，正是因为流域内的自然环境不同所至。

地图资料和统计资料是前人劳动的可靠结果，在判读中起着重要的参考作用，但必须结合现有图像进行综合分析，才能取得满意的结果。实地调查资料，限于某些地区或某些类别的抽样，不一定完全代表整个判读范围的全部特征，只有在综合分析的基础上，才能恰当应用、正确判读。

(4)参数分析

参数分析是在空间遥感的同时，测定遥感区域内一些典型物体(样本)的辐射特性数据、大气透过率和遥感器响应率等数据，然后对这些数据进行分析，以达到区分物体的目的。大气透过率的测定可同时在空间和地面测定太阳辐射照度，按简单比值确定。仪器响应率由实验室或飞行定标获取。

利用这些数据判定未知物体属性可从两个方面进行：其一，用样本在图像上的灰度与其他影像块比较，凡灰度与某样本灰度值相同者，则与该样本同属性；其二，由地面大量测定各种物体的反射特性或发射特性，然后把它们转化成灰度，然后根据遥感区域内各种物体的灰度，比较图像上的灰度，即可确定各类物体的分布范围。

【器材与用品】

Landsat 5 卫星影像图、ERDAS、ENVI 等。

【实验步骤】

解译步骤包括解译前的准备工作、建立解译标志、室内解译、野外验证等。

1. 解译前准备工作

选定作为解译用的基础影像，并且搜集与图像解译内容有关的各种图件资料和文字资料，熟悉解译地区的基本情况，并制订解译工作计划。

2. 建立解译标志

首先在室内通过对卫星图像的分析研究，确定野外考察的典型路线和典型地段，然后通过卫星图像的野外实地对照、验证，从而建立各种地物目标在图像上的解译标志。卫星图像的目视解译标志主要有图像的色调、形态、组合特征等。

3. 室内解译

首先对具体解译区域进行宏观分析，建立总的概念，然后再根据解译标志，进行专题内容的识别与分析。

4. 野外验证

在解译工作完成之后，为保证解译结果的准确性，必须通过野外抽样调查，对解译中的疑点作进一步核实，并对解译完成的专题影像草图加以修改和完善。

【数据记录及结果分析】

1. 横向沙丘

横向沙丘，指沙丘形态走向和起沙风合成风向之夹角大于60°或相垂直，如新月形沙丘和沙丘链、梁窝状沙丘、抛物线形沙丘、复合新月形沙丘及复合型沙丘链等。

新月形沙丘：一种最简单的横向沙丘，其特征是平面图形如新月，沙丘的两侧有顺着风向向前伸出的两个尖角。迎风坡凸而平缓，坡度5°~20°；背风坡凹而陡，坡度为28°~34°，相当于砂粒的最大休止角。新月形沙丘的高度不大，一般在1~5m，很少超过15m。单个新月形沙丘大多零星分布在沙漠的边缘地区。其形成分为饼状沙堆、盾状沙丘、雏形新月形沙丘和新月形沙丘几个阶段。沙堆(小沙饼)的形成，成了风沙流运行的障碍，气流在沙堆的背风坡形成涡旋，速度减弱，使气流搬运的沙子在沙堆背面聚积，形成盾状沙丘。随着盾状沙丘的增长，背风坡沉积量相对最大位置越来越接近顶部，促使背风面的坡度不断加陡，当坡度达到沙子最大休止角(34°)时，部分沙子发生剪切运动而崩塌，形成小落沙坡，发育为雏形新月形沙丘。以后，沙堆仍不断增高，小落沙坡继续扩大，沿沙丘两侧绕过的气流，把沙子搬运到两侧的前方堆积，逐渐形成了两个顺着风向向前伸的角，成为典型的新月形沙丘。

新月形沙丘链：由新月形沙丘相互连接形成，其高度一般在10~30m，长达几百米至几千米。

复合新月形沙丘和复合沙丘链：在沙源丰富的地区，新月形沙丘和沙丘链不断增高和扩大，于迎风坡上发育次一级新月形沙丘和沙丘链而成。这种沙丘在中国塔克拉玛干沙漠和巴丹吉林沙漠中有大面积分布，一般高50~100m，少数达200m，甚至500m；一般长5~15km，最长达30km。纵向沙垄。沙丘形态的走向与起沙风合成风的方向基本一致(一般小于30°)。长条状展布，最长达数十千米，高约数十米，宽数百米。沙源丰富时形成复合型纵向沙垄。

2. 纵向沙丘

纵向沙丘，又称沙垄，沙丘形态的走向和起沙风合成风向之夹角小于30°或近于平行，如新月形沙垄、纵向沙垄和复合型纵向沙垄。沙垄表面叠置着许多新月形沙丘和沙丘链，垄长一般为 10～20km，最长达45km，高50～80m，宽500～1 000m。沙垄之间宽为400～600m，分布着低矮的沙垄或沙丘链。

3. 多方向风作用下的沙丘

多方向风作用下的沙丘，指沙丘形态不与起沙风合成风向或任何一种风向相平行或垂直，如金字塔形沙丘和蜂窝状沙丘(图 4-7)。金字塔形沙丘通常有一个尖的顶，从尖顶向不同方向延伸出 3 个或更多的狭窄沙脊，每个沙脊都有一个发育得很好的滑动面，坡度 25°～30°，丘体高大，因其形态和金字塔相似而得名，又称锥状沙丘。

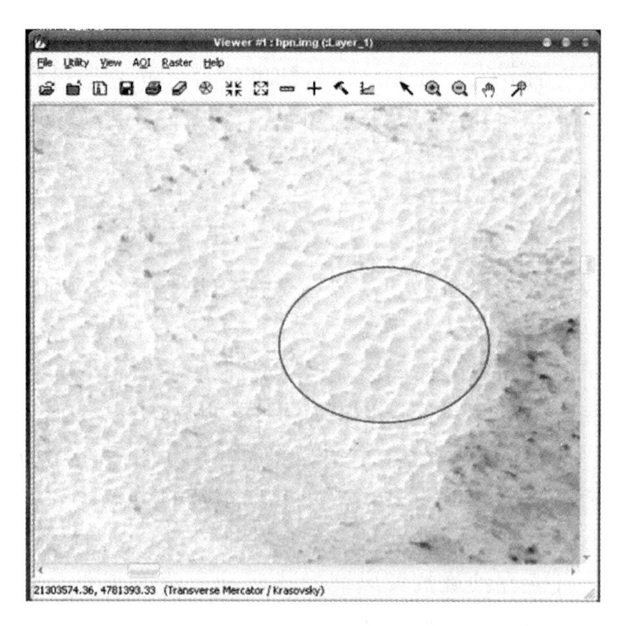

图 4-7 ERDAS 中判读半圆形复合沙丘

【注意事项】

1. 目视解译方法是目前最普遍、最基本的方法。其特点是人用肉眼对卫星相片或胶片图像的灰度和色调进行专题内容的解译工作。为了提高目视解译的效果，通常根据解译专题内容的具体要求，对遥感图像进行必要的光学增强处理工作。

2. 由于沙丘的光谱特征很明显，沙丘的解译可以先使用计算机提取出沙丘部分，然后从形状和纹理入手识别，可缩减工作量。

【思考题】

1. 遥感影像目视解译的原则有哪些?
2. 遥感影像目视解译有哪些方法?

【参考文献】

1. (美)利尔桑德. 2003. 遥感与图像解译[M]. 4 版. 彭望琭，等译. 北京：电子工业出版社．

2. 杨景春，李有利．2001. 地貌学原理[M]. 北京：北京大学出版社．

3. 李建新，2006. 遥感与地理信息系统[M]. 北京：中国环境科学出版社．

V　模拟(风洞)实验

风洞是一种按一定要求设计的管道，在这个特殊的管道中，借助于动力装置产生可以调节的气流，其实验段能够模拟或基本上模拟实物在大气流场中的情况，以供各种空气动力实验之用。应用风洞进行实验研究，可以选用任何比例、任何种类的模型，而且不受自然条件的限制，能大大缩短研究周期，大量节省时间、人力和物力，便于使用较精密的测试仪器进行定量的测量，可以提高研究水平，更好地解决生产和科研上的实际问题。

现代风洞的种类十分繁多。就低速(马赫数 $Ma \leq 0.4$)风洞来说，有两种基本形式：直流式和回流式。直流式没有空气导流路，空气离开扩散段后，经过迂回曲折的路线再返回进气口(或直接进入大气)，所以它可以使用完全新鲜的空气。而回流式风洞有连续的空气回路，这样可使风洞中的气流基本上不受外界大气的干扰(无阵风影响、气流均匀)，温度可得到控制。虽然不同种类、不同用途的风洞有其不同的结构和特点，但主要的组成部分和工作原理是基本相同的。

风洞实验是风沙运动学的重要组成部分，是风沙运动学发展的重要手段，风沙运动学中很多的规律和公式都是在风洞实验的基础上发现和获得的。同时，风洞实验也是验证风沙运动理论和计算结果正确与否的依据。风洞作为一种测量工具引入到风沙运动规律的研究中后，就使得风沙运动的研究从野外走向室内，从只能进行定性的描述转化为定量的测量与计算。伴随着现代科学技术的发展，风洞结构越来越完善，实验方法越来越先进，实验结果越来越可靠，其在实验中的地位也就越来越重要。

本实验使用中国科学院寒区旱区环境工程研究所的室内风洞。该风洞为直流闭口吹气式活动风洞，全长 35m，风速范围 3～25m/s，收缩比 2.08，主要包括连接段、扩散段、稳定段、收缩段、实验段、扩压段。

众所周知，模型材料的选择和模型制作，是风洞实验成败的一个关键。当然，要完全模拟野外实物的材料弹性及几何相似方面的要求是不容易的，甚至是不可能的。因此，一般都走半经验和近似模化的道路，通过与实际资料的对比和突出主要影响因素来进行模拟。

实验 54　砂粒起动风速测定

【实验目的】

通过风洞模拟实验掌握砂粒起动风速的测定原理和方法。

【实验原理】

风沙流中的砂粒是从运动气流中获取运动动量的，只有当风力条件能够吹动砂粒时，砂粒才能脱离地表进入气流形成风沙流。假定地表风力逐渐增大，达到某一临界值后，地表砂粒脱离静止状态开始运动，这时的风速称为临界风速或起动风速，一切大于起动风速的风称为起沙风。

地表面上的砂粒在什么样的气流条件下才开始运动，这在物理概念上本来已经是明确的，但是在具体确定这个临界条件时却会碰到不少困难。这主要因为砂粒的组成、大小、形状、密度、含沙率等存在千差万别。砂粒起动的问题带有很大的随机性，但是如果我们所研究分析的对象是大量的砂粒，那么在偶然性中一定存在必然性，这就说明砂粒起动有一定的规律可循。从统计的意义上来说，在一定的气流条件下，什么样的砂粒可以运动，以及有多少这样的砂粒在运动，都是可以确定的。国内外专家研究证实，在一般情况下起动风速和砂粒粒径的平方根成正比。

【器材与用品】

风速仪、沙样筛、过滤纸、双面胶带。

【实验步骤】

1. 本次实验沙样为采自野外的混合石英沙，磨圆度好，不含溶解盐和有机质。将野外采集的石英沙混合。

2. 用沙样筛对石英沙混合沙进行分级。将沙样筛分为 4 个粒级：1.00 ~ 0.50mm，0.50 ~ 0.25mm，0.25 ~ 0.01mm，<0.01mm。

3. 50cm × 25cm × 1cm 的实验盘底部由有 35 个筛孔的不锈钢筛子构成，底部放一层过滤纸。将分级好的沙子装在实验盘中，表面摊平，沙盘置于风洞实验段入口下风向 18m 处，表面与洞底齐平。每个粒级做 3 组重复。

4. 实验时，逐渐增加风速，直至砂粒起动后关机。

5. 实验时，用双面胶带放在沙盘下风向边缘处捕获运动砂粒，通过肉眼观察，胶带上有砂粒时，视为砂粒运动。

【数据记录及结果分析】

表 5-1 沙物质粒径与起动风速记录表

粒径(mm)	起动风速(m/s)		
	组 1	组 2	组 3
1.00 ~ 0.50			
0.50 ~ 0.25			
0.25 ~ 0.01			
<0.01			

【思考题】

1. 思考人工模拟砂粒起动风速测定的工作原理。
2. 影响砂粒起动风速的因素有哪些?

实验55 风沙流结构测定

【实验目的】

风沙流是气流及其搬运的固体颗粒(砂粒)的混合流。它的形成依赖于空气与沙质地表两种不同密度物理介质的相互作用，而它的特征对于风蚀风积作用的研究及防沙措施的制定有重要意义。本实验通过风洞实验测定风沙流结构。

【实验原理】

风沙流中砂粒随高度的分布称为风沙流结构。根据野外观测，气流搬运的沙量绝大部分(90%以上)是在沙面以上30cm的高度内通过的，尤其是集中在0~10cm的高度(约占80%)，也就是说风沙运动是一种近地面的砂粒搬运现象。

近地表气流层砂粒分布性质，即风沙流的结构决定着砂粒吹蚀与堆积过程的发展。通过风洞对风沙流结构特征与砂粒吹蚀和堆积关系的实验研究发现，在不同风速下0~10cm气流层中砂粒的分布特点为：地面以上0~1cm的第一层沙量随着气流速度的增加而减少；不管速度如何，第二层(地面之上1~2cm)的沙量保持不变，等于0~10cm层总沙量的20%；平均沙量(10%)在2~3cm层中搬运，这一高度保持不变，并不以速度为转移；气流较高层(从第三层起)中的沙量随着速度的增加而增加。

【器材与用品】

风速仪、平口集沙仪、牛皮纸袋。

【实验步骤】

实验分别模拟8m/s、11m/s、13 m/s、16m/s、19 m/s 、22 m/s这6组风速，采用平口集沙仪测量输沙量的垂直分布，入口断面为1.0cm×1.0cm，高30cm，共分为30层，集沙仪置于风洞中央，实验段入口下风向18m处，每完成一个风速的实验，重新布沙面，确保沙源充足。

不同风速、不同输沙量的风沙流结构的测定则是在不同风速下分别在输沙口输入不同质量的混合沙，并记时。本次实验沙样采用天然混合沙，其粒径在0.045~0.5mm。

1. 床面有沙

(1)在风洞实验段下风向铺设6m长、6cm厚度的沙层，面与洞底齐平。

(2)将集沙仪置于风洞中央，实验段入口下风向18m距沙面2cm处。

(3)分别模拟8m/s、11m/s、13 m/s、16 m/s、19 m/s 、21m/s这6组风速。

(4)记时，同时用0.001g感量的电子天平称集沙仪各层中沙子的质量并记录。

(5)完成一个风速的实验，重新布沙面。

2. 床面无沙

(1)将集沙仪置于风洞中央，实验段入口下风向18m处。

(2)分别模拟 8m/s、11 m/s、13 m/s、16 m/s、19 m/s、22 m/s 这 6 组风速，同时在输沙口处输入不同质量的混合沙。

(3)记时，同时用 0.001g 感量的电子天平称集沙仪各层中沙子的质量并记录。

【数据记录及结果分析】

表 5-2 风沙流结构测定记录表

输沙率 / 风速 / 结构指标		8(m/s)		11(m/s)		13(m/s)		16(m/s)		19(m/s)		22(m/s)	
		Q_1	%	Q_2	%	Q_3	%	Q_4	%	Q_5	%	Q_6	%
Q_{0-10} [g/(min · cm²)]													
$\overline{Q}$ [g/(min · cm²)]													
结构式	Q_{2-10}												
	Q_{1-2}												
	Q_{0-1}												

【思考题】

1. 思考近地表气流层砂粒形成一定分布特征的原因。
2. 风沙流结构的测定对荒漠化防治方面有何实践意义？

实验56 输沙率测定

【实验目的】

气流在单位时间通过单位宽度或面积所搬运的沙量叫做风沙流的固体流量，也称为输沙率。计算输沙率不仅有理论意义，而且是合理制定防止工矿、交通设施不受沙埋的措施的主要依据。

【实验原理】

影响输沙率的因素是很复杂的，它不仅取决于风力的大小、砂粒粒径、形状和密度，而且也受砂粒的湿润程度、地表状况及空气稳定度的影响，所以要精确表示风速与输沙量的关系是较困难的。到目前为止，在实际工作中对输沙率的确定，一般仍多采用集沙仪直接观测，然后运用相关分析方法，求得特定条件下的输沙率与风速的关系。

【器材与用品】

风速仪、平口集沙仪、牛皮纸袋、0.001g感量的电子天平。

【实验步骤】

1. 实验沙样为采自野外的混合石英沙，其粒径在0.045～0.5mm。实验沙样用电子天平称重。

2. 将称重后的实验沙样放置在4.0m×0.9m的沙盘内。

3. 将集沙仪置于风洞中央，实验段入口下风向18m，距沙盘2cm处，并使集沙仪的最下面进沙口的底部与上风向的沙质地表和下风向的风洞底面齐平。

4. 调控预设的自由风速。实验采用6种自由风速：8m/s、11m/s、13m/s、16 m/s、19m/s 、22 m/s，每种自由风速重复3次实验，取其平均值。

5. 记录时间。

【数据记录及结果分析】

表5-3 不同风速下各高层的收沙量记录表

高度(cm)	风速											
	8(m/s)		11(m/s)		13(m/s)		16(m/s)		19(m/s)		22(m/s)	
30～28												
28～26												
26～24												
24～22												

（续）

高度(cm)	风速											
	8(m/s)		11(m/s)		13(m/s)		16(m/s)		19(m/s)		22(m/s)	
22～20												
20～18												
18～16												
16～14												
14～12												
12～10												
10～8												
8～6												
6～4												
4～2												
2～0												

【注意事项】

由于风洞内的风速需要一段时间才能达到预设的自由风速，为了使样沙不被吹走，在风速达到所需的自由风速之前，用滑动沙盘盖板将沙盘盖住。

【思考题】

思考输沙率测定的实验原理。

实验 57 风速廓线测定

【实验目的】

通过实验分析裸沙地表风速沿高程的分布状况和风沙活动层中风速随高度分布遵循的规律；测定计算不同高度风速的摩阻速度。

【实验原理】

气流在近地面层中运动时，由于受下垫面摩擦和热力的作用，具有高度的紊流性。风速沿高度分布与紊流的强弱有密切关系。当大气层结不稳定时，紊流运动加强，上下层空气容易产生交换，使风速的垂直梯度变小；当大气层结稳定时，紊流运动减速弱，上下层空气相互混掺的作用减弱，风速的垂直梯度就大。通常我们讨论的风速的垂直分布都是反指中性层条件的，因为这时气流温度在各高度上都是相同的。

【器材与用品】

风速仪、风速廓线仪。

【实验步骤】

1. 实验采用沙样为天然混合沙，粒径范围在 0.045 ~0.5 mm。在确定了砂粒临界起风后，设定了 6 档风速，这 6 档风速以风洞实验段前缘风洞轴线风速(进口风速)为标准，其值为 8m/s、11 m/s 、13 m/s、16 m/s、19 m/s 和 22 m/s，实验时在实验段下风向距实验段前缘 1m 处开始铺沙，直至风洞出口处，沙床 1.2m，厚度 6cm，长达 23m。沙面与洞底齐平。

2. 拟定观测的 8 个高度为 1.0cm，1.5cm，3.0cm，6.0cm，12.0cm，25.0cm，35.0cm，50.0cm，在风洞的垂向中线上所铺设沙面的终点处固定这 10 个不同高度风速廓线仪。

3. 调控预设的固定风速。

4. 每完成一个风速的实验，重新布置自由沙面。

5. 计算该沙面摩阻速度。

【数据记录及结果分析】

1. 记录

表 5-4 风速随高度变化记录表

高度(cm)	风速(m/s)					
	8	11	13	16	19	22
1.0						
1.5						
3.0						
6.0						
12.0						
25.0						
35.0						
50.0						

2. 计算

最小二乘法回归所观测的风速廓线资料计算摩阻速度。其公式为：

$$U_Z = A + B\ln Z$$

因而：

$$U_* = kB$$

式中 U_Z——高度 Z 处的风速；

A，B—— 回归系数；

k——卡曼常数，0.4；

U_*——摩阻速度。

【注意事项】

1. 实验过程中使洞体内沙床表面与风速廓线仪的底部处于同一高度，由此可认为风速廓线仪在不同高度所采集的风速即可代表风沙流中不同高度的风速。

2. 每完成一个风速的实验，重新布置自由沙面，确保沙源充足。

【思考题】

思考地表的起伏对地表风速沿高程的分布状况有何影响？

实验58 沙障透风系数与防风效果测定

【实验目的】

通过测定沙障工程的透风系数及防护效果，从而为治沙工程的设计提供理论和实验依据。

【实验原理】

相对风速在同一高度、同一规格条件下，随着沙障孔隙度增大，相对风速增大。这说明孔隙度越大，防风固沙效果越小。在同一沙障规格、同一孔隙度条件下，随着高度增加相对风速减小。这说明高度增加，防风固沙效果也增加。在同一孔隙度、同一高度条件下随着沙障规格增大，相对风速也增加。

相对风速在同一高度、同一规格条件下，随着沙障孔隙度增大，地面粗糙度明显减小。在同一沙障规格、同一孔隙度条件下，随着高度增加，地面粗糙度逐渐增大。在同一孔隙度、同一高度条件下，随着沙障规格增大，地面粗糙度也增加。

如果用茎杆直的沙障可用调整空隙度的方法调节沙障附近的积沙情况，紧密沙障沙堆在紧靠沙障的前后，0.25 ~0.5 空隙度的沙障在背风面能较均匀地积沙，防护距离可达7 ~17 倍障高。

现在设置的沙障大部分布设成由与主风平行和垂直的两带组成的格状。垂直一组主要担负着阻滞风沙流的作用，而平行的一组，主要起着稳定方格结构和在风向偏离时，协同阻滞风沙流和稳定、保护地表的作用。本实验以草方格沙障为例，分别对单行、多行、格状沙障进行测定，以此来探索沙障的防治效应。

【器材与用品】

麻袋布、铁纱窗布、木制直角三角形夹条。

【实验步骤】

经过对比分析，采用单层稀疏麻袋布(孔径约为2mm×2mm，经纬线线径近似等于2mm)作为制作草方格沙障的模型材料，采用铁纱窗布做成夹片，以便支撑和固定。疏透度的变化，采用抽丝和加层的办法达到。草带实验模型用木制直角三角形夹条固定于洞底，把制好的夹片按比尺直接插植于沙面上。

【数据记录及结果分析】

因沙障内积沙的不均衡性，不便直接测量积沙厚度，但可通过集沙量、实验用流沙密度和沙障模型面积计算单位时间、单位面积的积沙厚度，并进而计算任意时间段内的积沙量、积沙厚度。基于此，在吹刮完成后，每列沙障均取4 个格栅，收集障内砂粒并称量(M)，通过下式计算单位时间障内平均积沙厚度和某一时间段内(10min)

障内积沙厚度，分析比较沙障的积沙作用和效果。

$$D = dt = \frac{M}{\gamma A t'} \cdot t$$

式中 D——单位时间积沙厚度(m)；

d——单位时间、单位面积平均积沙厚度(m)；

t——计算时间段(min)；

M——t'时间段内的积沙量(g)；

γ——砂粒密度(g/cm^3)；

A——模型沙障面积(cm^2)；

t'——吹刮时间(min)。

测定结果：由流场测定结果(见图 5-1)可见，在沙障前后分布着四低三高的 7 个速度区或能量区。带前后两例近贴地处，分别有一个阻滞回流低速区。带前后两侧空间，分别有一个阻滞及涡流减速区。带前后两侧贴地远方，分别有一个抬升和下沉加速区。带顶空间有一集流加速区。

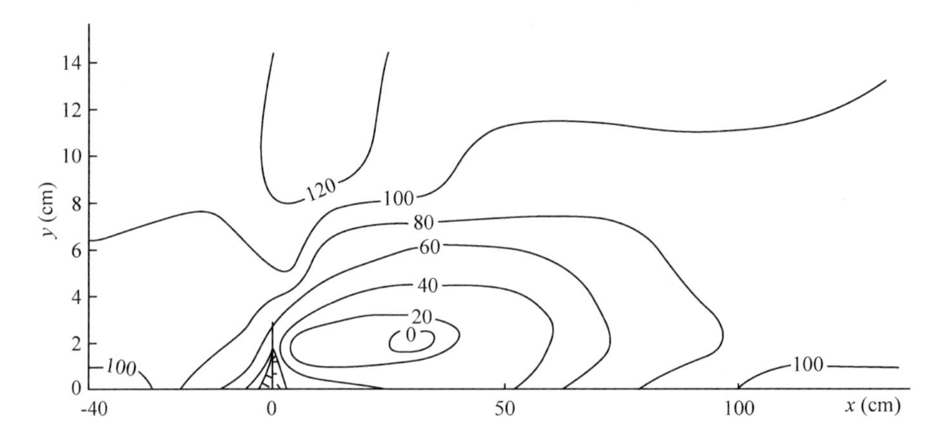

图 5-1　单行草带沙障流场(草头 $h_1 = 1.5cm$，$\beta = 0.5$，$H = 3cm$，$u\infty = 10m/s$)

【思考题】

1. 沙障的孔隙度是怎样影响风速的？
2. 沙障的孔隙度是怎样影响风沙流积沙的？

实验 59 沙障防护距离和有效防护距离测定

【实验目的】

沙障有效防护距离的测定，不仅是有效控制地表流沙的基础，而且对减少生产成本，提高经济效益有着重要的意义。本实验以草方格沙障为例，分别对单行、多行沙障进行测定，以此来探索沙障的防护距离。

【实验原理】

根据风沙移动规律的研究，为防止沙地风蚀，就要从削弱风力和增加地表抵抗力这两方面着手，为了使流沙固定，常采用各种形式的障碍物来加固沙表或削弱近地表层的风力。所谓有效防护距离，指的是通过此保护带，风速随距离和高度的变化趋于稳定，且过沙量接近于零。风速趋于稳定，说明气流中没有含沙量因素的影响，地表已变成定床。沙量的持续减小，是因为草方格本身阻力的作用。

沙障高度一定的情况下，沙障的形状和大小直接影响沙障的防护效果。相同高度的沙障，随着沙障规格的增大，其防护效果在逐渐减小，单位面积的成本也在减小。当沙障的规格大到一定程度后，其防护效果变得很差，起不到应有的防护效果。沙障的规格越小防护效果越好。但是，如果太小，会使沙障的成本提高很多。1m×1m 规格的草方格既具有很好的固沙效果，沙障防护距离可达 5 倍沙障高度，又便于施工建设。

【器材与用品】

麻袋布、铁纱窗布、精密微压计、单管集沙仪。

【实验步骤】

1. 采用单层稀疏麻袋布(孔径约为 2mm×2mm，经纬线线径近似等于 2mm)作为制作草方格沙障的模型材料，采用铁纱窗布做成夹片，以便支撑和固定。疏透度的变化，采用抽丝和加层的办法达到。草带实验模型用木制直角三角形夹条固定于洞底，把制好的夹片按比尺直接插植于沙面上。

2. 实验是在沙槽进行，草方格中的速度廓线，采用防沙皮托管排管和精密微压计测定，过沙量采用单管集沙仪(口径 3mm×3mm)测定。测点均在沙槽后部进行，保持地点和指示风速同一。

【数据记录及结果分析】

1. 防风效能的计算

防风效能计算公式：

$$E_h = (Vh_0 - V_h)/V_{h0} \times 100\%$$

式中 E_h——高度为 h 处防风效能(%);

Vh_0——对照沙丘高度为 h_0 处平均风速(m/s);

V_h——沙障内高度为 h 处平均风速(m/s)。

2. 风速廓线的确定

风速廓线公式:

$$U = \frac{U_*}{K} \ln \frac{Z}{Z_0}$$

式中 U——高度Z处的平均风速(m/s);

Z——风速廓线上的某点距地面垂直高度(m);

U_*——摩阻流速(摩擦速度)(m/s);

Z_0——空气动力学粗糙度(m);

K——卡曼常数,取值0.4。

两种规格模型,低层几厘米外的风速,随进入保护带的距离而降低,但大约在2m速度降低减缓,发展趋于平稳。而中层以上则是先增加后减少,但也在2m左右趋于稳定。低层风速的持续减少是草方格阻力逐渐增加所致;中高层开始的增速,是由于起始段对流体的抬升;后续的不断减小,是地表草方格阻力的逐渐增加;而所有趋于稳定,则说明地表上的流体中再没有含沙这一因素的影响,其风速降低仅由于地表草方格的阻力逐渐增加,并且这个阻力增加量不大。从过沙量更可以证明这一点。在实验条件下(吹风10min),在前期的过沙量,是随方格的挖深和尺度(以 a 为边长)的加大而减小,即输沙率是随方格中心的挖深和尺度的加大而增加的,但阻沙总量均在80%以上。而输沙率的最大值已不在贴地表处,是在2~5cm。过沙量在中层反比低层为高,是草方格涡旋垂直输送的缘故,但洞底的弹性也是一个因素。

根据以上实验结果,加上安全系数考虑,以1:10的模型比例尺计算,平坦地表上的草方格工程的临界保护带宽度可采用30m。

【思考题】

不同材料类型的沙障其有效防护距离有何差异?

实验60 沙障对气流影响的测定

【实验目的】

揭示沙障工程对气流影响的基本作用原理，从而为工程的设计提供理论和实验依据。

【实验原理】

当风沙流到达沙丘，受到沙障的阻碍作用后，近地表气流受到干扰，在沙障整个流场中形成3个不同风速的分区，由于沙障的阻碍作用，在沙障的前上方形成气流上升加速区，风速达到最大；在沙障的防护区后上方，形成气流的低速沉降区；在障格内，由于沙障的阻挡作用形成了低速回流区。在铺设沙障的近地表，气流的流动发生显著变化。在沙障内以中心点为分界点形成两个水平轴涡流(第一个沙障格除外，只有一个涡流)，一大一小；在涡流中心，风速最小，涡流的运动方向是沙障内沙面形成凹曲面的直接原因。

风沙活动层输沙量随高度分布是携沙气流能量空间梯度变化的直观表现，也是表征气流紊动性的一个借用指标。由于风沙活动层瞬时气流的紊动性很难确定，故用某一时段输沙量百分含量随高度变化来衡量紊动气流的特征。

【器材与用品】

单层稀疏麻袋布、铁纱窗布、木制直角三角形。

【实验步骤】

选定单层稀疏麻袋布(孔径约为2mm×2mm，经纬线线径近似等于2mm)作为制作草方格沙障的模型材料，采用铁纱窗布作成夹片，以便支撑和固定。疏透度的变化采用抽丝和加层的办法达到。对于黏土沙障，直接用木材按所要求的外形制作。模型比尺B均为1:10，实验用沙采用原沙漠沙。这时颗粒粒径比例常数$B_1=1$，因而颗粒密度比尺等于0.1，所有的速度量均等于对应实际量的$\sqrt{0.1}$。这样，实验的相似问题就基本得到满足。草带实验模型用木制直角三角形(1:2)夹条固定于洞底。

【数据记录及结果分析】

数据采集及制图：模拟温度为20～22℃，气压为87 300Pa。判定流体运动状态的准则(雷诺数)用下式表示：

$$R_e=\rho vl/\mu$$

式中 R_e——雷诺数；

ρ——空气密度，1.176kg/m^3；

l——物体或对比空间的线性尺度；

v——风速(m/s);

μ——空气的动力黏滞系数，1.862×10^{-5} Pa·s。

由此算出的雷诺数是：当实验风速为 7m/s 时，为 33 157.89；当实验风速为 10m/s 时，为 47 368.42；当实验风速为 15m/s 时，为 71 052. 63。

在实验风速条件下，采集地表蚀积变化资料用 sufer7.0 进行制图和实验结果分析。

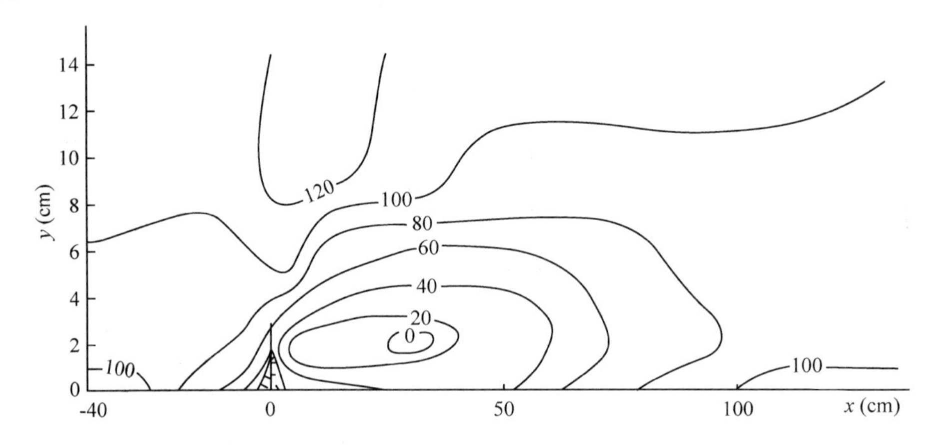

图 5-2 单行草带沙障流场(草头 $h_1 = 1.5$cm，$\beta = 0.5$，$H = 3$cm，$u\infty = 10$m/s)

由流场测定结果(图 5-2)可见，在沙障前后，分布着四低三高的 7 个速度区或能量区：带前后两侧近地面处，分别有一个阻滞及涡流减速区；带前后两侧贴地远方，分别有一个抬升和下沉加速区，带顶空间有一个集流加速区。不塞不流，不止不行。这种绕流和能量分布形势，是一切剪切流下二元平板绕流的共性(通风型则在下口外贴地处再增加一个加速区)。贴地层上，流动滞止减速使流体抬升和风沙流沉积，加速使流体下沉和使地表发生侵蚀；空中滞止同样使流体抬升，而空间湍流发展，造成区内能量和物质的上下交换。工程顶上的集流加速，为工程后的湍流发展、流体的下沉和反向回流运动创造了条件。

总之，通过沙障的作用，对风沙流进行了过滤，前后发生堆积，从而制止和减弱风沙流的危害和固定保护地表。

【思考题】

1. 沙障对气流影响测定的实验原理是什么？
2. 简述沙障对气流影响的测定实验操作步骤。

实验 61　网格沙障内风速分布场观测与绘制

【实验目的】

植物的幼苗、种子很难在流沙上定居、成活，使用土工沙障后，可以保护幼苗，种子不被流沙风蚀、埋压，而且当植物完全将流沙固定后就可以把土工沙障拆下来，以重新使用固定其他地方的流沙。本实验通过风洞模拟来实现网格沙障内风速分布场观测。

【实验原理】

实验相似考虑与模拟设计用缩小的模型在风洞中再现大气边界层和风沙流的运动特征，要求满足一定的相似条件，主要包括几何相似，即模型与原型尺度成比例；运动相似，可归结为流线相同和风速垂直分布在两者间的相似；动力相似，指模型与原型对应点上的受力场成几何相似，动力边界及起始条件相同。

【器材与用品】

毕托管、聚丙烯薄板、110cm×99cm×3cm 的木盒。

【实验步骤】

1. 风洞土工沙障模型与野外观测土工沙障的比例为 1∶10。在每一块沙障薄板上打上小孔，形成透风系数为 20%、40% 和完全不透风的沙障。障高为 1cm 和 2cm，再分别设置成 10cm×10cm 和 10cm×20cm 的两种规格。

2. 把不同规格的沙障布置在有沙源、无沙源和无沙源但沙障放置于流沙上 3 种类型。实验时分别模拟 17m/s、20 m/s、7 m/s 3 种风速。选用距入口 9.0～15.0m 一段，以期气流场达到稳定。

3. 在距入口 10.0～11.0m 沿风洞中线设置 1cm 和 2cm 的沙障，然后在 X 轴方向上布置 10 个测点，在 Z 轴方向上用细线毕托管测量 8 个风速值；在净风情况下测定沙障的风速流场；另一种实验是将不同高度的沙障布置在 110cm×99cm×3cm 的木盒内，规格为 10cm×10cm 和 10cm×20cm 沙障，障高 2cm，透风系数分别设为 20% 左右，实验时，一种是在沙障内铺上一定厚度的沙，另一种是在木盒前平铺一定数量的沙。

【数据记录及结果分析】

1. 沙障规格为 10cm×10cm 时，随风速增加，15m/s 和 20m/s 的沙障积沙厚度比 7m/s 的增加 17 和 20 倍。

2. 沙障规格为 10cm×20cm 时，随风速增加，15m/s 和 20m/s 的沙障积沙厚度比 7m/s 的增加 20 和 48 倍。

3. 沙障规格为 10cm×10cm，沙障内有积沙时，随风速增加，15m/s 和 20m/s 的沙障积沙厚度比 7m/s 的增加 5 倍和 4 倍。

4. 在 7m/s 时，10cm×10cm 的沙障积沙厚度比 10cm×20cm 的多 2.6 倍。

5. 在 15m/s 时，10cm×10cm 的沙障积沙厚度比 10cm×20cm 的多 1.4 倍。

6. 在 20m/s 时，10cm×10cm 的沙障积沙厚度比 10cm×20cm 的多 1.1 倍。

7. 在沙源丰富的地区，沙障的规格应该设置为 10cm×10cm。

【思考题】

1. 实践中沙障的类型有哪些?
2. 不同规格的网格沙障其功能有何区别?
3. 网格沙障内风速分布场观测与绘制的实验过程中还需要注意哪些事项?

实验62 风沙运动蚀积规律模拟

【实验目的】

通过实验模拟来研究风沙运动蚀积规律。

【实验原理】

风和风沙流对地表物质的吹蚀和磨蚀作用，统称为风蚀作用。

其中，风将地面的松散沉积物或基岩上的风化产物吹走，使地面遭到破坏称吹蚀作用。风沙流以其所含砂粒作为工具对地表物质进行冲击、磨损的作用称磨蚀。如果地面或迎风岩壁上出现裂隙或凹坑，风沙流还可钻入其中进行旋磨，其结果是大大加快了地面破坏速度。

风沙流运行过程中，由于风力减缓或地面障碍等原因，使风沙流中砂粒发生沉降堆积时称风积作用。经风力搬运，堆积的物质称为风积物。

气流搬运沙量的多少是由风力大小决定的。在一定风力条件下气流可能搬运的沙量称为容量(相当于水流的挟沙力)，气流中实际搬运的沙量称风沙流的强度，容量和强度的单位可取 $g/(cm^2 \cdot h)$。强度与容量之比称为风沙流的饱和度，这是一个无量纲参数。此比值越小风沙流的风蚀能力就越大。若风沙流容量减小，则侵蚀力下降或发生砂粒的堆积。

在风沙搬运过程中，当风速变弱或遇到障碍物(如植物或地表微小起伏)，以及地面结构、下垫面性质改变时，都会影响到风沙流容量而导致砂粒从气流中跌落堆积。如果地表具有障碍物，气流在运行时会受到阻滞而发生涡旋减速，从而削弱了气流搬运砂粒的能量(容量减小)，使风沙流中多余部分的砂粒在障碍物附近大量堆积下来，形成沙堆。这种因障碍(包括地表的急剧上升或下降)形成的堆积，称为遇阻堆积。堆积的强度取决于障碍物的性质和尺度，障碍物越不透风，涡流减速范围越大，砂粒的堆积也越强烈，可形成较大的沙堆。

【器材与用品】

大三角板、水平仪、细钢丝、风速成仪。

【实验步骤】

1. 实验沙样选自野外的混合石英砂，磨圆度好，粒级为0.045～0.500 mm。在风洞实验段下风向距实验段前缘1m处开始铺沙，直至风洞出口处，沙床1.2m，厚度6cm，长达23m。沙面与洞底齐平。

2. 床面采用大三角板人工刮平，并用水平仪进行检验。

3. 在实验段的轴线位置设置了一根细钢丝作为标准参照物，钢丝距沙面15cm；另设一条与钢丝垂直的水平钢丝作为参照。

4. 调控预设风速，风速分别采用8m/s、11m/s、13m/s、16m/s、19m/s。

5. 同一风速连续吹蚀1h，吹蚀过程中每隔10min进行1次蚀积量测定。从距实验段前缘150cm处开始，每隔50cm进行一次蚀积量的测定。

【数据记录及结果分析】

表5-5 实验数据记录

吹风时间(min)	距实验段前缘(cm)								
	150	200	250	300	350	400	450	500	550
10									
20									
30									
40									
50									
60									

吹风时间(min)	距实验段前缘(cm)								
	600	650	700	750	800	850	900	950	1 000
10									
20									
30									
40									
50									
60									

吹风时间(min)	距实验段前缘(cm)								
	1 050	1 100	1 150	1 200	1 250	1 300	1 350	1 400	1 450
10									
20									
30									
40									
50									
60									

吹风时间(min)	距实验段前缘(cm)								
	1 500	1 550	1 600	1 650	1 700	1 750	1 800	1 850	1 900
10									
20									
30									
40									
50									
60									

(续)

吹风时间(min)	距实验段前缘(cm)								
	1 950	2 000	2 050	2 100	2 150	2 200	2 250	2 300	2 350
10									
20									
30									
40									
50									
60									

【思考题】

不同的地面结构或下垫面性质发生改变时是怎样影响风沙运动的蚀积规律的?

VI　野外实验观测与调查

实验 63　砂粒起动风速观测

【实验目的】

学会监测地面起沙情况，掌握野外测定砂粒起动风速的方法。

【实验原理】

运动的砂粒由于是从气流中获取其运动的动量，因此砂粒只有在一定的风力条件下才开始运动。当风力达到某一临界值后，地表砂粒开始运动，这个临界风速称为起动风速。拜格诺(R. A. Bagnold)根据风和水的起沙原理相似性及风速随高程分布的规律，得出任意高度上砂粒起动风速理论公式，表达式为：

$$U_t = 5.75A\sqrt{\frac{\rho_s - \rho}{\rho}gd}\lg\frac{Z}{Z_0}$$

式中　U_t——任意点高度 Z 处的起动风速值(m/s)；

A——风力作用系数；

ρ_s——砂粒密度(g/cm^3)；

ρ——空气密度(g/cm^3)；

d——砂粒的粒径(mm)；

g——重力加速度(m/s^2)；

Z_0——地表粗糙度(mm)。

流体在起动条件下，作用在砂粒上的迎面阻力(拖曳力)和重力平衡，可得到砂粒开始移动的临界速度与粒径间的关系。鉴于起动风速受众多因素的影响，因此，在实际野外测定过程中，采用风速仪进行观测来确定某一地区的不同粒径沙子起动风速。

【器材与用品】

三杯轻便风速风向表、仿真模板、粒度分析仪、卷尺、记录表格。

【实验步骤】

1. 选点。选择相应的研究区域，并综合考虑各种情况，选定测定地点。

2. 仿真地面。事先准备一块模板，进行均匀喷胶后，将选定测定地点的沙子均匀地撒上一层，制成平整的仿真地面。然后埋入测定地点的土中，使其与地面无缝隙连接，并在上面撒上薄层。

3. 选择风力逐渐增大，将出现起沙风的时段，一面用瞬时风速仪观测风速变化，一面监测起沙情况，仿真床面上有个别砂粒开始运动时，所记录的瞬时风速即为起动风速。

4. 收集床面砂粒，进行粒度分析。

5. 记录起沙风观测点的地貌与起沙情况，进行相应的分析，即可得出不同砂粒的起动风速。

【数据记录及结果分析】

床面砂粒粒度分析测定方法同实验 45 沙物质粒度测定与分析，风速的数值可直接通过风速表读取。

表 6-1 起动风速的野外观测记录

观测时间地点					风速(m/s)	起砂粒径(cm)	起沙情况	测点情况
年	月	日	时间	地点				

【注意事项】

1. 仿真模板与测点地面应无缝隙连接。
2. 测定的风速应体现砂粒瞬时风速。
3. 砂粒的粒度测定应对应于起动风速，便于准确描述。

【思考题】

1. 测定砂粒起动风速时，选择测定区域的基本要求是什么？
2. 测定砂粒起动风速过程中，要求仿真模板与测点地面应无缝隙连接，为什么？
3. 测定砂粒起动风速时，不同高度对测定结果有影响吗？为什么？

【参考文献】

1. 吴正．1987. 风沙地貌学[M]. 北京：科学出版社．
2. 陈广庭．2004. 沙害防治技术[M]. 北京：化学工业出版社．
3. 吴正．1987. 风沙地貌与治沙工程学[M]. 北京：科学出版社．
4. 朱超云，丁国栋．1992. 风沙物理学[M]. 北京：中国林业出版社．
5. 孙保平．2000. 荒漠化防治工程学[M]. 北京：中国林业出版社．

实验64 风蚀地表粗糙度的观测

【实验目的】

掌握野外地表粗糙度的测定方法，并明确地表粗糙度的物理含义和实践意义。

【实验原理】

粗糙度是指近地表平均风速为零的某一几何高度，单位是cm或mm，它反映地表的粗糙程度，一般用Z_0表示。在流体力学中，把固体表面凸出部分的平均高度称为粗糙度。在近地面气流中，风力随高度的增加而增加，这是因为地面对气流的阻力随高度的增加而减小，因而可在贴近地面某一高度处，找到风力与阻力相等的情况，此高度以下的风速等于零，风速等于零的高度称为下垫面粗糙度。粗糙度不仅是表征下垫面特性的一个重要物理量，也是衡量治沙防护效益的指标之一。在实践中，采取的许多防沙措施，都是通过改造地表粗糙度，以控制或促进风沙流活动，改变蚀积过程。

基于粗糙度的概念，若直接测定地表上风速为零的高度，是十分困难的。因此，这个风速等于零的高度是通过间接的方法测算，即通常以对数规律为基础，运用近地表气流在大气层结构为中性情况下的风速随高度分布规律进行计算。

【器材与用品】

三杯轻便风速风向表、标杆、卷尺、记录表格。

【实验步骤】

1. 观测点的确定

观测点的选择，应具有一定的代表性，能客观、真实地反映相应地表特征。对于某一特定的下垫面，由于地表局部特征差异，在其不同的部位所测定的地表粗糙度也不尽相同。

2. 仪器安装

将2.5m左右长的测杆垂直固定在所选好的观测点上，然后将两个风速仪安置在距地表0.5m和2.0m处，要求两个风速仪均在测杆的上风方向，且两者间应保持一定的夹角。

3. 风速观测及记录

测定时，应保证两个风速仪同时开闭。一般测定1 min的平均风速，当风速较大时(大于10m/s)测定其30s的平均风速即可。每观察完一次，读出风速示值(m/s)，将此值从风速测定曲线图中查出实际风速，取一位小数，即为所测之平均风速，将数据即时地记在记录纸上，每个点观测次数应在20次以上。观测完毕，将方位盘制动小套管向左转一小角度，借弹簧的弹力，小套管弹回上方，固定好方位盘。

4. 数据处理

在测定粗糙度时，尽管严格按操作规程进行，但由于影响测定精度的因素较多，测定个别数据可能偏离较大，因此，在代入粗糙度计算公式计算之前，先要对数据进行处理。一般应先计算出每组数据的风速比值（$A = U_2/U_1$），然后判断和剔除较大误差的数据。

【数据记录及结果分析】

将上述处理后的有效数据代入下列公式进行计算，即可计算出相应地表的粗糙度：

$$\lg Z_0 = \frac{\lg Z_2 - A\lg Z_1}{1 - A}$$

$$A = U_2/U_1$$

式中 Z_0——粗糙度；

U_1——同一时刻 Z_1 高度处风速（m/s）；

U_2——同一时刻 Z_2 高度处风速（m/s）。

【注意事项】

1. 仪器使用过程中，须保持仪器清洁与干燥，若被雨雪打湿，使用后须用软布（纸）擦拭干净；测定完毕后，仪器应放在盒内，切勿用手触摸风杯。
2. 平时不要随便按风速按钮，各轴承和紧固螺母也不得随意松动。
3. 风速测定时，应保证两个风速仪同时开闭。

【思考题】

1. 测定风速时，若两个风速仪开闭时间不一致，对测定结果有何影响？为什么？
2. 测定风速时，不同高度对测定结果有何影响？
3. 根据测定数据，计算实验场地地表的粗糙度。

【参考文献】

1. 吴正．1987. 风沙地貌学［M］. 北京：科学出版社．
2. 陈广庭．2004. 沙害防治技术［M］. 北京：化学工业出版社．
3. 孙保平．2000. 荒漠化防治工程学［M］. 北京：中国林业出版社．
4. 朱超云，丁国栋．1992. 风沙物理学［M］. 北京：中国林业出版社．
5. 丁国栋．1993. 地表粗糙度的含义本质［J］. 中国沙漠，13（4）：39－43.
6. 刘秉正，吴发启．1996. 土壤侵蚀［M］. 西安：陕西人民出版社．
7. 吕悦来，李广毅．1983. 地表粗糙度与土壤风蚀［J］. 土壤学进展（2）：38－41.
8. 李振山，陈广庭．1997. 粗糙度研究的现状及展望［J］. 中国沙漠，17（1）：99－101.

实验65 输沙率与风沙流结构特征观测

【实验目的】

输沙率是风沙流输沙能力的重要指标，它不仅与风力的大小、沙子的粒径、形状和密度有关，而且还受地表的湿润程度和植被状况，以及大气稳定度的影响。测定输沙率是研究风沙运动的基础，是衡量治沙防护效益的重要指标之一，也是合理布设防沙治沙方案的主要依据，具有重要的实践意义。测定出各层次的输沙量后，可以计算测试点的风沙流结构特征值，进而判断测定点的风蚀状态。

【实验原理】

输沙率即单位时间、单位面积上的固体砂粒通过量。输沙量反映了某一时间、某一风速条件下地表的输沙能力。用集沙仪在野外直接收集单位时间内的沙量，就可推求某一风速条件下的输沙率，再利用数学方法，建立其与风速间的关系。

吴正等研究认为，在0～10cm高度范围内，1～2cm层的沙量在各种风速下保持在20%左右，在该层以上和以下两层中的沙量各占约40%，据此他们提出了风沙流结构特征值λ作为判别蚀积方向的指标。风沙流结构特征值λ可通过下式计算：

$$\lambda = \frac{Q_{2-10}}{Q_{0-1}}$$

式中 Q_{2-10}——2～10cm层内搬运的沙量(g/min或%)；

Q_{0-1}——1cm层内搬运的沙量(g/min或%)。

平均情况下，λ值接近于1(令$\lambda=1$时)，表示由沙面进入风沙流中的沙量和从风沙流中落入沙面的沙量基本相等，以及气流上、下层之间交换的沙量相等，或相差不大，表现为风沙流对沙面的吹蚀量和堆积量相等，沙面无风蚀也无堆积发生；当$\lambda<1$时，下层沙量增加，风沙流为饱和状态，增加了气流能量的消耗，使风沙流中落回地面的沙量大于地面吹蚀进入风沙流中的沙量，表现为沙量的堆积；当$\lambda>1$时，下层沙量减少，风沙流为不饱和状态，气流还有携带更多沙量的能力，在沙源丰富时，则表现为吹蚀，在沙源不丰富的光滑坚实下垫面上，形成非堆积搬运。

应用特征值λ判断地表吹蚀、搬运和堆积过程比较方便，并通过多次野外观测证实。由于自然条件下引起的吹蚀、堆积过程发展和λ值的因素是复杂多变的，因此，它只能用来定性地标志和判断沙子吹蚀、搬运和堆积过程发展的趋势。此外，也可利用上下两层输沙量和输沙率的变化表示风沙流的变化规律。

【器材与用品】

集沙仪，是用来测定风沙流中输沙量和风沙流结构的仪器。目前使用的集沙仪主要有：阶梯式集沙仪、平口式集沙仪、遥感集沙仪和特制集沙仪，其工作原理都是利用惯性原理取沙进行测定，如图6-1所示。

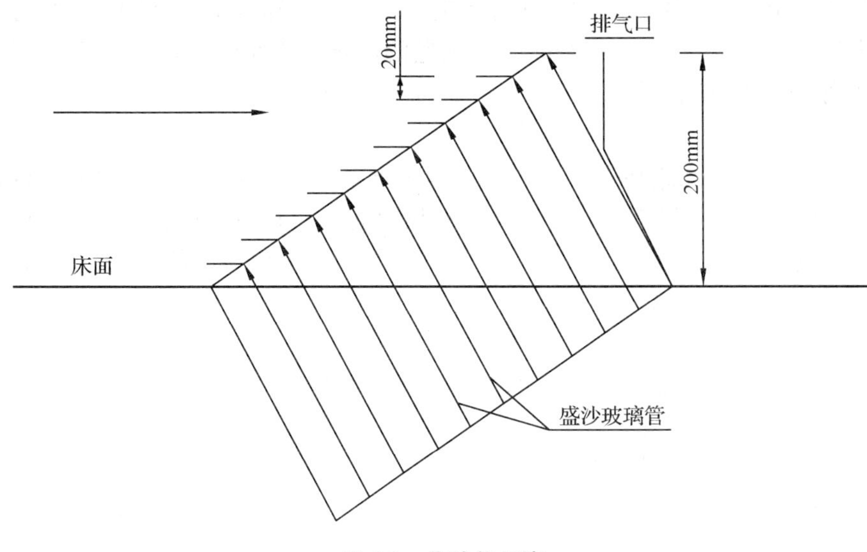

图 6-1 集沙仪示意

(1)阶梯式集沙仪：由 10 个 2cm×2cm 的进沙孔竖直叠放而成，进入各沙孔的沙子分别由下部垂直安装的塑料管或玻璃管收集。该类集沙仪不仅可收集 20cm 高度层内的总输沙量，也可分析不同高度层内的风沙流结构，是目前野外风沙运动观测中普遍采用的一种集沙仪。

(2)平口式集沙仪：每组测沙探头由 25 个 2cm×2cm 的进沙孔组成，测沙探头长为 50cm。在进沙孔后设置有挡沙板，迫使进孔的风沙流减速，砂粒受重力作用下落到底部，并沿着底部下滑，进入后面的存沙器，通过测定存沙器内单位时间、单位面积内进入的量，即可计算出输沙量。随风沙进入的气流，因逐渐转换，到出口后，通过排气孔排出。

(3)遥感集沙仪：由集沙传感器、遥感发射机、接收控制器和记录器组成。通过感应器和翻斗完成砂粒的收集，再遥感发射机和接收控制器进行砂粒的信息的发射、转换与接收，最后将沙量与时间关系的结果记录到纸上，可通过上述关系的记录，求算输沙量。

(4)特制集沙仪：可收集 0～10m 层次的输沙量。仪器垂直高度为 10m，沙尘采集层共 6 层，自下而上高度分别为 0.5m、1m、2m、5m、9m、10m，每层集沙器水平并连 5 个 10cm×10cm 进沙口。该类集沙仪不仅可收集砂粒，还能收集砾石、碎石等大颗粒样品。

阶梯式集沙仪，不仅可收集一定高度层内的总输沙量，同时也可分析不同高度层内的风沙流结构，是目前野外风沙运动观测中普遍采用的一种集沙仪，本实验步骤以阶梯式集沙仪为例阐述。

【实验步骤】

1. 选择典型大风日，在各测试区内，设立相应的集沙仪收集砂粒。
2. 仪器安装。将沙尘采样器安装完毕后，在收集口后部安装沙尘收集袋，并记录沙尘采集仪在田间的位置，同时在沙尘收集袋上对应地标上采集器序号、袋号及采样时间，将沙样带回实验室后，用0.001g感量的电子天平称量所收集的砂粒重，计算单位时间内，在某种风速下，离地表各个高度内气流中输沙量和整个高度内的总沙量。

3. 如果采用阶梯状集沙仪，则须使集沙仪收集口正对风向，并记录收集时间，观察风向的变化，当风向发生变化时，将集沙仪收起，打开集沙仪后部箱盒，取出相应的收集管，倒出砂粒，用0.001g感量的电子天平称量所收集的砂粒重，计算单位时间内，在某种风速下，离地表各个高度内气流中的输沙量和整个0~10cm内的总沙量。

4. 根据测定数据计算λ，并通过其大小分析风沙流结构特征。

【数据记录及结果分析】

1. 输沙率的计算

$$Q = \frac{S}{h \times t}$$

式中 Q——某一时段内断面输沙率[g/(cm·min)]；
S——某一时段内经过断面绝对沙量(g)；
h——风沙流经过断面的高度(cm)；
t——测定时段(min)。

2. 风沙流结构特征

$$\lambda = \frac{Q_{2-10}}{Q_{0-1}}$$

式中 Q_{2-10}——2~10cm层内搬运的沙量(g/min或%)；
Q_{0-1}——1cm层内搬运的沙量(g/min或%)。

【注意事项】

1. 安装集沙仪时，其位置要适当，必须使其集沙口正对来风方向，收集结束后，必须使集沙口背对来风方向，以免多进入砂粒。

2. 由于野外风速、风向多变性，集沙时间不宜太长。

3. 进行计算输沙量时，必须通过仪器修正系数来校正。

【思考题】

1. 影响输沙率与风沙流结构特征的因素有哪些?

2. 安装集沙仪时，为何要求位置适当?

3. 根据测定数据，计算实验区输沙率和风沙流结构特征值。

4. 在测定输沙率与风沙流结构特征时，若遇到风速和风向多变天气时，应注意哪些事项?

【参考文献】

1. 吴正．1987. 风沙地貌学[M]. 北京：科学出版社．
2. 陈广庭．2004. 沙害防治技术[M]. 北京：化学工业出版社．
3. 吴正．1987. 风沙地貌与治沙工程学[M]. 北京：科学出版社．
4. 朱超云，丁国栋．1992. 风沙物理学[M]. 北京：中国林业出版社．
5. 孙保平．2000. 荒漠化防治工程学[M]. 北京：中国林业出版社．

实验 66　沙区土壤类型识别与土壤剖面观察

【实验目的】

学会观察沙区土壤的主要特征，掌握沙区主要土壤的剖面特征。土壤剖面是指从地面向下挖掘后，出露的垂直切面。不同的土壤有着不同的外部形态特征，它是土壤形成、发展和人类活动的结果。通过土壤剖面的选定、挖掘和观测，可以初步了解土壤的特性，再结合室内分析，作为合理利用、施肥、改良土壤的参考。

【实验内容】

我国沙区的地形包括山地、丘陵、台地、山前洪积扇形地、河谷、湖滩、沙地等，这些地形又分布于不同的气候带内，再加上母质、水、植物等多种条件综合作用下形成了多种不同类型的地带性土壤，以及半地带性的沙质土和非地带性的草甸土、盐土、碱土等。

(一)地带性土壤

沙区处于不同的自然地带，其地带性土壤形成了不同的土壤系列，在每个系列中又由于水分条件的不同而分为相应的土壤带。

1. 漠土

(1)灰漠土：是发育在温带漠境边缘地区的地带性土类，隶属于漠土土纲。成土母质为黄土及黄土状冲积物，地表有孔状结皮，土壤质地粉沙壤土的干旱土。

主要特征：表层具龟裂化－孔状结皮特征，厚度一般在 1～3cm，干而松脆，浅灰或浅棕灰，多海绵状孔隙；结皮层以下显棕色的弱腐殖质积累层，呈片状－鳞片状结构；明显过渡到褐棕色或浅红棕色的紧实层，厚度一般为 10～15cm，质地黏重，呈团块状或棱块状结构，多具不同程度碱化特征，有时出现白色菌丝状或斑点状的石灰新生体；该层以下是过渡层，色浅，无结构或不明显的块状－团块状结构，有少量的白色盐类新生体，几厘米到 20cm 不等；对于钙质灰漠土，在 40cm 或 60cm 以下，还存在石膏和易溶盐聚集层。

剖面特征：由荒漠结皮层(A_{sb})、弱腐殖质积累层(A)、紧实层(B_j)和母质层(C)组成，形成 $A_{sb}-A-B_j-C$ 型，只有钙质灰漠土有钙积层(B_k)(见附录 2)。

(2)灰棕漠土：发育于温带荒漠地带，粗骨性母质上的地带性土壤。

主要特征：降水极少(＜100mm)条件下，母质多为山前砾质洪积物，地表有砾幂，是土壤砾石含量多的干旱土。砾幂上面常附着黑褐色的漠境漆皮；土壤表层一般存在发育良好的干面包状结皮，厚 2～3cm，呈灰色或浅灰色；下面是褐棕或红棕色紧实层，厚度 5～10cm，质地粗，具不明显的片状－鳞片状结构，结构面上常有白色盐霜；石膏和易溶盐聚集层一般出现在 10～40cm 处，白色或玫瑰色的石膏常夹杂在沙砾层中，总厚度 50cm 左右。

剖面特征：$A_{sb}-B_j$(紧实层) - C 型或 $A_{sb}-B_y(B_z)-C$ 型(B_y 为石膏层，B_z 为钠盐聚集层)。

(3)棕漠土：发育于暖温带极端干旱荒漠，具有多孔状结皮 - 鳞片层、铁质黏化层和石膏、易溶盐聚积的地带性土壤。极端干旱(降水量 <50mm)的暖温带，母质多是戈壁滩，地表为黑色砾幂覆盖，多为砾质的土壤。

主要特征：全剖面由砾石或碎石组成；剖面分化较明显，表层存在弱的孔状结皮，浅灰色或乳黄色，厚度在 1cm 以下，石灰表聚现象严重；之下是红棕色或玫瑰红色的铁质层，无明显结构和碳酸盐新生体，厚度为 3 ~ 8cm；再下面是石膏和易溶盐聚积层，石膏层以下有时出现黑灰色的坚硬盐磐，盐磐层以下即过渡到沙砾石或破碎母岩，整个剖面厚度不超过 50cm。

剖面特征：$A_{sb}-B_j-C$ 型。

2. 钙土

(1)黑钙土：温带半干旱半湿润季风气候、草甸草原植被下，发育的具有较深厚腐殖质表层，下部有钙积层或石灰反应的土壤。黑钙土是钙积土中具有饱和暗色表层、有腐殖质向下淋溶的舌状物、从地表至 100cm 范围内有钙积特征的土壤。

主要特征：黑钙土具有暗灰至黑灰深厚的腐殖质层(A_h)，厚度约 30 ~ 50cm，粒状或团粒结构，不显或微显石灰反应；舌状腐殖质淋溶层(A_{hB})，为过渡层，灰棕色，小团块状结构，有石灰反应；钙积层(B_k)多出现在 50 ~ 90cm 深度，为浅灰棕色或灰棕色，具块状或棱柱状结构，有明显的石灰反应。表层呈中性，向下逐渐变为碱性，剖面下部有石灰假菌丝体和粉状石灰结核。质地多为粉壤土到黏壤土，心土层的黏粒含量一般高于表土层和底土层，黏土矿物以蒙脱石为主。

剖面特征：典型剖面构型 $A_h-A_{hB}-B_k-C_k$。

(2)栗钙土：温带半干旱季风气候、干草原植被下发育而成的土壤，具有较薄(20 ~ 30cm)腐殖质层，1m 内有钙积层。栗钙土是钙积土中具有饱和暗色表层、无腐殖质舌状物、地表至 50cm 范围内有钙积特征的土壤。

主要特征：栗钙土具有栗色腐殖质层，厚度约 20 ~ 30cm，暗棕色或灰黄棕色。钙积层一般出现在 30 ~ 50cm 处，灰棕至浅灰色，呈层状、斑块状、网纹状形态积累，厚度约 30 ~ 40cm。底部碱化层(B_{tn})性状显著。向下逐渐过渡，土壤呈细粒状、团块状或粉末状结构，全剖面有石灰反应，pH8.0 ~ 8.5，剖面中石膏含量很低，土壤质地较轻，多属粉沙土，黏粒的淀积不很明显，黏粒矿物以蒙脱石为主。

剖面特征：典型剖面构型 $A-B_k-B_{tn}-C$。

(3)灰钙土：暖温带干旱大陆性季风气候、荒漠草原下，弱腐殖质积累，但颜色较深，土壤剖面分化不明显，但有弱结皮层的干旱土。

主要特征：灰钙土地带常覆盖有厚薄不一的风积沙或小沙包，在没有覆沙地段，地表则具有微弱的裂缝与薄假结皮，有较多的地衣与藓类低等植物，土壤质地较偏沙性，腐殖质下渗较深，剖面分布曲线较缓和，pH 8.0 ~ 8.5。黏土矿物以水云母为主，并有少量蒙脱石、绿泥石、蛭石与高岭石。

剖面特征：灰钙土是钙积土中具有石灰性反应、有厚淡色表层和变质黏化层的土壤。灰钙土特点为剖面发育微弱，但仍可见结皮层、腐殖质层、钙积层及母质层等。

剖面特征：典型剖面构型 $A_l - A_h - A_{Bk} - C$ 或 $A_l - A_h - B_k - C_y$。

(4)棕钙土：温带干旱大陆性季风气候、荒漠草原与草原化荒漠下，弱腐殖质积累过程与弱黏化和铁质(红化)过程形成的干旱土壤。土壤呈碱性，有机质积累很少。

主要特征：棕钙土是温带干草原地带的栗钙土向荒漠地带的灰漠土过渡的一种干旱土壤，它具有薄的腐殖质松软表层，其下为棕色弱黏化、铁质化的过渡层(B_w)，在0.5m深度内出现钙积层，并有石膏(有时还有易溶盐)在底部聚集。棕钙土具有淡棕色的腐殖质层，厚约20～30cm，AB层界线整齐，钙积层层位较高，多出现于15～30cm处，钙积层较紧密，以层状为主，间有斑块状，厚约20～30cm。结构性差，多呈粉末状、块状结构，全剖面呈石灰反应，pH 8～9，易溶盐含量与石膏含量较高，剖面中的石膏、盐分积累与碱化现象较栗钙土普遍。土壤质地多为沙砾质细沙土和沙粉土，粉黏土较少，黏粒含量在钙积层上最高，黏土矿物以水云母为主，蒙脱石次之，并有铁的氧化物出现。

剖面特征：典型剖面构型 $A - B_w - B_k - C_{kz}$。

(5)黑垆土：温带和暖温带半干旱与半湿润草原植被下，地面较稳定，腐殖化作用与降尘作用同步进行。土壤灰棕色，土层深厚。

主要特征：黑垆土是钙积土中具有厚度达50cm以上的厚暗色表层和假菌丝体钙积特征的土壤，因具有一个深厚的黑色垆土层而得名。

熟化层(包括旱耕层 A_p'' 和犁底层 P)：厚约20～30cm，最厚可达50 cm，旱耕层呈团粒状和块状结构，呈强石灰性反应，犁底层厚约10cm，灰棕色，粉壤土，碎块状和块状结构，下部为薄片状结构，孔壁和蚯蚓粪上有霜粉状和假菌丝状石灰新生体。

古耕层(A_{pb})：厚约10～15cm，暗灰褐色，黏壤土，团粒或棱块状结构，较上层多假菌丝体和霜粉状石灰新生体。

腐殖质层(A_h)：又名黑垆层，暗灰带褐色，厚约50～80cm或100cm，团块和棱柱状结构，结构面孔壁和虫粪上覆有大量霜粉状和假菌丝状石灰新生体，微团聚体结构呈多孔状，腐殖质铁染胶膜明显。腐殖质层和过渡层，常呈现不均一的暗灰棕色，新生体减少，但有少量石灰质豆状和瘤状小砂姜。

石灰淀积层(B_k)：厚约150cm，淡棕带黄色，黏壤土，假菌丝状和霜粉状石灰新生体少，但石灰质豆状和瘤状砂姜较多。据土壤薄片的显微镜观察，有大量针、棒状的石灰晶体和雏形结核。

母质层(C)：为浅棕色粉壤土，有少量石灰质豆状和瘤状砂姜，大者如杏核。土壤薄片的显微镜观察，发现有次生碳酸盐体。

剖面特征：黑垆土土体构型 $A_p'' - P - A_{pb} - A_h - B_k - C$ 型。

(二)非地带性土壤

在沙漠地区，除地带性土壤外，由于成土母质、植被、地形与水文条件的不同，也存在一些非地带性土壤。

1. 风沙土

风沙土是干旱与半干旱地区沙性母质上形成的幼年土。地表植被稀疏，处于土壤发育初级阶段，成土过程微弱。

主要特征：风沙土只有弱生草化作用形成的腐殖质浸染层，其下为风积沙母质；发生层次分异不明显或基本无分异；通体为松散的中细沙，质地基本无分异；固定程度与植被状况有极大关系。地表形成的结皮有时着生暗色斑状地衣，剖面中常有褐色残根碎屑；不同生境下发育的风沙土，有地带性“烙印”。

剖面特征：一般只发育 $A-C$ 型剖面或 C 层。

2. 盐土

盐土是大陆季风型干旱、半干旱和半湿润地区，土壤蒸发蒸腾量大于降水量，使得土壤中的可溶性盐类含量高到作物不能生长的土壤。可溶盐在土壤中的分布呈表聚型。

主要特征：地表有盐结皮层、盐霜或盐结壳，厚度在 1～10cm，多呈白色或灰白色、灰棕色，有少量植物根系及腐殖质，无结构、疏松；B 或 B_z 层，有一定盐分结晶，一般有机质含量低，发生层次不明显；下层常有呈浅灰色的潜育层，质地黏重；表层一般含盐量多，向下逐渐递减，曲线呈漏斗形。

剖面特征：一般剖面构型为 A_z-B-C_g（表聚型）或 $A_z-B_z-C_g$（柱状型）两种类型。

3. 碱土

碱土是由于土体中含有较多的碳酸钠，使土壤呈强碱性（pH＞9），钠饱和度在20%以上，而且具有暗色表层，灰白色的脱碱层和被钠离子分散的胶体聚集的简化淀积层（B_{tn}）的土壤。

主要特征：地表一般光滑平坦，多为光板地，表层具有 0.5～3cm 厚的致密结壳，结壳下 2～3cm 处，土壤多呈小蜂窝状构造，4～5cm 以下浅棕色掺杂灰白色粉沙和红棕色胶泥形成的条斑；表层厚度几厘米到几十厘米不等，多呈暗灰色、灰色或浅灰色。结构为片状、层状、鳞片状或无结构。黏粒少，质地轻且松散，透水性较好，呈弱碱反应；碱化层比表层厚，灰棕色或暗灰棕色，具圆顶形的棱柱状或柱状结构，强碱性反应，pH 值一般在 9 以上；干时坚硬，湿时黏韧，碎裂后呈小核状；盐化层，在碱化层下部，含盐量较高；母质层、多见锈纹、锈斑。

剖面特征：$A-B_m-B_z-C$ 型。

4. 草甸土

草甸土是直接受地下毛细管水影响，在草甸植被下发育而成的一种半水成土壤。它是高原亚寒带蒿草草甸植被下形成的土壤，弱腐殖质化，泥炭化有机质积累，发生冻融物理风化作用与冻融滞水氧化还原作用。

草甸土腐殖质层一般厚 20～50cm，有时可达 100cm 以上；色暗灰至灰色，结构是团粒结构或团块及粒状结构；母质层厚度不等，沉积层次明显，常出现铁质锈斑等，有时出现石灰反应。

腐殖质层（A_h 层）：一般厚度 20～50cm，少数可达 100cm。因有机质不同而呈暗灰至暗灰棕色，根系盘结，质地取决于母质，多为粒状结构，矿质养分较高，常可分为几个亚层及过渡层等。锈色斑纹层(BC_g 或 C_g)：有明显的锈斑、灰斑及铁锰结核，腐殖质含量少，颜色较浅，质地变化较大，与沉积物性质有关。

剖面特征：形成了腐殖质层(A)及锈色斑纹层(BC_g 或 C_g)两个基本发生层。A_1(腐殖质层)－C_g(潜育作用的母质层)。草甸土剖面一般为 $A_h-A_B-C_g$ 或 A_h-AB_g-G 型等。

【器材与用品】

直尺、土铲、锄头、铁铲、剖面刀、土钻、10%的盐酸小滴瓶、速测箱、卷尺、混合指示剂、海拔仪、罗盘仪、广泛试纸、瓷盘、pH 比色卡、剖面记录表。

【实验步骤】

1. 剖面位置的确定

根据调查目的选择剖面点，选点位置应具有代表性，避免选在沟边、渠边、村庄旁等人为易干扰的地段。选好点后应首先观察该土壤类型分布的地形、植被、成土母质、农业利用情况、存在的主要障碍因素等，然后挖掘剖面。

2. 挖掘土壤剖面

剖面的大小要根据调查的目的而定。剖面坑一般长 1.5m、宽 1.0m，深度要看具体情况和研究目的而定，一般要达到母质层或地下水即可。剖面坑的一端要求向阳，要垂直削平作为观察面，而另一端要做成阶梯，以便下坑观察。挖掘时要注意，应将表土堆于一侧，下层土壤堆于另一侧，两端不应堆土，观察完毕后，应将底土填回下层，表土填回上层，观察面上注意不能践踏。剖面修整：土坑挖好后，留出垂直断面，用剖面刀自上而下轻轻拨落表面土块，以便露出自然结构面，整修剖面时，可保留一部分铲平的壁面，作为划分层次之用。

3. 土壤剖面形态特征观察及记录

观察剖面时，一般要先在远处看，这样容易看清全剖面的土层组合，然后走近仔细观察，并根据各个剖面的颜色、质地、结构、紧实度、根系分布、新生体等的变化，参考环境因素，推断土壤的发育过程，具体划分出各个发生层次。用钢卷尺量出各层深度（以 cm 计）应特别注意耕作层的深度，特殊层次或障碍层次出现的深度、厚度和危害程度，以及地下水位深度的记载。丘陵、山地土壤要记录底部半风化母质及母岩的层位，最后可在记录本上勾画土体构型。

【数据记录及结果分析】

在记录剖面特征前，应先记录环境条件，然后对各发生层次逐层详细描述并进行一些理化性质的速测，具体项目见表 6-2。

表 6-2 土壤剖面形态记载表

剖面图	深度（cm）	土壤名称	颜色	质地	结构	松紧度	湿度	pH 值	新生体	侵入体	植物根系	石灰反应	层次过渡

【注意事项】

进行土壤剖面挖掘时，必须选择在代表性强的地段，选点正确，才可能得到对土壤正确的判断。对土壤性质测定时，应避免各层间相互污染。

【思考题】

1. 沙区地带性土壤类型识别的主要依据是什么?
2. 沙区非地带性土壤类型识别的主要依据是什么?
3. 挖掘土壤剖面是野外调查研究土壤的基本手段，沙区土壤剖面挖掘时，如何选择适宜的地点?
4. 通过哪些剖面特征参数能够刻画出沙区土壤类型?

【参考文献】

1. 丁国栋．2002. 沙漠学概论[M]. 北京：中国林业出版社．
2. 张广军．1996. 沙漠学[M]. 北京：中国林业出版社．
3. 陈隆亨，李福兴．1998. 中国风沙土[M]. 北京：科学出版社．
4. 东北林业大学．1981. 土壤学(下册)[M]. 北京：中国林业出版社．
5. 张凤荣．2002. 土壤地理学[M]. 北京：中国农业出版社．
6. 熊毅，李庆逵．1987. 中国土壤[M]. 2 版．北京：科学出版社．
7. 林培．1994. 区域土壤地理学(北方本)[M]. 北京：北京农业大学出版社．
8. 李天杰，赵烨，张科利. 2004. 土壤地理学[M]. 北京：高等教育出版社．

实验 67 盐渍化土壤类型识别与土壤剖面观察

【实验目的】

学会观察次生盐渍化土壤的主要特征，掌握次生盐渍化土壤的剖面特征。

【实验内容】

土壤次生盐渍化，是指在干旱、半干旱地区由于水文地质条件的不同而存在的非盐渍化土壤，因人类的不合理灌溉，促使地下水中的盐分沿土壤毛管孔隙上升并在地表积累，由此引起的土壤盐渍化称次生盐渍化。土壤次生盐渍化主要发生在地下水埋深较浅的地区。

1. 滨海次生盐土

滨海次生盐土是因为海水浸渍形成的，盐分以表土层最多，下部土层少而均匀，通体以氧化钠为主。滨海盐土是海相沉积物在海潮或高浓度地下水作用下形成的全剖面含盐的土壤，其特点一是盐分组成单一，以氯化物占绝对优势；二是通体剖面含盐，盐分表聚尚差。

剖面一般有积盐层、生草层、沉积层、潮化层和潜育层(见附录 3)。

2. 沼泽次生盐土

沼泽次生盐土多零星分布于半荒漠及荒漠地区的浅平洼地边缘，主要由各种沼泽土、盐泽或盐沼干涸积盐而成；也可由其他盐土因沼泽化而成。强烈积盐过程和沼泽过程交替进行。从表层起就有潜育现象，形成黑色腐泥及粗有机质，地表常带有白色盐霜或盐结皮；积盐层下有黑色糊状的腐殖质层和青灰色的潜育层。

3. 草甸次生盐土

草甸次生盐土地下潜水矿化度低，土壤盐分低而且为表聚型，土壤表层有一定植物生长，因而土壤剖面构型为 $A_{hz}-B-C_g$ 型；地下潜水矿化度较高，土壤盐分较重而于表层形成有 1cm 左右厚度的结皮，或有更厚的结壳，*B* 层开始积盐，盐分组成以氯离子为主；地下水矿化度和地下水位进一步提高，地表为含盐的盐泥，*B* 层也开始大量积盐。盐分的剖面分布形成柱状，*C* 层有潜育化过程。

4. 残余次生盐土

残余次生盐土又称“干盐土”或“旱盐土”，由过去成土条件下累积的大量盐分残留于土体而形成的盐土。主要分布于西北荒漠、半荒漠山前洪积平原或古老冲积平原局部高起地段和老河床阶地上，因为地下潜水位下降，在天然降水条件下进行脱盐，表层比较干燥而盐分开始下降并有一定的植物生长，其最大积盐层不在地表，多在亚表土或心底土层中。溶解度最小的碳酸钙累积于底土中，也富集于表层或亚表层；石膏最大聚积层多在心土层。均是过去盐分向上聚积和现代向下淋溶、沉淀的结果，其盐分的剖面分布呈“塔形”，即 A 层 < B 层或 A 层 < B 层 < C 层。

5. 洪积次生盐土

洪积次生盐土主要分布于漠境地区的部分山前洪积扇和阶地上，无地下水参与现代积盐成土过程，而由地面径流带来的盐分聚积形成的一种特殊盐土。在强烈的地表蒸发下，不仅每次洪水携带来的盐分聚积于地表，而且山洪下渗湿润干燥土层时，也可将前期积累的盐分重新溶解，向地表聚积，其盐分含量由下而上逐渐增加，具明显的表聚性；各种盐类在土壤剖面中明显分异；碳酸钙累积部位较低，稍高部位为石膏，最上层为易溶性盐。

洪积次生盐土特点：盐分表聚现象比较明显，地表可见盐斑；剖面亚表层及以下各层含盐量较高，盐分以发育在地面较平坦的洪积物上，土壤剖面常有不同颜色的细土洪积物与沙层互为间层，沉积层次清楚。地面植被极稀少，多为盐荒地，有的仅在小沙丘周围生长小灌丛植物，而在平坦荒地的地表呈多角形龟裂，有白色盐霜或薄的盐结皮。

【器材与用品】

直尺、土铲、锄头、铁铲、剖面刀、土钻、10%的盐酸小滴瓶、速测箱、卷尺、混合指示剂、海拔仪、罗盘仪、广泛试纸、瓷盘、pH 比色卡、剖面记录表。

【实验步骤】

1. 区域的调查

调查的主要内容有气候条件（包括年平均降水量、年平均蒸发量、蒸降比、干燥度等）、地形条件（地下水出现的地形、部位等）、地下水条件（地下水埋藏深度、矿化度、化学组成、地下径流、地下水的季节动态等）。

2. 剖面位置的确定

根据调查结果选择剖面点，选点位置应具有代表性，避免选在沟边、渠边、村庄旁等人易干扰的地段。选好点后应首先观察该土壤类型分布的地形、植被、成土母质、农业利用情况、存在的主要障碍因素等，然后挖掘剖面。

3. 挖掘土壤剖面

剖面的大小要根据调查的目的而定。剖面坑一般长 1.5m、宽 1.0m，深度要看具体情况和研究目的而定，一般要达到母质层或地下水即可。剖面坑的一端要求向阳，要垂直削平作为观察面，而另一端要做成阶梯，以便下坑观察。挖掘时要注意，应将表土堆于一侧，下层土壤堆于另一侧，两端不应堆土，观察完毕后，应将底土填回下层，表土填回上层，注意观察面上不能践踏。土坑挖好后，留出垂直断面，用剖面刀自上而下轻轻拨落表面土块，以便露出自然结构面，整修剖面时，可保留一部分铲平的壁面，作为划分层次之用。

4. 土壤剖面形态特征观察及记录

观察剖面时，一般要先在远处看，这样容易看清全剖面的土层组合，然后走近仔细观察，并根据各个剖面的颜色、质地、结构、紧实度、根系分布、新生体等的变化，参考环境因素，推断土壤的发育过程，具体划分出各个发生层次。用钢卷尺量出各层深度（以 cm 计）应特别注意耕作层的深度，特殊层次或障碍层次出现的深度、厚度和危害程度，以及地下水位深度的记载。丘陵、山地土壤要记录底部半风化母质及母岩的层位，最后可在记录本上勾画土体构型。

【数据记录及结果分析】

在记录剖面特征前，应先记录环境条件，然后对各发生层次逐层详细描述并进行一些理化性质的速测，具体项目见表6-3。

表6-3 土壤剖面形态记载表

剖面图	深度（cm）	土壤名称	颜色	质地	结构	松紧度	湿度	pH值	新生体	侵入体	植物根系	石灰反应	层次过渡

【注意事项】

进行土壤剖面挖掘时，必须选择在代表性强的地段，选点正确，才可能得到对土壤正确的判断。对土壤性质测定时，应避免各层间相互污染。此外，注意剖面中盐结晶的观察。

【思考题】

1. 次生盐渍化土壤类型识别的主要依据是什么？
2. 次生盐渍化土壤剖面挖掘时，如何选择适宜的地点？
3. 可以刻画次生盐渍化土壤类型的主要特征参数有哪些？

【参考文献】

1. 丁国栋. 2002. 沙漠学概论[M]. 北京：中国林业出版社.
2. 张广军. 1996. 沙漠学[M]. 北京：中国林业出版社.
3. 陈隆亨，李福兴. 1998. 中国风沙土[M]. 北京：科学出版社.
4. 东北林业大学. 1981. 土壤学(下册)[M]. 北京：中国林业出版社.
5. 张凤荣. 2002. 土壤地理学[M]. 北京：中国农业出版社.
6. 熊毅，李庆逵. 1987. 中国土壤[M]. 2版. 北京：科学出版社.
7. 林培. 1994. 区域土壤地理学(北方本)[M]. 北京：北京农业大学出版社.
8. 李天杰，赵烨，张科利. 2004. 土壤地理学[M]. 北京：高等教育出版社.

实验 68　秸秆沙障设置与固阻沙效应的观测

【实验目的】

掌握沙障的设置的关键技术；通过测定，了解沙障设置前后沙面输沙率和风沙流结构的变化及其确定沙障的固阻沙效应。

【实验原理】

沙障是用各种材料（如麦秸、稻草、芦苇、黏土和砾石等）在地表组成干扰或控制风沙流运行的障碍，通过增加地表粗糙度，控制风沙流动的方向、速度、结构，从而减弱贴地面层风速，降低实际风力作用的有效性，改变蚀积状况，控制风蚀。沙障类型及设置材料的选择是根据防护目的，因地制宜。沙障设置时需要考虑孔隙度、高度、沙障间距、规格、与主风向的夹角、设置部位等因素。设置后，会改变地表风沙流的运行状况和地表的蚀积状况，导致沙障设置前后地表形态、输沙能力发生相应的变化。

按沙障对风沙流的作用，可分为以下类型：

1. 直立式沙障

直立式沙障为直立障碍物，大多是积沙型沙障。其防沙原理是风沙流所通过的路线上，无论碰到任何障碍物的阻挡，风速就会受到影响而降低，挟带沙子的部分就会沉积在障碍物的周围，以此来减少风沙流的输沙量，从而起到防治风沙的作用。这一类沙障若多行配置，也可起到降低障间风速的作用，从而减轻或避免再度起沙，造成障间风蚀等作用。

2. 平铺式沙障

平铺式沙障是固沙型的沙障，利用柴、草、卵石、黏土或沥青乳剂、聚丙烯酰胺等高分子聚合物等物质铺盖或喷洒在沙面上，以此隔绝风与松散沙层的接触，使风沙流经过沙面时，不增加风沙流中的含沙量，达到就地固定流沙的作用。

3. 隐蔽式沙障

隐蔽式沙障是埋在沙层中的立式沙障，障顶与沙面平或稍露出沙面，它的主要作用是制止地表砂粒以沙纹式移动。隐蔽式沙障其实质是通过控制风蚀基准面来调控砂粒运动，设置沙障后砂粒虽仍在运动，但当风蚀到一定程度后不再继续发展，起到一定的控制作用。

通过沙障的设置和测定，可以掌握其变化状况，有助于了解沙障的固阻沙效应，为沙区生态环境治理提供一定的理论依据。

由于麦草是最普遍的材料，故本实验以麦草秸秆为主要原料，就麦草沙障的设置技术和其固阻沙效应进行分析。

【器材与用品】

铁锹、麦草秸秆、风速仪、集沙仪。

【实验步骤】

1. 麦草秸秆沙障的设置

(1)麦草秸秆沙障设置规格：根据设置地区的风力大小和方向而定，在单向风地区可以垂直风向设置带状麦草沙障，通常在沙丘迎风坡设置；在风向随季节变化不定的地区，要扎制格状的草方格沙障。草方格规格大小一般为 1m × 1m。该类沙障，一般在风向不稳定，除主风外尚有侧风较强的沙区或地段采用。

(2)麦草秸秆方格沙障部位设置：在平坦沙地可以适当加大草方格规格；在迎风坡，因地形的倾斜，沿等高线的草带要加密，沙障间距可根据沙障高度和沙面坡度进行计算。当地形坡度超过30°后，不宜布设麦草方格沙障。

(3)麦草秸秆方格沙障方法步骤：

①麦草秸秆扎制草方格前，应向材料洒水使之较湿润，可提高材料柔性，以免扎制时折断。

②首先在选定地段的地面上，画出将要设置网格位置线，再将麦草秸秆材料切成 50 ~ 60cm 长的段，整齐地排放在事先划好位置线处，扎制材料要垂直排放，并置中间位置于线上。然后用平头铁锹沿"线"用力将材料压入流沙中。

③从中间对折压入沙中的材料长度为 30cm，要求埋入沙中约 12 ~ 15cm，向麦草带培沙，用脚或铁锹将麦草两侧的沙踩实或压实，地面草的出露高度为 13 ~ 15cm，使草方格间形成一定的碟形凹槽，有利于沙障内地面的稳定。

④在平缓的沙地上，沙障间距一般为障高的 15 ~ 20 倍；在地势不平坦的沙坡上，可根据障高和地面坡度进行确定。

2. 麦草秸秆方格沙障固阻沙效应测定

选择典型大风日，进行麦草秸秆方格沙障设置前后的风速和输沙率测定。

(1)风速测定：风速测定时，须同时在同一坡面上未设沙障的地段与已设沙障的实验段同时开展 0. 5m 和 2. 0m 两个高度上风速的测定，测定仪器使用三杯轻便风速风向表。

(2)输沙率测定：在风速测定的同时，根据实验设施状况，选择相应的集沙仪在不同高度收集测定风速下的砂粒，然后称重，计算单位时间内的输沙率。

【数据记录及结果分析】

1. 沙障的间距

$$D = H \times \cot\alpha$$

式中 D——障间距离(m)；

H——沙障高度(cm)；

α——沙面坡度。

2. 风速的计算

测定与计算方法同实验 26 坡面地表糙度观察的测定。

3. 输沙率的计算

测定与计算方法同实验 56 与实验 55 风沙流结构测定。

【注意事项】

沙障的设置应与主风方向垂直，且设置在迎风坡面；制作沙障使用的铁锹要钝一些，以免切断材料；草方格的用草量要适当，过少会影响其防沙效益，太多不但造成材料的浪费，同时也增加了施工的难度。

【思考题】

1. 麦草秸秆沙障如何设置?
2. 麦草秸秆沙障设置前，对麦草秸秆如何处理？为什么?
3. 麦草秸秆沙障间距如何确定?
4. 麦草秸秆沙障阻沙效应如何测定及评价?
5. 麦草秸秆沙障设置时，用草量如何确定?

【参考文献】

1. 陈广庭．2004. 沙害防治技术[M]. 北京：化学工业出版社.
2. 吴正．1987. 风沙地貌与治沙工程学[M]. 北京：科学出版社.
3. 孙保平．2000. 荒漠化防治工程学[M]. 北京：中国林业出版社.
4. 王礼先. 1995. 水土保持学[M]. 北京：中国林业出版社.
5. 张奎壁，皱受益. 1990. 治沙原理与技术[M]. 北京：中国林业出版社.
6. HUDSON N W. 1981. Soil Conservation[M]. 2nd. NEWYORK：Cornell University Press.
7. 夏训诚. 1991. 新疆沙漠化与风沙灾害治理[M]. 北京：科学出版社.

实验69 灌丛堆效应观测

【实验目的】

通过测定，了解灌丛堆的分布规律，掌握影响灌丛堆的主要因素及固阻沙效应。

【实验原理】

灌丛堆是干旱、半干旱及半湿润荒漠地区风沙流遇到灌丛阻拦，沙物质在灌丛及其周围形成的一种地貌类型。沙质草原灌丛沙堆的典型形态是一个凸起的沙包，丘顶浑圆，坡度缓和，由于各地影响因素不同，形态会出现一定的差异。通过调查沙区灌丛堆，分析其分布规律与影响因素，再通过风速与输沙量的求算，表征其固阻沙效应。

【器材与用品】

标杆、直尺、皮尺、罗盘仪、风速仪、集沙仪、天平、卷尺、塑料袋等。

【实验步骤】

1. 确定调查路线

为了解某一区域灌丛堆与不同地貌类型和部位的分布情况，采用手持GPS定位，确定调查线路。

2. 确定调查的样方，并进行测量

就调查的灌丛堆，分别选择上风向为耕地、冲积扇和草地的3种样地，利用皮尺、高精度GPS定位仪和罗盘仪等对研究区内的灌丛堆形态参数(长、宽、高及走向等)与分布进行测量。

3. 调查选定区域的植被状况

分别就调查区域内灌丛堆及对应丘间地$1m^2$内所有的植被种类数，并描述其生长状况。

4. 灌丛堆流场观测

在起风的时候，选取调查区域的灌丛堆，在标杆上安置不同梯度风速仪观测沙堆迎风坡坡脚、迎风坡中部、沙堆顶部、背风坡中部、背风坡坡脚各部位的风速及风向，风速观测高度分别是离沙面5cm、15cm、30cm、60cm、120cm、200cm、300cm和400cm。

5. 灌丛堆沉积量采集及测定

在上述观测过程中，选择相应的集沙仪，收集灌丛堆各部位和丘间地沉积物质，以备测定计算。

【数据记录及结果分析】

1. 风速的计算

测定与计算方法同实验 26 坡面地表糙度观察的测定。

2. 输沙率的计算

测定与计算方法同实验 56 与实验 55 风沙流结构测定。

【注意事项】

灌丛堆样方的选择应具有一定的代表性，安装集沙仪时，其位置要适当；进行计算输沙量时，必须通过仪器修正系数来校正。

【思考题】

1. 灌丛堆样方选择时，一般应考虑哪些因素？
2. 如何采集灌丛堆样方中沙的沉积量？
3. 灌丛堆流场观测时，需要哪些设备？并如何布设？为什么？

【参考文献】

1. 吴正 . 1987. 风沙地貌与治沙工程学[M]. 北京：科学出版社 .
2. 孙保平 . 2000. 荒漠化防治工程学[M]. 北京：中国林业出版社 .
3. 王礼先 . 1995. 水土保持学[M]. 北京：中国林业出版社 .
4. 李滨生 . 1989. 治沙造林学[M]. 北京：中国林业出版社 .
5. HUDSON N W. 1981. Soil Conservation[M]. 2nd. NEWYORK：Cornell University Press.
6. 陈广庭 . 2004. 沙害防治技术[M]. 北京：化学工业出版社 .
7. 朱震达 . 1989. 中国的沙漠化及其治理[M]. 北京：科学出版社 .

实验 70　林带疏透度观测

【实验目的】

透光疏透度是评价防护林林带结构的定量化指标和表征林带结构的重要特征参数，通过本实验可充分了解林带疏透度测定原理，掌握测量林带疏透度的基本方法，从而加深对林带结构的认识。

【实验原理】

疏透度是从林带的结构上鉴定其透风状况的指标。因此，疏透度是林带结构的重要特征。疏透度又称透光疏透度，即林带林缘垂直面上透光孔隙的投影面积 s 与该垂直面上林带投影总面积 S 之比(用小数或百分数表示之)。如果用 β 表示疏透度，则可写成下式：

$$\beta = \frac{s}{S} \times 100\%$$

也可以按林层加权计算疏透度，如果用 β_1、β_2、β_3 分别表示林带上、中、下层的疏透度(也可分为 4 层或 5 层)，A、B、C 分别表示各林层的厚度，H 为林带平均高，那么，疏透度则可按下式求出：

$$\beta = \frac{\beta_1 A + \beta_2 B + \beta_3 C}{H}$$

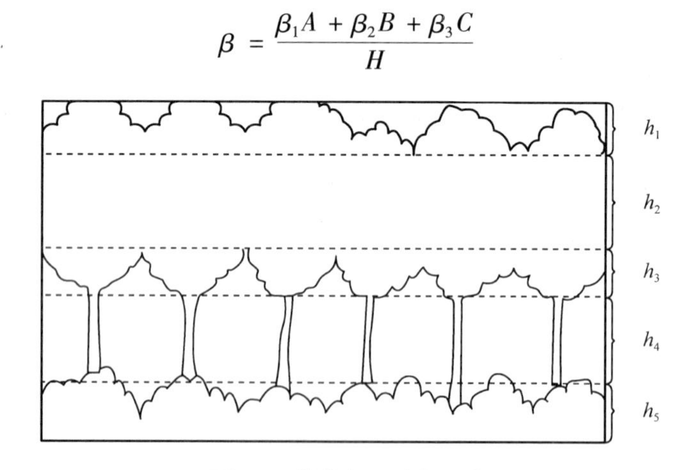

图 6-2　林带断面分段示意

疏透度的测定可以采取目测法、方格景框法、照相法等。

(1)野外目测法：即按林带疏透度的大小的分布特征，对林带分成若干段，如图 6-2，可分成 5 段，h_1 为下部灌木部分，疏透度为 β_1，h_2 为树干部分，h_3 为树冠下部与树干交接部分，h_4 为林冠部分，h_5 为林冠上部树梢部分，疏透度分别为 β_2、β_3、β_4、β_5，则总疏透度为：

$$\beta = \frac{h_1\beta_1 + h_2\beta_2 + h_3\beta_3 + h_4\beta_4 + h_5\beta_5}{h_1 + h_2 + h_3 + h_4 + h_5}$$

目测法简便易行，测量精度基本可以满足生产上的要求。

(2)方格景框法：方格景框是一种简单的测量工具，即把刻有均匀方格的透明玻璃板镶嵌在木框上制成(中国科学院林业土壤研究所防护林组自制的方格景框是30cm×40cm规格)。测定时，在林带侧面5～10H任意点上置木框于三角架上或手持使其下缘与林带地面交接处重合，然后计算孔隙占林缘垂直面的比例。

(3)照相法：拍照林带的纵断面，然后在照片上用求积仪计算各测量值。这是较精密的测量方法。

本实验采用照相法。

【器材与用品】

照相机、求积仪。

【实验步骤】

1. 选一条防护林带的一段断面，手持照相机，站在远处，使照相机有清楚的视野可以看到林带的整个断面，这时用照相机拍照林带的整个断面。

2. 相片出来后，首先量测并计算所拍林带整个断面面积，再用求积仪量测林带断面上每个孔隙的面积，最后把所有孔隙的面积相加。二者之比即为这段林带的疏透度。以上过程可采用数码照相后在计算机上完成。

【思考题】

1. 何谓疏透度？测定林带疏透度有何意义？
2. 用照相法测定林带疏透度比目测估计法有哪些优点？

实验 71 林带透风系数观测

【实验目的】

了解林带透风系数测定的原理和方法，认识林带透风系数对林带结构的影响程度。练习使用风速仪。

【实验原理】

林带透风系数是一个重要参数。不同透风系数的林带防护效果不同，因此，生产上常常用林带的透风系数来判断林带结构的优劣。并根据最适透风系数值确定采取的间伐、疏伐、修枝或补植等林业技术措施。

透风系数也称透风度，是指当风向垂直林带时，林带背风面林缘在林带高度以下的平均风速与旷野同一高度以下的平均风速之比，以 α_0 表示。

$$\alpha_0 = \frac{\frac{1}{H}\int_0^H \bar{u}(z)\,\mathrm{d}z}{\frac{1}{H}\int_0^H \bar{u}_0(z)\,\mathrm{d}z} = \frac{\bar{u}}{\bar{u}_0}$$

式中 $\bar{u}(z)$——背风面林缘的平均风速(m/s)；

$\bar{u}_0(z)$——旷野的平均风速(m/s)；

H——林带高度。

在实际测定中，将林带分为 3 ~ 5 段，在有代表性的高度上测定风速的平均值，并根据每段的长度加权平均，用以代替 u_0 的值，同时测定旷野的风廓线以求得 u_0 的值。具体方法类似疏透度的测定方法，如图 6-2，按林带的结构特征分成若干段，若分为 5 段 h_1、h_2、h_3、h_4、h_5，分段测定风速，设定风速分别为 u_1、u_2、u_3、u_4、u_5，则 H 以下的平均风速为 $(h_1u_1 + h_2u_2 + h_3u_3 + h_4u_4 + h_5u_5)/H$。

同样方法求得同高度旷野的平均风速(u_0)，则可计算出透风系数的值。

【器材与用品】

风速仪、皮尺。

【实验步骤】

1. 选择一处有林带的实验场地，地形要开阔、平坦，可以保证足够的来流路径，来流路径不小于 1.5km。按照分段测量的要求，把树体从上至下分为 5 段，确定每段的高度，并在此高度设一个观测点，测定该点的风速。分别在迎风面和背风林缘处，设 6 个观测点，它们的位置分别为 $-10H$、$0.2H$、$0.3H$、$0.5H$、$0.7H$、$1H$。每个测点上按上述 5 段高度分别测定 5 层风速。

2. 观测中使用仪器为风杯风速表，仪器分辨度分别为 0.1m/s。为获得平均场的信息，平均采样时间为 20min。为了取得较好的观测结果，取早、午、晚和不同层结情况下的资料。仪器进行 3 次校准，方法是相同条件下对比观测。得出相对于标准表的各仪器的订正表，用以查对，标准表不参加平时的实验观测。

【数据记录及结果分析】

表 6-4 距林缘处不同测点的风速表 m/s

距林缘的距离	树体分段高度					备注
	h_1	h_2	h_3	h_4	h_5	
$-10H$						
$0.2H$						
$0.3H$						
$0.5H$						
$0.7H$						
$1H$						

【注意事项】

由于自然条件下实验条件难以控制和预料，观测不能随时进行，要看天气状况和风速大小、方向的情况而定。

【思考题】

1. 测定林带透风度时该如何选择实验场地和布设观测点?
2. 林带透风系数与林带结构有何关系?

实验 72　林带防护距离和有效防护距离观测

【实验目的】

进行林带设计时，林带间距的设定要求按林带有效防护距离而确定。通过本实验可以了解林带防护距离和有效防护距离测定的原理和方法，加深对有效防护距离的认识。

【实验原理】

防护距离是指林带附近某一高度(比较合适的高度应为 0.4 ~0.6*H*，在野外实地观测时，为了观测的方便，通常取 1 ~2m 的高度)处的风速第一次由较小值恢复到旷野值的距离。

有效防护距离，指林带附近风速减弱到有害值以下的距离。

林带附近距离的测量，常以林带平均高度 *H* 为单位，即采用无因次的相对单位。

【器材与用品】

风速仪。

【实验步骤】

1. 找一处实验地，地形开阔、平坦，可以保证足够的来流路径，来流路径不小于 1.5km，并且为单个林带，有足够的高度，在带背风林缘处共设 7 个观测点，它们的位置分别为 -10*H*、1*H*、3*H*、5*H*、10*H*、15*H* 和 20*H*。每个测点上观测两层风速，高度分别为 0.3*H* 和 0.6*H*。

2. 观测中使用仪器为风杯风速表，仪器分辨度分别为 0.1m/s。为获得平均场的信息，平均采样时间为 20min。

3. 整理数据，绘制风速随距离的变化曲线，在图上找出林带背风处风速第一次等于旷野处风速的点，这一点对应的距离为林带的防护距离；再在图上找出风速减小到 5 ~7m/s(把这一数值作为有害值)的点，这点对应的距离为有效防护距离。

【数据记录及结果分析】

表 6-5　距林缘不同距离测点的风速　　m/s

距地面高度	距林缘处的距离							备注
	-10*H*	1 *H*	3 *H*	5 *H*	10 *H*	15 *H*	20 *H*	
0.3*H*								
0.6*H*								

【思考题】

1. 什么叫林带的有效防护距离？
2. 树高与林带防护距离有何关系？

实验73　林带对气流流线影响实验

【实验目的】

了解林带对气流流线影响的原理和测试方法，加深对气流流线结构的认识。

【实验原理】

防护林带与气流的关系，是研究防护林的重要内容，如图6-3。

林带对大气边界中的气流，主要有3种影响：第一，改变了气流结构及流动的性质，使湍流加强或减弱；第二，改变了林带附近的流场结构，气流通过林带时，沉降迹线变弯曲；第三，影响林带附近的风速，使林带附近，特别是背风面的风速，明显地减弱，个别部位也可能加强。

流线是流体中这样一簇曲线。曲线上任何一点的风速向量，与该点的切线方向相一致。由此可以推得，由这一簇流线组成的流管，空气质点不能穿越流管进入或流出该流管。因此，在不可压缩流体的定常运动中，流线密集的区域，流速大；流线扩散区域，流速小。空气质点在运动中的轨迹，称为迹线或轨线。对于定常运动，流线和迹线重合。因而在林带附近，施放染色质点观测该质点在气流中的运动轨迹，即可观测到林带附近的流线分布特征。

有的研究者利用烟雾移动观察气流结构的变化。中国科学院兰州沙漠研究所的烟风洞为直流吸气式二元低速低湍流的风洞，实验段尺度长、高、宽分别为1.5m、1.0m、0.05m，实验段中心风速为1～2m/s。林带均为平面模型。风洞正面为一平板玻璃，烟流线间的距离为2cm。烟流为白色，为使拍摄的影像清晰，背景衬以黑平绒面。为便于流场的分析，采用远、中、近距离，拍摄紧密结构、疏远结构、通风结构3种不同透风系数林带的影像图。单个林带附近的气流为定常流，放烟雾的迹线也是流线，林带附近的流场结构有如下特征：

(1)紧密结构林带模型：紧密结构林带模型中疏进度透风系数均为零的实体模型内由于烟流不能通过，全部气流被抬升，由模型上面越过。流线在林带模型向风面急剧倾斜，在林冠上形成流线密集区，表明该处速度增大。林带模型背风面则形成剧烈的涡流区或湍流区，区分不出任何一条流线。向风面林带模型附近，有较小的湍流区，较小透风系数的紧密结构林带(<0.35)，具有同样的特征，但有少量气流透过林带。涡流区被破坏，在背风面形成较强的湍流区，在垂直方向扰动也达到较大的高度。

(2)疏透结构林带模型：迎风面来的烟流，受到林带模型的阻挡，一部分被抬升，流线向上倾斜，在林冠上面形成密集区，但其程度比紧密结构林带弱得多；另一部分气流穿过林带，在背风面形成湍流区，迎风面低层则已看不到涡流运动。

(3)通风结构林带模型：向风面流来的烟流可分成3个部分：第一部分因受林冠的阻挡，被迫向上倾斜，由林带模型上面越过，在林冠上面形成流线密集区，透风系数越大，密集程度越小；第二部分向下倾斜，由树干部位的通风孔道，穿过林带，在背风面迅速扩散；第三部分则均匀透过林冠，在林冠背风面形成湍流区。

林带对气流流线影响的测试方法：

(1)烟幕法：在风速不大的情况下，可以施放烟幕，拍摄烟幕通过林带前后的状态，研究林带对气流的影响。烟幕可以用不同颜色，以便观测、拍摄。但烟幕法受风的影响较大，如由于春季风沙，干旱时期风速大，烟幕很快被乱流扩散，无法进行观测。

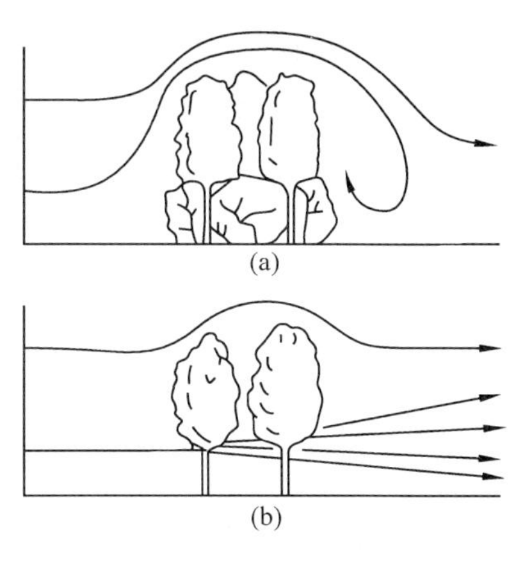

图 6-3 紧密结构(a)和通风结构(b)林带附近流场示意

(2)平衡(平稳)气球法：平衡气球，就是气球下悬面积大、质量轻的附属物，使气球所受重力和气球充氢气后产生的浮力保持平衡的气球(或稍微小于浮力)。平衡气球处在某一离地面高度后，随气流平稳移动，不会因为重力或浮力有所升降。用多台摄影机拍摄其移动的路径、状态。或用多组(每组两台)测风经纬仪，测定气球移动的轨迹、速度等，研究气流越过林带的情况，或研究气流越过小山岗(相对高度 100m 左右)的状态。

下悬附属物要求达到面积大、质量轻。用测风气球，在不同光线条件下分别用白、红等各色气球。充氢气后，使其浮力比悬挂物质量稍微大一点，使气球保持离地有一定高度，不会被观测路径上物体拌住。同时，在林带空旷点，迎背风面，还要进行气象要素的测定，了解气流的物理属性。越过林带的气球可以大些，穿过林带的气球要小些，否则，难以通过。

以上所获数据经内业整理后，和各测点气象要素的资料同时进行分析。

(3)系留气球法：垂直林带做基线，在路线不同倍树高处设系留气球，测定 2m 高以上到近地层的气象要素的变化。气球携带高空(遥测)气象观测仪器。

(4)观测塔测定：为了研究单条不同结构林带或大范围林网对气流及热量、水分平衡的影响，可应用铁制观测塔进行观测。铁制观察塔有 $1H$、$3H$、$5H$ 等不同高度。在林带(林网)不同位置，同时测定林带(林网)的气流、热量、水量平衡及其分量的空间分布、时空变化。

利用遥测仪器观测的铁塔较简单。在铁塔上进行人工操作的观测塔则比较复杂。

(5)野外模型法：野外测定不同结构林带的防护效应时，当地常常只有一种或少量几种林带，使得在一个风沙季节中，只能测定少数结构的林带效应。所以，人们常采用代用品，制成小型的不同结构林带的模型，在同一地点，同时测定其在典型灾害性天气下的防护效益。制造模型的代用品有：芦苇、树枝、板条、向日葵秆、高粱秆等。

这种方法，还能测定同一结构不同透风系数林带的防护效应。测定不同结构、不同透风状态下的防护效能，能取得与环境条件真实的相同性，而不必花费大量的经费。但是，用代用品制作的林带模型，虽与林带近似，但终究不能与树干的尖削度、枝条及树叶的弹性和摇摆性相近似，有很大的差距，其测定仅是一种近似的模拟。

(6)室内风洞实验法：利用室内风洞或水文槽进行航空和水利工程方面的实验研究历史悠久，虽然要耗费大量资金，但能短时间取得大量可靠数据，是很好的研究手段。

【器材与用品】

照相机、高粱秆或秸秆、水。

【实验步骤】

1. 选择风力为2 ~3m/s 的天气进行测验。首先测定风力是否满足要求。

2. 在与风向垂直的方向上用高粱秆或秸秆扎成1 ~2m 高、约3 ~5m 宽的障碍篱，先扎成紧密结构的透风系数很小的篱笆进行实验。

3. 在距障碍篱0.5m 或1m 的地方点燃以高粱秆或秸秆为燃料的柴堆，柴堆不需很大，要注意不能把障碍篱引燃。当火势较大，柴堆产生的烟雾不大时，需要在火的表面加一些用水湿过的高粱秆或秸秆，以减小火焰、增加烟幕。

4. 当烟幕经风的作用越过障碍篱，其流态在障碍篱前后清晰可辨时，用照相机拍照障碍篱前面和后面烟幕发生变化的形态。

5. 根据照片上显示的烟幕情况，用等比例的手法在图纸上描绘烟幕越过障碍篱(紧密结构)前后气流流线的变化情况。

6. 用上述1 ~5 步骤相同的方法同样可以测试疏透结构林带的流线。用于两种结构的相互比较。

【思考题】

1. 测定林带对气流流线影响的方法有哪些?

2. 紧密结构林带和通风结构林带附近的流场相比会有什么差异?

实验 74 林网内风速分布场观测与绘制

【实验目的】

了解测试风速分布场的方法，加深对风速分布场认识。练习使用风速仪及相关仪器。

【实验原理】

防护林网内风速分布场是将林网内各测点观测结果绘制成林网内水平等风速线（与旷野风速的比值）图。用于表征林带的防风效能。

图 6-4 是汪万福（中国科学院寒区旱区环境与工程研究所沙漠与沙漠化重点实验室）2002 年 5 月 4 ~6 日于敦煌莫高窟崖顶灌木林带测得的灌木林带周围的风速廓线图。风速廓线的 5 个观测高度分别为：20cm、50cm、100cm、150cm 和 200cm。图 6-4 表明，以平均林带高 1.5m，疏透度约为 50% 的两条灌木（丛）林带，其相对速度纵剖面同疏透栅栏一样，显示出 7 个重新分布的能区：在贴地层，有林带前的拐角绕流阻滞减速区，林带中的灌丛阻挡湍流衰减区，林带后的涡旋回流涡旋减速及速度恢复区，林带远方的气流附体加速区；在林带所在空间，有林带间的阻滞减速区和林带后的涡旋减速区，在林带顶后部有集流加速区。风沙流中沙颗粒在阻滞区和涡旋回流减速区沉积，在加速区产生地表风蚀，而在林带顶上下层气流交换加强。

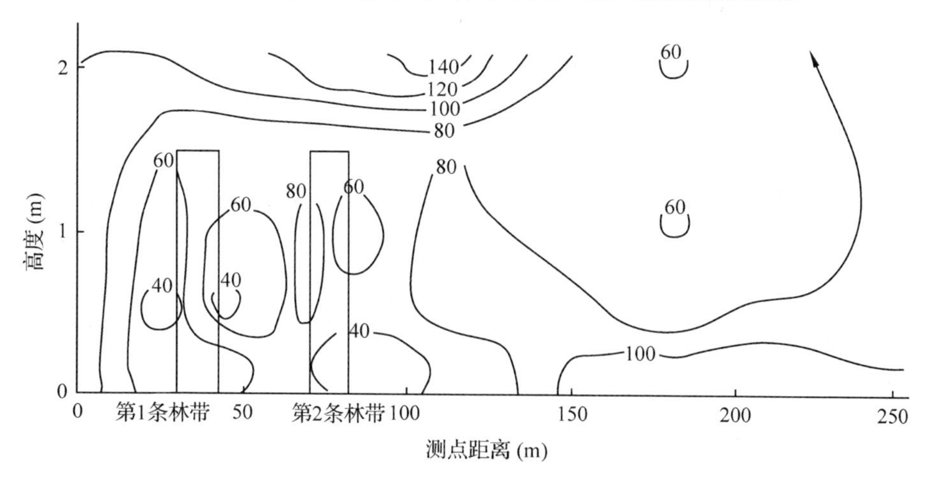

图 6-4 灌木林带风速廓线剖面（等值线为相对风速）

测试方法：

1. 野外进行实地测绘。找一处灌木林网，确定不同的测定高度和距林缘处的距离，用风速仪测定测点处的风速，然后计算不同测点的相对风速，用绘图纸把距林缘不同距离处的相对风速描绘出来，再把等值点连成等相对风速等值线图。

2. 引用西安交通大学生态环境与现代农业工程中心的实验方法及仪器。利用粒子图像速度场仪(PIV)，采用2帧－互相关的分析技术，对紧密型、疏透型和通风型防护林流场的流动特征在环境风洞中进行实验研究。通过PIV系统测量，得到不同类型防护林绕林流场的速度矢量图和流线图。

实验在直流吸式阵风环境风洞中完成，该风洞入口部分设置了阻尼网和蜂窝器，以此保证风洞中气流的均匀性，尾部安有一台变频风机，风洞处于负压吸气状态(图6-5)。风洞的第一实验段为充分发展段，长6m，其底面设置粗糙元，保证第二实验段入口处的垂直断面完全处于模拟大气边界层状态中，为了消除轴向压力梯度，在第一实验段的顶部专门设计安装了可调顶板，调节范围0～100mm，第二实验段为测试段，其尺寸为长2 400mm、宽610mm、高500mm，采用有机玻璃框架，浮法玻璃镶嵌其中，以便激光片光可达到测量部分以及CCD(电荷耦合器件)摄像机采集图像。实验选取紧密型防护林(疏透度为0%)、疏透型防护林(疏透度为30%)、通风型防护林(疏透度上部为10%，下部为70%)，防护林模型采用工业金属筛网，以此保证精确的防护林疏透度，其中，紧密型防护林模型采用金属板，使其疏透度为0%，而疏透型和通风型防护林模型采用工业筛网，防护林模型由两根铜棒绷直固定于第二实验段距入口350mm处，长610mm，高100mm，实验模型的比例缩尺为100:1。

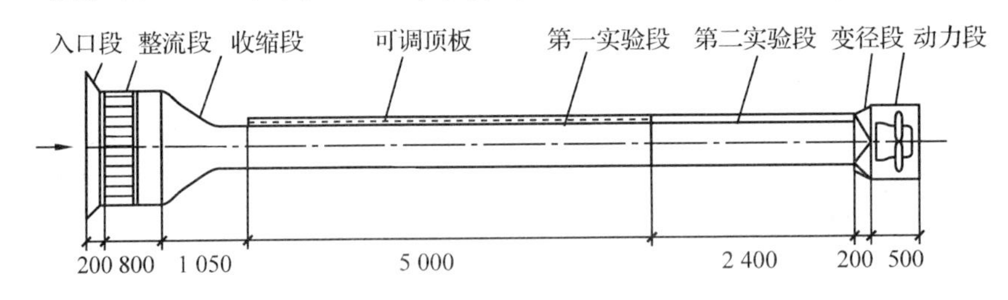

图6-5 风洞结构示意

在运用PIV系统进行流动测量时，示踪粒子的选择和施放是获得理想测量结果的关键因素，实验的示踪粒子采用Rosco1600烟雾发生器产生，在稳定工作状态下它为球形液滴，粒径为1～2cm，分布集中，可满足PIV系统对示踪粒子的要求，实验中为了保证示踪粒子在气流中充分扩散，分布均匀，不干扰流动状态，将烟雾随气流经过滤网过滤后一同进入风洞，在第一实验段充分混合均匀再进入测试区。

由于大多数院校都不具备有风洞实验室，故本实验推荐用汪万福的方法，即采用野外测定方法。

【器材与用品】

风速仪。

【实验步骤】

在野外进行实验。找一处灌木林网，确定不同的测定高度和距林缘处的距离，用风速仪测定测点处的风速，然后计算不同测点的相对风速，用绘图纸把距林缘不同距离处的相对风速描绘出来，再把等值点连成等相对风速等值线图。测点取林带前30m、2m和第1林带中、后2m，第2林带前17m、2m和林带中、后2m、后30m；高度取20、50、100、150和200cm，测定风速的变化；林带前30m、第1林带中、两条林带中间、第2林带前2m及中间不同高度(0.2、2m)风速梯度。

【数据记录及结果分析】

表6-6 灌木林网不同位置风速值(相对风速) %

高度(cm)	第一条林带				第二条林带				
	林带前		林带中	林带后	林带前		林带中	林带后	
	30m	2m	7m	2m	7m	2m	6m	2m	30m
20									
50									
100									
150									
200									

【思考题】

根据汪万福等的研究，林网内风速分布场有哪些主要的能区?

【参考文献】

1. 汪万福，王涛，李最雄，等. 2004. 敦煌莫高窟崖顶灌木林带防风固沙效应[J]. 生态学报，24(11)：2492-2500.

2. 金文，王元，张玮. 2003. 疏透型防护林绕林流场的PIV实验研究[J]. 流体力学实验与测量，17(4)：56-61.

实验75 林带胁地效应观测

【实验目的】

通过实验了解林带胁地效应，加深对林带胁地认识。

【实验原理】

林带胁地是普遍存在的现象，其主要表现是林带树木会使靠林缘两侧附近的农作物生长发育不良而造成减产。林带胁地范围一般在林带两侧1～2H范围内，其中影响最大的是1H范围以内，林带胁地程度与林带树种、树高、林带结构、林带走向和不同侧面、作物种类、地理条件及农业生产条件等因素有关。一般侧根发达而根系浅的树种比深根性侧根少的树种胁地严重；树越高胁地越严重；紧密结构林带通常比疏透结构和透风结构林带胁地要严重；农作物种类中高秆作物(玉米)和深根系作物(花生和大豆)胁地影响范围较远。而矮秆和浅根性作物(小麦、谷子、荞麦、大麻等)影响较轻；通常南北走向的林带且无灌溉条件的农作物，林带胁地西侧比东侧严重，东西走向的林带南侧比北侧严重，在有灌溉条件下的农作物，水分不是主要问题，由于林带遮阴的影响，林带胁地情况则往往与上面相反，北侧重于南侧，东侧重于西侧。产生林带胁地的原因主要有：①林带树木根系向两侧延伸，夺取一部分作物生长需要的土壤水分和养分；②林带遮荫，影响了林带附近作物的光照时间和受光量，尤其在有灌溉条件、水肥管理好的农田，林带遮荫成为胁地的主要原因。

【器材与用品】

米尺、游标卡尺、计时钟表、电子秤。

【实验步骤】

1. 林带两侧根系分布情况调查

春季或秋季，农耕地休闲的时候，选择一条南北走向(或东西走向)的林带，首先测定树体平均高，用H表示。再在林带的东侧，距林缘距离为0.2H、0.5H、1H、3H处，挖4个土壤剖面，深度分别为50～60cm，分6～10cm、11～20cm、21～30cm、31～50cm、50cm以下5个层次逐层挖出树的根系，用游标卡尺测量根系的直径，并分成粗根、细根，分别记录粗根和细根的数量。同理，在林带西侧做同样的测试并记录。

2. 林带遮荫时间实验

在5、6、12月，选择一条南北走向的林带，在林带边缘的西侧，距林带的距离分别为0.5H、0.1H的地方，从8：00至16：00用计时钟表测定遮荫(树下有树荫开始记录)时间，连续测试，最后记录遮荫时间。同理，可测定东西走向林带北侧的遮荫情况。

3. 林带胁地对作物产量的影响

秋季收获庄稼的时候，在有农田防护林的地方，选一条林带，在距林缘分别为

0.2H、0.5 H、0.7 H、1.0H、2H(对照)处，用米尺、电子秤等仪器分别测定植物的植株高(cm)、穗长(cm)、产量(kg/hm^2)，最后计算作物的减产率(%)。可选高秆作物(如玉米等)或低秆作物(如豆类等)来测定作物的上述指标，计算出作物在林带边缘因胁地效应而产生的减产率。

【数据记录及结果分析】

表 6-7 南北走向林带两侧根系分布情况调查表

调查剖面 / 距林带距离(m)		不同深度土层根量分布情况(条树)											
		6~10cm		11~20cm		21~30cm		31~50cm		50cm 以下层		合计	
		粗根	细根	粗根	细根	粗根	细根	粗根	细根	粗根	细根	粗根	细根
林带西侧	0.2H												
	0.5H												
	1H												
	3H												
林带东侧	0.2H												
	0.5H												
	1H												
	3H												

注：粗根为直径大于 0.3cm 的根系，细根为直径小于 0.3cm 的根系。

表 6-8 林带遮荫时间实验(8：00~16：00) h

林带走向	相对位置	距林带的距离(H)	5 月	6 月	12 月	备注
南北	西侧	0.5				
		1.0				
东西	北侧	0.5				
		1.0				
东北西南	西北侧	0.5				
		1.0				
	东南侧	0.5				
		1.0				

表 6-9 林带胁地对作物产量的影响 m

项 目	测点距林缘				
	对照(距林缘 2H)	0.2H	0.5 H	0.7 H	1 H
植株高(cm)					
穗长(cm)					
产量(kg/hm^2)					
减产率(%)					

【思考题】

根据林带胁地的基本原理，该采用哪些措施来减轻损失，避免浪费？

实验 76 防护林小气候观测

【实验目的】

通过实验了解小气候观测观察方法，加深林带对小气候影响的认识。练习使用各种观测小气候观测仪器。

【实验原理】

防护林小气候野外实地观测的目的在于为鉴定和提高林带的防护效益取得必要的数据。大体上包括两个方面的内容：一方面提供农田防护林的存在对于局地小气候影响的观测数据，以探索林带影响小气候的规律性，为林带的规划设计提供依据；另一方面提供农田防护林带本身结构特征及林木和作物生长发育状况的观测数据，为寻找林带的最优结构和探明林带的增产机制提供依据。就其观测内容的范畴来说，它既涉及近地层大气物理的一些因子，也涉及林木和作物生态、生理特性的一些因子。

其野外实地观测的基本特点是：

(1)多点观测：农田防护林气象效应观测的环境和一般气象观测的环境不同。林带附近与开旷地段气象条件有显著的差异。在一般小气候观测中，气象因子被认为是水平均一的，而在林带附近气象因子不仅在垂直方向变化剧烈，在水平方向的变化也相当剧烈。因此，为分析林带附近小气候的特征，就要进行多点观测，既要观测垂直梯度，也要观测水平梯度。

(2)对比观测：在下垫面条件相同的有林带防护的地区和无林带的空旷地区(作为对照点)布设观测仪器，取得观测资料，分析比较有林带和无林带在小气候条件方面的差异。

(3)流动观测：农田防护林气象效应的观测可以是定点观测。在林带未营造之前或营造之后建立农田防护林小气候观测站，作常年观测，积累农田防护林气象效应的系统资料，历史地比较气象条件的变化。但更多时候采用的是流动观测，即针对某一研究问题，在某一季节或某一天气类型，选择某一种或几种结构林带，进行对比观测。观测时间可以由几天到几个月不等。有时把两者结合起来，使定点观测和流动观测互相补充。

观测场地选择不当，就不能取得准确的观测资料，甚至会得到错误的结果。故观测场地的选择极为重要，一般应满足下列条件：

(1)对照点与有林带的观测场地地势要平坦，下垫面状况均一，即要有相同的粗糙度，种植相同品种的作物；如设在斜坡上，坡度、坡向应相同，对照观测点(即旷野点)向风面应有足够远的均质下垫面，其距离应在观测高度的100倍以上，并在孤立障碍物的10倍高度以外，距带状障碍物60倍甚至100倍高度以外。

(2)林带结构均匀，要有足够的长度，两端绕过的气流不应影响林带背风面较远处的观测结果。据内格里(J. M. Caborn，1957)对风障防风作用观测的结果认为，当风向垂直于林带时，带长至少要为带高的 11.5 倍。当风向和林带相交角为 β 时，观测距离为 I，则林带长度(L)，应满足下式：

$$L \geqslant I\tan\beta + 11.5$$

式中 H——林带高度；

L——以 H 表示的林带长度；

I——以 H 表示的观测距离。

(3)为了观测方便，对照点和观测点不应相距太远。另外，也可避免因相距太远而出现气象要素的变化。

农田防护林气象效应的观测项目很多，包括风向、风速、空气温度、空气湿度、土壤温度、土壤湿度、乱流交换系数、辐射平衡各分量(包括总辐射、直接辐射、散射辐射、反射辐射、有效辐射等)、蒸发、蒸腾、降水(包括霜、露、阻留雾水量等)等；以及一些特殊项目的观测，如积雪、风蚀、积沙、霜冻、日灼、作物倒伏及其他气象灾害等。如要研究林带附近的流场特征，还要作烟雾实验或平移气球观测，以确定林带附近的流线。

由于所选观测地段是水平均一的，且假定林带结构均匀，故气象要素沿林带方向可以认为是均一的。气象要素三度空间的分布特征，可以化为观测沿横截林带的垂直剖面上的二维空间分布特征的问题。观测点的布设原则是根据气象要素变化的缓急来决定的，变化急剧的地方多设一些点，变化平缓的地方少设一些点。一般可根据观测仪器的精度和工作量来考虑，任何两测点间要素的估计差值至少应大于仪器的误差，否则观测的资料虽多，也不能提高分析的精度，徒然增加很多工作量；但也不能过少，否则会给资料的分析带来困难。故各测点间不是等几何距离设置的，而是使任何两相邻测点之间的要素差值近似相等。以水平风速的观测为例，在向风面的观测点一般设在 20H、15H、10H、5H、3H、1H 的距离上，在背风面设在 1H、3H、5H、7H、10H、15H、20H、25H、30H、35H、40H、50H、60H 等及旷野对比点上。垂直方向一般设在 0、0.5、1、2、5、10、15、20、25m 高度上或用林带高度 H 表示的 0.2H、0.4H、0.6H、0.8H、1.0H、1.5H、2.0H、2.5H、3.0H、4.0H 及 0.5、1m 等高度上。有人认为，林带对风速的影响可达 10H 以上的高度或更高。上述测点不一定都要观测，要视具体情况和研究目的决定。有的人曾设置 120 个测点，有人则只设几个点。当受人力和仪器的限制不能满足要求时，也可以采用"回线法"观测，即对照点连续观测，其他各点循序观测，与对照点比较，以各点相对风速分析研究林带的防风效应也可取得一定的结果。

空气温湿梯度、水面蒸发等的观测，水平方向测点布设和风速测点布设相同，但仅在低层进行观测且测点可稀一些，因为林带对温度的影响不像对风的影响那么强烈。土壤温湿度、太阳辐射、积沙、积雪等的观测点，设在更靠近林带的地方，也可视具体情况而定。

由于农田防护林带附近气象要素变化比较剧烈，流动观测又经常变换观测场地，因而要求仪器精度高、量程大、轻便易带、使用简单。在许多情况下，因各测点相距较远，最好采用隔测仪器，以尽量减少观测人员的劳动强度，提高观测效率，缩短观测时间，并避免因走近仪器对观测结果产生的影响。

【器材与用品】

风速仪、热敏电阻测温仪、遥测通风干湿表、阿斯曼通风干湿表、自记温度计、自记湿度计、温湿联合自记计、套管地面普通温度表、地面最高温度表、地面最低温度表、地中温度表、红外测温仪、小型蒸发皿、直接太阳辐射仪等。

【实验步骤】

(1)测点的设置：根据研究目的来确定。研究大范围林网体系效益时测定其气象要素要分布在较大范围内。

按照人力及仪器情况和研究对象，可以设立下述测点：

观测主点，要求观测项目最完全，设在关键的位置，如对照空旷点、林网中心点、迎背风面5*H*、10*H*等具有重要意义的点，选用精密、自动观测仪。

辅助点，分布在其他位置处，采用常规仪器，仪器条件允许时，可采用对角线和拱盘式以及多梯度的设点。

临时测点，在某次观测中，为了测定某一项目，在待定时间，在正点观测之处，临时加设的测点。

各种测点的分布(水平和不同梯度的设点)要画出测点分布图。当仪器观测中间，有仪器损坏时，要优先保证基本点有完好的仪器，及时进行调整。

(2)观测高度的确定：有两个目的，一是为计算梯度值使用，风速观测，根据不同要求，有0.5、1.0、1.5、2.0、5.0m等高度，气温、湿度的观测要有0.2m和1.5m或者0.5m和2.0m的两对梯度观测高度。如有综合气象自动观测仪可和风速观测点同位；二是同时也应观测并测定树冠各层的温湿变化，以测定林带下风速特征和林带0*H*处的温湿状况。

(3)观测时间的确定：要根据人力与观测项目而定。在典型的天气型中，每日定时观测，分3次或多次，在典型风季，可每1 ~ 2h观测其日进程。

流动观测风速时，要求在规定时间内，规定每次路途时间及各点观测时间，来回两次观测的平均时间都落在时间的平均位置上。整个观测中风速没有特殊的阵性变化，否则，平均值没有代表性。

在综合测定全部气象要素的各测点进行流动观测中，要求以地方时间12时正点为中心，在其前后各1h共计2h内完成全部观测。这时，每点测定先后两次，两次的平均观测时间也都落在12时正点上。12时前后1h内，太阳视角的变化不大，且各测点两次平均值的观测时间的太阳高度也都在子午线垂直面上。其他时间，流动观测值失去各点的比较性，已没有意义。

日射的观测，一天中，白天时间内每隔2h观测1次，人力紧张时，1d至少测7次(白天6次)，为2：00、6：00、8：00、10：00、12：00、14：00、16：00、18：00、20：00各时。

土壤湿度观测布点应和上述气象要素观测点同位。

【思考题】

1．进行一次防护林小气候的野外实地观测？并系统整理出观测结果。
2．蒸发和蒸腾有何不同？如何测定蒸发？如何测定蒸腾？

实验 77 荒漠化区植物群落生物量及净初级生产力观测

【实验目的】

通过实验掌握荒漠化地区植物群落生物量的测定方法；掌握净初级生产力的测定方法。

【实验原理】

生物量(biomass)是指一定面积的地段上某个时间存在着的活植物体的量；生物量作为生态系统中积累的有机物总量，是整个生态系统运行的能量基础和营养物质来源。所谓净初级生产力(net primary production)指植物体在单位面积单位时间所生产的有机质的量，即生产的速度。假设 P_n 代表一定期间内植物体所体现的有机质的量，该期间的开始时间(t_1)和终了时间(t_2)的植物体现存量分别为 B_1 和 B_2 则有下式：

$$P_n = \Delta B + L + G$$

式中 ΔB —— $t_1 - t_2$ 间的现存量的变化，即该段时间的生长量(g/m^2)；

L ——调查期间枯死、脱落损失的量(g/m^2)；

G ——被草食性动物吃掉的损失量(g/m^2)。

上式表示生物量的测定原理，通常将求生物量的方法称做收割法。

【器材与用品】

围尺、弹簧秤、罗盘仪、皮尺、坐标纸、测高器、钢卷尺、木材蜡笔、弯把锯、铁锹、海拔仪、小手锯、土壤刀、土壤袋和烘箱、标准样品布袋、天平、标签等。

【实验步骤】

1. 样地选择

在对荒漠化地区植物群落全面踏查的基础上，选择立地条件、起源、植物组成、经营活动等基本一致，有代表性的地段作为样地。

2. 样地面积

根据研究对象不同而异。一般乔木层采取 20m × 20m 或 30m × 30m；设置灌木层采用设置 5m × 5m 样方；草本地被物层一般采用设置 1m × 1m 样方。

3. 样地概况的调查与记载

样地应分别编号、填写各项自然条件和经营活动情况。

4. 生物量测定的步骤

(1)乔木层生物量：在对样地内林木进行每木检尺基础上，按林木径级分布序列确定各径级标准木数量，一般选 2 ~ 3 株；每株标准木伐倒后，地上部分树干生物量用分层切割法、枝叶生物量采用样枝法测定其鲜重；地下根系生物量测定按所选定标准木营养面积确定边界，分层挖出根系，然后按根桩、粗根(2cm 以上)、中根(1 ~

2cm）、细根（小于1cm）称重统计。地上和地下部分生物量相加，即为每径级单株立木的生物量，将此乘以各径级株数，即为各径级的生物量；各径级的生物量相加即得样地林木层的生物量。

（2）灌木层生物量：在样地内，按对角线或品字形设置5m×5m样方3～5块，统计每样方内的灌木种类和数量，并对每一物种的地上部分和地下部分分别称取鲜重，根据地上部分和地下部分比值推算样地内根系的质量。

（3）草本地被物层生物量：在幼树、下木调查的各样方中，选取1m×1m的样方5块，逐一统计草本植物种类和数量，并按草本植物的种类或生活型，用样方收获法分别地上与地下部分称其质量。

研究荒漠化地区植物群落生物量除了要计算生长着的植物生物量外，还应包括各群落类型枯枝落叶层生物量，可在样地内选取1m×1m小样方，在样方内按叶、枝、树皮、球果等分别收集，区分分解和未分解两类分别称重累加，即得枯枝落叶层生物量。在野外分层测定干、枝、叶、根、活地被物和枯枝落叶物等鲜重，把样品带回室内，在80℃通风干燥箱内，烘至恒重，求出干物质质量，换算成各器官的单位面积生物量。

【注意事项】

标准木要在样地内或邻近地段条件相同的林内选取。

【思考题】

1. 测定荒漠化地区植物群落生物量有何科学意义？
2. 荒漠化地区乔木根系生物量测定应注意哪些问题？

【参考文献】

1. 姜恕．1986．草地生态研究方法［M］．北京：农业出版社．

2. 木村允．1979．陆地植物群落的生产量测定法［M］．北京：科学出版社．

3. 李文华．1978．森林生物量的概念及其研究的基本途径［J］．自然资源（1）：71－92．

实验78 荒漠化成因调查与判别

【实验目的】

荒漠化地区自然条件是非常严酷的，生态系统十分脆弱。一方面，快速增长的人口加大了对自然资源的压力，使人口超过土地承载力；另一方面，人类的不合理开发导致自然资源的过度利用和破坏。因此，生态系统及土地的退化就不可避免。从本质上看，荒漠化的发生是由于人类与自然之间的矛盾。

通过实验了解荒漠化形成原因的调查方法、调查内容及判别荒漠化程度的方法。了解荒漠化地区独特的自然生态环境特点和景观格局。了解该地区土地荒漠化的形式、成因、现状，以及荒漠化防治的现状和主要措施。掌握土地荒漠化现状调查的一般方法和荒漠化程度的判别方法。

【实验内容】

1. 荒漠化现状调查

按造成荒漠化的主导自然因素，荒漠化可以分为风蚀、水蚀、盐渍化和冻融4种主要荒漠化类型，其中冻融荒漠化造成的危害较小。因此，着重调查土壤侵蚀类型（水力侵蚀、重力侵蚀、风力侵蚀）、侵蚀强度（微度、轻度、中度、强度、极强度、剧烈）的分布位置、面积与相应的侵蚀模数。

2. 荒漠化成因调查

荒漠化成因主要包括自然因素（地形、土壤、植被等）、气候因素（降水量、湿润指数、风速、风向等）和人为因素（不合理利用土地、滥采乱伐等）3个方面。

3. 荒漠化危害调查

着重调查降低土壤肥力、减少生物产量、破坏地面完整、影响景观价值以及对周边地区社会经济发展的影响。

4. 荒漠化程度判别

根据《全国荒漠化监测主要技术规定》及其补充规定：

(1) 土地利用类型为耕地、草地的风蚀、水蚀和盐渍化土地，采用现地调查方法确定荒漠化程度。具体如下：

①风蚀耕地、草地的荒漠化的强度判别

作物产量下降率指作物实现产量与该地区当年非荒漠化耕地产量相比下降的百分数；土层厚度指耕作土壤剖面层次的表土和心土层厚度之和。荒漠化程度等级划分：各指标评分之和小于15为非荒漠化耕地，16～35为轻度荒漠化，36～60为中度荒漠化，61～84为重度荒漠化，大于85为极重度荒漠化。

表 6-10 风蚀耕地评价指标及级距

作物产量下降率(%)	评分(分)	土壤质地和砾石含量(%)	评分(分)	土层厚度(cm)	评分(分)
<5	4	黏土 <1	2	≥70	2
5~14	10	壤土 1~9	9	69~40	6
15~34	20	砂壤土 10~19	17.5	39~25	12.5
35~74	30	砂壤土 20~29	26	24~10	19
≥75	40	砂土≥30	35	<10	25

表 6-11 风蚀草地评价指标及级距

植被盖度(%)		土壤质地	砾石含量(%)	覆沙厚度(cm)	沙丘高度(m)
亚湿润干旱区	半干旱和干旱区				
<10 (40分)	<10 (40分)	黏土 (1分)	<1 (1分)	≥100 (15分)	<2 (6分)
10~29 (30分)	10~24 (30分)	壤土 (5分)	1~14 (5分)	50~99 (11分)	2.1~5 (12.5分)
30~39 (20分)	25~39 (20分)	砂壤土 (10分)	15~29 (10分)	20~49 (7.5分)	5.1~10 (19分)
50~69 (10分)	40~59 (10分)	壤砂土 (15分)	30~49 (15分)	5~19 (4分)	>10 (25分)
≥70 (4分)	≥60 (4分)	砂土 (20分)	≥50 (20分)	<5 (1分)	

等级划分：各指标评分之和小于18为非荒漠化土地，19~37为轻度荒漠化土地，38~61为中度荒漠化土地，62~84为重度荒漠化土地，大于等于85为极重度荒漠化土地。

②水蚀耕地、草地荒漠化的强度判别

表 6-12 水蚀耕地评价指标及级距

作物产量下降率(%)	坡度(°)	工程措施
<5(1分)	<3(1分)	反坡梯田(1分)
5~14(10分)	3~5(5分)	水平梯田(5分)
15~34(20分)	6~8(10分)	坡式梯田(10分)
35~74(35分)	9~14(15分)	简易梯田(20分)
≥75(50分)	≥15(20分)	无工程措施(30分)

等级划分：各指标评分之和小于等于24为非荒漠化土地，25~40为轻度荒漠化土地，41~60为中度荒漠化土地，61~84为重度荒漠化土地，大于等于85为极重度荒漠化土地。

表 6-13 水蚀草地评价指标及级距

植被盖度(%)	坡度(°)	侵蚀沟面积比例(%)
<10(60 分)	<3(2 分)	≤5(2 分)
10~29(45 分)	3~5(5 分)	6~10(5 分)
30~49(30 分)	6~8(10 分)	11~15(10 分)
50~69(15 分)	9~14(15 分)	16~20(15 分)
≥70(1 分)	≥15(20 分)	≥20(20 分)

等级划分：各指标评分之和小于等于 24 为非荒漠化土地，25~40 为轻度荒漠化土地，41~60 为中度荒漠化土地，61~84 为重度荒漠化土地，大于等于 85 为极重度荒漠化土地。

③盐渍荒漠化的强度判别

• 盐渍化耕地：

轻度：土壤含盐量 0.1%~0.3%(东部)或 0.5%~1.0%(西部)，盐碱斑占地面积小于 15%，一般只危害作物苗期，缺苗 10%~20%，轻度耐盐作物能生长，产量有所下降(15%)，改良较容易。

中毒：土壤含盐量 0.3%~0.7%(东部)或 1.0%~1.5%(西部)，盐碱斑占地面积 16%~30%，较耐盐作物尚能生长，缺苗 21%~30%，产量下降较大(16%~35%)，需要水利改良措施。

重度：盐碱斑占地面积 31% 以上，作物难于生长，一般不作为耕地使用。

极重度：不适合作用生长。

• 盐渍化草地：

轻度：土壤含盐量 0.1%~0.3%(东部)或 0.5%~1.0%(西部)，盐碱斑占地面积小于 20%，有耐盐碱植物出现，植被盖度大于等于 36%。

中度：土壤含盐量 0.3%~0.7%(东部)或 1.0%~1.5%(西部)，盐碱斑占地面积 21%~40%，耐盐碱植物大量出现，一些乔木不能生长，植被盖度 21%~35%。

重度：土壤含盐量 0.7%~1.0%(东部)或 1.5%~2.0%(西部)，盐碱斑占地面积 41%~60%，大部分为强耐盐碱植物，多数乔木不能生长，植被盖度 10%~20%，难于开发利用。

极重度：土壤含盐量大于 1.0%(东部)或大于 2.0%(西部)，盐碱斑占地面积大于或者等于 61%，几乎无植被，植被盖度小于 10%，极难开发利用。

(2)土壤利用类型为非耕地的风蚀、水蚀和盐渍化土地，采用现地调查方法确定荒漠化程度。具体如下：

①风蚀

各指标评分之和小于 18 为非荒漠化土地，19~37 为轻度荒漠化土地，38~61 为中度荒漠化土地，62~84 为重度荒漠化土地，大于等于 85 为极重度荒漠化土地。

表 6-14 风蚀地评价指标及级距(非耕地)

植被盖度(%)		土壤质地	砾石含量(%)	覆沙厚度(cm)	沙丘高度(m)
亚湿润干旱区	半干旱和干旱区				
<10 (40 分)	<10 (40 分)	黏土 (1 分)	<1 (1 分)	≥100 (15 分)	<2 (6 分)
10 ~ 29 (30 分)	10 ~ 24 (30 分)	壤土 (5 分)	1 ~ 14 (5 分)	50 ~ 99 (11 分)	2.1 ~ 5 (12.5 分)
30 ~ 39 (20 分)	25 ~ 39 (20 分)	砂壤土 (10 分)	15 ~ 29 (10 分)	20 ~ 49 (7.5 分)	5.1 ~ 10 (19 分)
50 ~ 69 (10 分)	40 ~ 50 (10 分)	砂壤土 (15 分)	30 ~ 49 (15 分)	5 ~ 19 (4 分)	>10 (25 分)
≥70 (4 分)	≥50 (4 分)	砂土 (20 分)	≥50 (20 分)	<5 (1 分)	

②水蚀

表 6-15 水蚀草地评价指标及级距(非耕地)

植被盖度(%)	坡度(°)	侵蚀沟面积比例(%)
<10(60 分)	<3(2 分)	≤5(2 分)
10 ~ 29(45 分)	3 ~ 5(5 分)	6 ~ 10(5 分)
30 ~ 49(30 分)	6 ~ 8(10 分)	11 ~ 15(10 分)
50 ~ 69(15 分)	9 ~ 14(15 分)	16 ~ 20(15 分)
≥70(1 分)	≥15(20 分)	≥20(20 分)

等级划分：各指标评分之和小于等于 18 为非荒漠化土地，19 ~ 35 为轻度荒漠化土地，36 ~ 60 为中度荒漠化土地，61 ~ 84 为重度荒漠化土地，大于等于 85 为极重度荒漠化土地。

③盐渍化

轻度：土壤含盐量 0.5% ~ 1.0%，盐碱斑占地面积小于 20%，有耐盐碱植物出现，植被盖度大于等于 36%。

中度：土壤含盐量 1.0% ~ 1.5%，盐碱斑占地面积 21% ~ 40%，耐盐碱植物大量出现，一些乔木不能生长，植被盖度 21% ~ 35%。

重度：土壤含盐量 1.5% ~ 2.0%，盐碱斑占地面积 41% ~ 60%，大部分为强耐盐碱植物，多数乔木不能生长，植被盖度 10% ~ 20%。难于开发利用。

极重度：土壤含盐量大于 2.0%，盐碱斑占地面积大于或者等于 61%，几乎无植被，植被盖度小于 10%。极难开发利用。

(3)沙质荒漠化土地强度判别

表 6-16 沙质荒漠化土地评价指标及级距

植被盖度(%)		土壤质地	砾石含量(%)	覆沙厚度(cm)	沙丘高度(m)
亚湿润干旱区	半干旱和干旱区				
<10 (60 分)	<10 (60 分)	黏土 (1 分)	<1 (1 分)	≥100 (15 分)	影像上分辨不出沙丘(10 分)
10~29 (45 分)	10~24 (45 分)	壤土 (5 分)	1~14 (5 分)	50~99 (11 分)	可分辨，但无阴影和纹理(20 分)
30~39 (30 分)	25~39 (30 分)	砂壤土 (10 分)	15~29 (10 分)	20~49 (7.5 分)	沙丘在影像上清晰可见，纹理明显，沙丘阴影面积小于30%(30 分)
50~64 (15 分)	40~54 (5 分)	砂壤土 (15 分)	30~49 (15 分)	5~19 (4 分)	裸土地或沙丘阴影面积大于 50%，纹理明显(40 分)
≥65 (5 分)	≥55 (1 分)	砂土 (20 分)	≥50 (20 分)	<5 (1 分)	

等级划分：各指标评分之和小于等于 20 为非荒漠化土地，21~35 为轻度荒漠化土地，36~60 为中度荒漠化土地，61~85 为重度荒漠化土地，大于等于 86 为极重度荒漠化土地。

【器材与用品】

地形图、调查表格、画图板、铅笔、橡皮、小刀、皮尺、手持 GPS 定位仪、照相机、电池、硫酸纸。

【实验步骤】

1. 室内准备工作

(1)资料收集：利用图书馆和网络资源，查阅所要调查区域的地理位置、自然生态条件、社会经济状况等相关资料。

(2)调查表格的制订：见表 6-17，根据区域具体情况可进行调整。

(3)培训：内容包括地形图识别；地块勾绘的方法、原则；野外工作注意事项；调查结果的内业处理方法等。

(4)分组：培训后，根据个人专长和特点进行分组。每组 3~5 人，并确定组长 1 名，负责本小组的调查任务和野外安全。

2. 野外地块勾绘

选择天空晴朗、能见度高的天气，用 1:10 000 的地形图作底图进行现场勾绘。区域的边界线、区域内道路、分水岭、沟底线、沟沿线、坡向分界线等是地块的天然分界线，在勾绘之前先把区域界、道路、沟沿线、利用现状固定且明显的地块先尽可能详细地勾绘出来。在此基础上从图面的某一端选一坡面开始勾绘，到另一端结束。划

表 6-17 区域性土地荒漠化现状调查表格(参考)

区域名： 日期： 年 月 日 记录人：

地块号	
利用类型	
地貌类型	
地貌部位	
坡度(°)	
坡向	
土壤类型	
土层厚度(cm)	
土壤质地	
侵蚀类型	
水力侵蚀强度	
风力侵蚀强度	
沙化土地分类	
沙化成因	
利用现状	
灌溉条件	
土地生产力等级	
林种	
郁闭度	
盖度	
权属	
林草种	
工程措施	
林草生长状况	
备注	

分地块时要考虑相同的地类将来不同的利用方向和措施，把地块划分的足够小(一般地图斑面积应肉眼分得清≥2mm×2mm)。

勾绘时选一地势较高、视野开阔地进行对坡勾绘。划分主要土地利用类型的界线，然后到实地测量、勘察，进一步细化小班。

3. 调查因子

每个地块记录土地利用类型、地貌类型及部位、坡向、坡度、土壤类型、植被状况、土壤侵蚀程度、侵蚀类型，海拔高度、土壤母质、土层厚度等，还要收集当地的气候因子(降雨量、蒸发量、风速、风向等)并计算湿润指数，调查不合理利用土地、滥采乱伐等人为因子的影响。

4. 内业整理

把野外勾绘的地块图清绘到硫酸纸上，然后扫描到计算机中；把野外记录表格录入计算机，建立区域荒漠化土地属性数据库。然后，借助 GIS 软件，计算、统计该区域荒漠化土地的面积、分布，并绘制区域土地荒漠化现状图，分析荒漠化土地形成的原因、程度等。

根据野外调查认识和室内统计分析，结合实习内容编写实习报告。

【思考题】

1. 现阶段我国荒漠化土地形成的主导因素是什么？
2. 如何判别沙质荒漠化的强度？

【参考文献】

1. 付荣恕，刘林德 . 2004. 生态学实验教程[M]. 北京：科学出版社 .

2. 张广军，赵晓光 . 2005. 水土流失及荒漠化监测与评价[M]. 北京：中国水利水电出版社 .

实验79 天然植被恢复效果调查

【实验目的】

通过实验了解天然植被调查的内容；熟悉并掌握天然植被效果调查的具体方法。

【实验内容】

1. 天然植被调查

天然植被调查包括天然植被所形成群落的种内组成、群落的垂直结构、水平结构等内容。

群落的结构包括群落外貌和生活型、群落的垂直结构和水平结构、群落的时间格局等。

群落外貌是指天然植被的外部形态或表相。它是群落中生物与生物、生物与环境间相互作用的综合反映。荒漠化土地天然植被群落的外貌主要取决于植被的特征，是由组成群落的植物种类形态及其生活型所决定的。

丹麦植物学家 Raunkiaer 按休眠芽或复苏芽所处的位置高低和保护方式，把高等植物划分为5个生活型，即：①高位芽植物(phanerophytes)；②地上芽植物(chamaephytes)；③地面芽植物(hemicryptophytes)；④隐芽植物(cryptophytes)；⑤一年生植物(therophytes)。在各类群之下，根据植物体的高度、芽有无芽鳞保护、落叶或者常绿、茎的特点等特征，再细分为若干较小的类型。Raunkiaer 生活型被认为是进化过程中对气候条件适应的结果，因此它们的组成可以反映某地区的生物气候和环境的状况。例如，高位芽植物占优势的群落是温暖、潮湿气候地区群落(如热带雨林群落)的特征；地面芽植物占优势的群落，反映了该地区具有较长的严寒季节，如温带针叶林、落叶林群落；地上芽植物占优势的群落，反映了该地区环境比较湿冷，如长白山温带暗针叶林；一年生植物占优势的群落则是干旱气候的荒漠和草原地区的群落特征，如东北温带草原。

群落的垂直结构，主要指群落的分层现象。荒漠化地区天然植被群落的分层与光的利用有关，森林群落从上往下，依次可划分为乔木层、灌木层、草本层和地被物层等层次。在层次划分时，将不同高度的乔木幼苗划入实际所逗留的层中。群落中有一些植物，如藤本植物和附生、寄生植物，它们并不形成独立的层次，而是分别依附于各层次直立的植物体上，称为层间植物。

水热条件越优越，群落的垂直结构越复杂，动物的种类就越多。例如，热带雨林的垂直成层结构，比亚热带常绿阔叶林、温带落叶林和寒温带针叶林群落要复杂得多，其群落中动物的物种多样性也远比上述3种群落要丰富得多。群落中动物的分层现象也很普遍。

群落水平结构的形成主要与构成群落的成员的分布状况有关。大多数群落，各物种常形成相当高密度集团的斑块状镶嵌。

群落的时间格局包括光照、温度和湿度等许多环境因子有明显的时间节律(如昼夜节律、季节节律)，受这些因子的影响，群落的组成与结构也随时间序列发生有规律的变化。植物群落表现最明显的就是季相，如温带草原外貌一年四季的变化。

群落交错区又称生态交错区或生态过渡带，是两个或多个群落之间(生态地带之间)的过渡区域。例如，森林和草原之间的森林草原过渡带，水生群落和陆地群落之间的湿地过渡带。群落交错区是一个交叉地带或种群竞争的紧张地带。发育完好的交错区，可包含相邻两个群落共有的物种以及群落交错区特有的物种，在这里，群落中物种的数目及一些种群的密度往往比相邻的群落大。群落交错区种的数目及一些种的密度有增大的趋势，这种现象称为边缘效应。

影响荒漠化地区天然植被群落结构的因素有生物因素、非生物因素、干扰和空间异质性等。

生物因素中最重要的是竞争和捕食。如果竞争的结果引起种间的生态位的分化，将使群落中物种多样性增加。如果捕食者喜食的是群落中的优势种，则捕食可以提高物种多样性。

在陆地生物群落中，干扰往往会使群落形成断层，断层对于群落物种多样性的维持和持续发展，起了很好的作用。不同程度的干扰，对群落物种多样性的影响是不同的，一个稳定的群落受到干扰以后，原有的群落结构被破坏，新物种或者增殖快的物种会首先侵占断层，形成斑块。断层形成的频率会影响群落的物种多样性。受到不同程度干扰的群落和恢复过程的不同阶段有不同的种类组成和结构特征。Conell 等提出的中度干扰假说认为：群落在中等程度的干扰水平能维持高生物多样性。其理由是：①在一次干扰后少数先锋物种入侵断层，如果干扰频繁，则先锋物种不能发展到演替中期，使生物多样性降低；②如果干扰间隔时间长，使演替能够发展到顶级期，则生物多样性也不是很高；③只有中等程度的干扰，才能使群落多样性维持最高水平，它允许更多物种入侵和定居。

空间异质性包括环境的空间异质性和植物群落的空间异质性等多个方面。环境的空间异质性越高，群落多样性也越高。植物群落的空间异质性越高，植物群落的层次和结构越复杂，群落多样性也就越高。如果森林群落越多、越复杂，群落中鸟类的多样性就会越多。

2. *天然植被恢复效果调查方法和统计分析*

天然植被恢复效果调查，首先选择标准地，一般草地群落、灌丛群落调查和较长时期的定位和半定位观测用样方法，林地和较稀疏灌丛群落调查采用样线法。

(1)样方法：在选好的标准地里面，首先确定样方的面积。依据种 - 面积曲线确定样方面积。样方面积确定后，即可进行样方调查测定。测量的主要指标为：

密度(D)　单位面积上特定种的株数。

盖度(C)　植物地上部分的投影面积，枝叶空隙部分不计在内，以百分数表示。

优势度(DO)　在动物上用相对密度表示，在植物上用重要性值表示。

频度(F)　某种植物出现的样方数目对全部样方数目的百分数。

高度(H)　植物体自然高度。

质量(W) 单位面积上部分产量(干重或鲜重)。

将每个样方中的植物种及测量数据记录在样方表中(附表1)。

然后，用测量数据进行分析，包括相对密度、密度比、相对盖度、盖度比、相对优势度、相对频度、频度比、相对高度、高度比、重要值。其中：

相对密度(RD) = 某种植物的个体数目/全部植物的个体数目 ×100%

密度比(DR) = 某个体的密度/最大密度种的密度

相对盖度(RC) = 某一种的盖度/所有种盖度的总和 ×100%

盖度比(CR) = 某一种的盖度/盖度最大种的盖度

相对优势度(RDE) = 一个种的优势度/所有种的优势度的总和 ×100%

相对频度(RF) = 某一种的频度/全部种的频度之和 ×100%

频度比(FR) = 某一种的频度/主要建群种的频度

相对高度(RH) = 某个体的高度/所有种的高度之和 ×100%

高度比(HR) = 某个体的高度/群落中高度最大的种的高度

重要值(IV) = (相对密度 + 相对优势度 + 相对频度)/3

(2)样线法：按前述方法确定样地。样线的长度决定调查对象的变异大小，实验时，可采取每4个学生为一组，第一组选取5、50m的样线长度，第二组选取1、40m的样线长度，第三组选取20、30m的样线长度等。

设好样线后，从一端开始，登记被样线所截(包括线上、线下)植物。对所截取的植物记载其种名和3个测定数据：①样线所截长度L；②植物垂直样线的最大宽度M；③所截个体数目N。调查样方内的植物情况，统计分析下列数据：植物种、密度、相对密度、优势度、相对优势度、频度、相对频度、重要值。

(3)其他需要记载的内容：物候期和季相、生活力、树高和干高、胸径、冠幅、生境状况、人为干扰情况。

【器材与用品】

GPS定位仪、样方框、测绳、皮尺、围尺、钢卷尺、枝剪、普通剪刀、野外用秤、样方记录表、铅笔等。

【实验步骤】

1. 基础数据测定

学生分成3~4人的小组，首先选取样地，用GPS定位。沿同一方向，视群落和斑块的面积，每组间隔5~20m，用测绳拉一条断面积。断面积长度根据研究的群落确定，草地群落至少需要20~50m，林地80~100m，采用样方法的沿断面线做样方，样方间隔为样方长度的5倍以上；采用样线法的可直接用断面线做样线，或沿断面线间隔一定距离以垂直于断面线的线为样线。测定密度、盖度、优势度、频度、高度、质量等，并记录到样方登记表(表6-18)中。

2. 统计分析

用测量数据可进行如下分析：相对密度、相对盖度、相对优势度、相对频度、相对高度、重要值等，并填于表6-19中。

3. 根据分析写出实习报告

实习报告的内容主要包括：

(1)天然植被群落所处的地理位置、生境状况和利用状况。

(2)植物群落的种类组成。

(3)垂直结构。

(4)水平结构。

(5)时间结构。

表6-18 样方登记表

样方编号____ 调查地点____ 调查日期__年__月__日 样方面积____m^2 总盖度____%

植物种	高度		冠幅(cm)	盖度(%)	株(丛)数	质量		物候期	频度(%)
	生殖枝	营养枝				鲜重	干重		2 3 4 5 6 7 8 9 10

表6-19 样方统计分析表

日期____ 地点______ 群落编号________ 观测人______________ 样方大小_________

植物种	密度	相对密度	优势度	相对优势度	频度	相对频度	重要值

【思考题】

荒漠化地区植被恢复的好坏与哪些因素有关?

实验80 沙地人工植被综合效益评价

【实验目的】

了解沙地人工植被综合效益评价的内容；掌握沙地人工植被综合效益评价的方法。

【实验原理】

沙地人工植被是沙地生态系统中的一个重要的环节，它包括人工种植的乔木、灌木和草地等，是一个复合的人工生态系统，它是沙区群众赖以生存的物质和能量基础，而且具有调节气候、防风固沙、保持水土、美化环境等多种功能。因此，沙地人工植被在综合效益上发挥作用的好坏，直接体现到当地农民的生活质量的好坏。在近期的研究中，人们习惯于将沙地植被的综合效益进一步表述为生态效益、经济效益和社会效益，这几个效益来自同一生态经济系统中，相互之间有着密切的内在联系，但也有区别。

沙地人工植被系统不是一个简单的自然生态系统，在这个系统中产生的所有物质，包括能够进入市场的林产品和不能进入市场的非市场产品，都包含了人类劳动，都是以某种资源投入和劳动投入而产生的产品，不管其形态如何，都是人们的劳动成果，这为计量沙地人工植被综合效益奠定了经济基础。

随着对人工植被综合效益的研究逐渐深入，人们越来越注重综合效益的定量研究。这些研究根据其主要理论依据，可以分为两类：即以经济学为主要理论依据的计量研究和以生态学为主要理论依据的定量评价。

1. 以经济学为主要理论依据的计量研究

沙地人工植被综合效益的经济计量是对沙地人工植被效益价值量的估算和评价，这里有3种观点：一是认为综合效益的经济评价方法是建立在马克思主义政治经济学原理之上，即马克思主义的劳动价值论、级差地租理论和节约理论是研究公益效能计量方法和计量模型的理论基础；二是以社会主义经济中的最佳效能理论为评价的理论基础；三是以边际效用理论为基础。

关于综合效益的计量方法，国内外有多种多样。国外的计量方法分为两类：一是效果评价法；二是消耗评价法。效果评价法是依据人工植被的利用程度，如在人工植被的影响下，农作物产量的提高、农业劳动生产率的提高、水费的节约及损失的减少等对人工植被作出评价。消耗评价方法是评价利用、保持和加强公益效能的直接和间接消耗，主要有4种方法：①商品价值法；②等效益替代法；③费用价值法；④还原价值法。

2. 以生态学为主要理论依据的综合效益的定量评价研究

从生态经济系统的观点出发，以提高系统的整体功能为目的，许多人以生态学为主要依据，对生态经济效益的指标体系和定量评价方法进行探讨。周庆生对生态经济型防护林体系生态经济效益评价指标体系进行探讨，对各指标进行量化，得出生态经济指标的得分值，进行评价。北京林业大学朱金兆等提出了水土保持林生态效益评价指标体系，这些研究结构大都是以一些合适的数学方法确定一个定量数值——生态效益指数或综合效益指数等，从而实现生态效益或综合效益的定量化。

综合起来，沙地人工植被综合效益评价的内容包括：沙地人工植被的水文生态效益、土壤改良效益、防风固沙效益、改善小气候效益、农作物增产效益、供氧量、固定二氧化碳，人工植被的直接经济效益等。

(1)水文生态效益

沙地人工植被中的不同层次对降水的截留、蒸散、吸渗作用，减弱了地表径流速度，增加了土壤拦蓄量，同时改善了土壤结构和物理性质，提高了沙地土壤的抗冲、抗蚀性能。另外，根系的固土作用，综合表现为涵养水源、保土减沙等效益。

①植被冠层截留降水：分别在各种沙地人工植被中选择有代表性的标准地和空地作为观测对象。放置雨量筒，测定每次降雨量、降水强度和降雨过程。植被冠层截留量(I)可以表达为：

$$I = P_{冠层下} - P_{空地}$$

②枯枝落叶层水文生态作用：在人工植被内设置标准地，沿对角线机械分布样方，收集枯落物，烘干后测得现存蓄积量，并随时间变化测定其分解率和分解量。

③人工植被下的土壤入渗：采用双环刀法，测定土壤的初渗速度、入渗量、入渗时间等，测定入渗过程和土壤饱和导水率。

④坡面径流与泥沙：根据观测地区植被的典型性和实验的对比性，选择实验标准地，布设坡面径流小区，观测每次产流、产沙过程，分析计算场暴雨坡面产流产沙量，并和空白小区对照进行比较。

(2)土壤改良效益

①对土壤理化性质的改良作用：采用土壤化验的方法，先挖土壤剖面，进行土壤调查，填写土壤剖面调查记录表，并按要求采取图样，带回室内，测定土壤的物理性质(土壤密度、土壤质地、孔隙度、水稳性团粒结构)。同时，测定土壤化学性质(全氮、全磷、全钾、有机质、速效氮、速效钾、pH 值等)，具体参照上海科技出版社的《土壤理化分析》。

②土壤抗冲抗蚀效益：根据不同立地条件的人工植被类型，在实验区内布设若干标准地，在样地内分层采集土壤剖面。样品带回室内，风干备用。同时，收集调查区的基本资料。

土壤抗冲性测定：采用静水崩解法，取 5cm × 5cm × 5cm 原状土体置于木板上，后放在静水中测定其崩解速度，即冲失的土重和时间，用崩解速度冲失率(%)和时间长短来说明其抗冲性强弱，也可以采用原状土冲刷法。

土壤抗蚀性测定：通过测定土壤团聚体在静水中的分解速度，来比较土壤的抗蚀性能大小，并用水稳性系数 K 表示。

(3)防风固沙效益

防风固沙效益可以采用该地区修建人工植被前后，大风减少的次数、降低风速以及砂粒吹失的量来计算该效益。可以选择不同结构类型的防护林带(紧密结构、疏透结构、通风结构)，在防护林带迎风面 1H、3H、5H、7H、10H，林带背风面 1H、3H、5H、7H、10H、15H、20H 以及对照点处分别布设风速仪、风积量的观测标杆，在不同时间进行观测。同时，可同高度观测风速，计算不同距离林带的防风效益和阻沙效益。对于人工草地来说，主要是减少了砂粒吹失量，这部分生态效益可以用人工植被建立前后每年砂粒流失量计算。

(4)改善小气候效益

小气候效益实验首先是选择不同的典型天气(包括晴天、多云和阴天)进行小气候观测，同时与无人工植被的空旷地进行比较，进而计算各类人工植被的小气候效益。

(5)农作物增产效益

农作物的增产效益主要是计算有无人工植被农作物的产量差异。在有人工植被(主要是防护林)的保护下农作物的增产公式为：

$$R = \frac{(S - S_0)}{S_0} \times 100\%$$

式中 R——相对增产或者减产率；

S——有林带保护的农田的平均单位面积产量(kg)；

S_0——无林带保护的农田的平均单位面积产量(kg)。

S 的测算方法：根据网格农田面积的大小，选出几十个或者更多样方。样方选择原则为：在网格中间部位大体上平均分配，在林带附近可设密些。根据实测记录绘出林网作物产量等值线平面图，再根据此图按不同产量的面积进行加权平均，求出平均产量。

(6)供氧量

在沙地，人工植被主要由乔灌木组成，由于森林形成 1t 干物质可以释放氧气 1.2t，再根据森林每年形成的干物质的总量，就可以计算出森林每年的供氧量。根据森林年材积生长量和树木枝、根年生长量为材积生长量的25%，以及木材的平均体积质量为 0.45t/m^3，可以计算出森林每年的干物质量：

$$W_i = 1.2SRPG_i$$

$$W = \sum W_i$$

式中 W_i——造林在第 i 年释放的氧气(T)；

S——造林面积(m^2)；

R——保存率(%)；

P——容积密度比(T/m^3)；

G_i——第 i 年标准林分生长量(m)；

W——森林释放氧气总量(T)。

(7) 固定二氧化碳

森林固定二氧化碳量根据光合作用和呼吸作用方程式可得森林每生产 1T 干物质需要 1.6T 二氧化碳；根据森林的年生长量，可以计算出森林每年固定二氧化碳的总量。

$$T_i = 1.6SRPG_i$$

$$T = \sum T_i$$

式中 T_i——造林在第 i 年吸收的二氧化碳(T)；

S——造林面积(m^2)；

R——保存率(%)；

P——容积密度比(T/m^3)；

G_i——第 i 年标准林分年生长量(m)；

T——森林吸收二氧化碳总量(T)。

(8)人工植被的直接经济效益

经济效益的统计量一般有以下4种方式：

①净现值：$NPV = \sum Bt/(1+e)^t - \sum Ct/(1+e)^t$

②内部收益率：$IRR = e^1 + NPV_1(e^1 - e^2)/(NPV_1 - NPV_2)$

③现值回收期：$\sum Bt/(1+e)^t = \sum Ct/(1+e)^t$，然后求 n 即可。

④益本比：$B/C = \sum Bt/(1+e)^t / \sum Ct/(1+e)^t$

通过这4种计算方式来计算和评价沙地人工植被的经济效益。

【器材与用品】

雨量筒、样方框、测绳、GPS定位仪、皮尺、野外用秤、环刀、铝盒、风速仪、风积量的观测标杆、集沙仪、记录本、铅笔等。

【实验步骤】

1. 标准地选择、径流小区选择

根据实际需要，选择不同的人工植被标准地，面积20m×20m，径流小区最好结合当地水保站的径流观测站进行。沙地人工林标准地面积一般为30m×30m，也可以根据实际情况设定。

2. 调查、测定、计算、土壤理化性质分析测定、土壤抗冲性、抗蚀性测定等

通过标准地、样方法结合室内测试分析测定水文生态效益、土壤改良效益、防风固沙效益和改善小气候效益；通过标准地调查，计算农作物增产量；通过调查人工森林面积、造林保存率，在森林里面设置标准地调查林分的年生长量求算沙地人工森林吸收二氧化碳、释放氧气的量；运用实际调查计算沙地人工植被的净现值、内部收益率、现值回收期和益本比。

3. 沙地人工植被效益分析

在前面所得的基础数据的基础上，对沙地人工植被的综合效益进行分析。

【思考题】

1. 沙地人工植被的综合效益体现在哪些方面？
2. 如何分析防护林的防风固沙效益？

【参考文献】

1. 付荣恕，刘林德. 2004. 生态学实验教程[M]. 北京：科学出版社.

2. 张广军，赵晓光. 2005. 水土流失及荒漠化监测与评价[M]. 北京：中国水利水电出版社.

附录 1

各种标准物质与标准数据

1. 选择标准物质的原则

标准物质应该是容易得到的，而且化学稳定、不会自然变化、也不易与其他物质发生反应，其各种物理性能稳定，晶体对称性较高，X 衍射图谱衍射线条不多，且数据稳定，不易变化。

在选用标准物质时，标准物质的衍射线最好靠近待测物的衍射线，但两者的衍射线不重叠或尽量少重叠。

2. 各种标准物质

牌号	名称或化学式	用途	PDF 卡号	晶系	晶胞参数	
					a	c
			基本标准物质			
SRM640a	硅粉	2θ 角校正	27 - 1402	立方	5.430 825	
SRM675	云母	小 2θ 角校正	16 - 344	单斜	$d_{(001)}=9.981\ 04$	
SRM676	$\alpha-Al_2O_3$ 粉末	强度标准	29 - 63	三方	4.758 846	12.993 06
SRM1976	刚玉（块状 α-Al_2O_3）	强度标准	29 - 63	三方	4.758 846	12.993 06
SRM660	LaB_6	线形标准	34 - 427	立方	4.156 90	
			二级标准物质			
	钨粉	2θ 角校正	4 - 806	立方	3.165 29	
	银粉	2θ 角校正	4 - 783	立方	4.086 2	
	蓝宝石（$\alpha-Al_2O_3$）	2θ 角校正	10 - 173	三方	4.758 846	12.993 06
	尖晶石（$MgAl_2O_4$）	2θ 角校正	21 - 1152	立方	8.083 1	
	石英（SiO_2）	2θ 角校正	33 - 1161	六方	4.913 3	5.405 3
	金刚石（C）	2θ 角校正	6 - 675	立方	3.566 7	
	铝（Al）	2θ 角校正	4 - 787	立方	4.049 4	
	方解石（$CaCO_3$）	2θ 角校正	5 - 586	六方	4.989	17.062
	$Zn_5(NO_3)_2(OH)_8\cdot 2H_2O$	小 2θ 角校正	24 - 1460	单斜	a. 19.480 b. 6.238	c. 5.517
	萤石结构（CeO_2）	强度标准	34 - 394	立方	5.411 34	
	刚玉结构（Cr_2O_3）	强度标准	38 - 1479	三方	4.958 76	13.594 2
	金红石（TiO_2）	强度标准	21 - 1276	四方	4.593 65	2.958 74
	纤维锌矿（ZnO）	强度标准		六方	3.249 82	5.206 61

3. 标准衍射数据

(1)硅 SRM640a

测定温度25.0℃，CuK_{α}辐射，2θ值为计算值，I(rel)为实测值，可有±3%的不确定度。

HKL	2θ	I(rel)	HKL	2θ	I(rel)
111	28.443°	100	511，333	94.955	6
220	47.304°	55	440	106.712	3
311	56.124°	30	531	114.096	7
400	69.132°	6	620	127.550	8
331	76.378°	11	533	136.900	3
422	88.033°	12	444	158.644	—

(2)云母 SRM675

HKL	2θ	I(rel)(不变狭缝)	HKL	2θ	I(rel)(不变狭缝)
001	8.853	81	007	65.399	2.0
002	17.759	4.8	008	76.255	2.0
003	26.774	100	0010	101.025	0.5
004	35.962	6.8	0011	116.193	0.5
005	45.397	28	0012	135.674	0.1
006	55.169	1.6			

注：使用θ补偿狭缝，I(rel)从θ补偿狭缝算得。

(3)$\alpha-Al_2O_3$ SRM1976

HKL	扫描角度范围		相对强度		点阵参数
	低	高	积分面积	峰高	
012	24.7	26.2	32.34	33.31	a = 4.758 846Å (109) c = 12.993 06Å (24) λ (CuK_{α}) = 1.506 29Å
104	34.0	36.2	100.0	100.0	
113	42.4	44.2	51.06	49.87	
024	51.8	53.3	26.69	25.17	
116	56.0	59.0	92.13	83.6	
300	67.4	69.0	19.13	16.89	
(1.0.10)(119)	75.7	78.2	55.57	34.61	
(0.2.10)	88.1	89.7	11.76	8.99	
(226)	94.3	96.0	10.14	7.25	
(2.1.10)	100.1	102.0	16.13	10.94	
(3.24)(0.1.14)	115.4	117.4	20.86	10.09	
(1.3.10)	126.8	128.95	15.58	7.56	
(146)	135.2	137.4	15.47	6.55	
(40.10)	144.3	146.7	11.29	4.06	

附录 2

沙区土壤类型识别与土壤剖面观察

1. 灰漠土剖面

2. 灰棕漠土剖面

3. 砾幂及砾石表面的漆皮

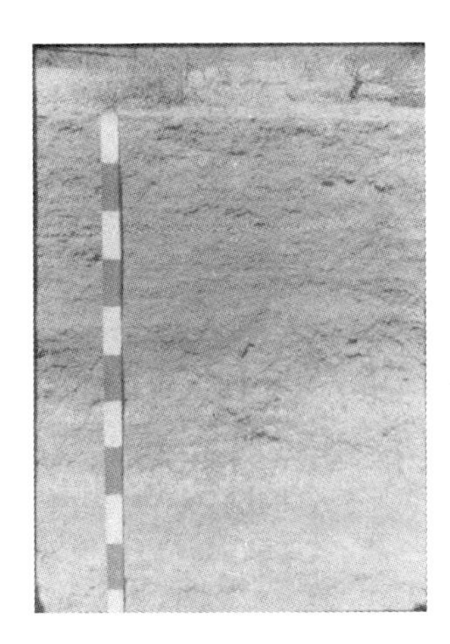

4. 棕漠土剖面

5. 黑钙土剖面

6. 栗钙土剖面

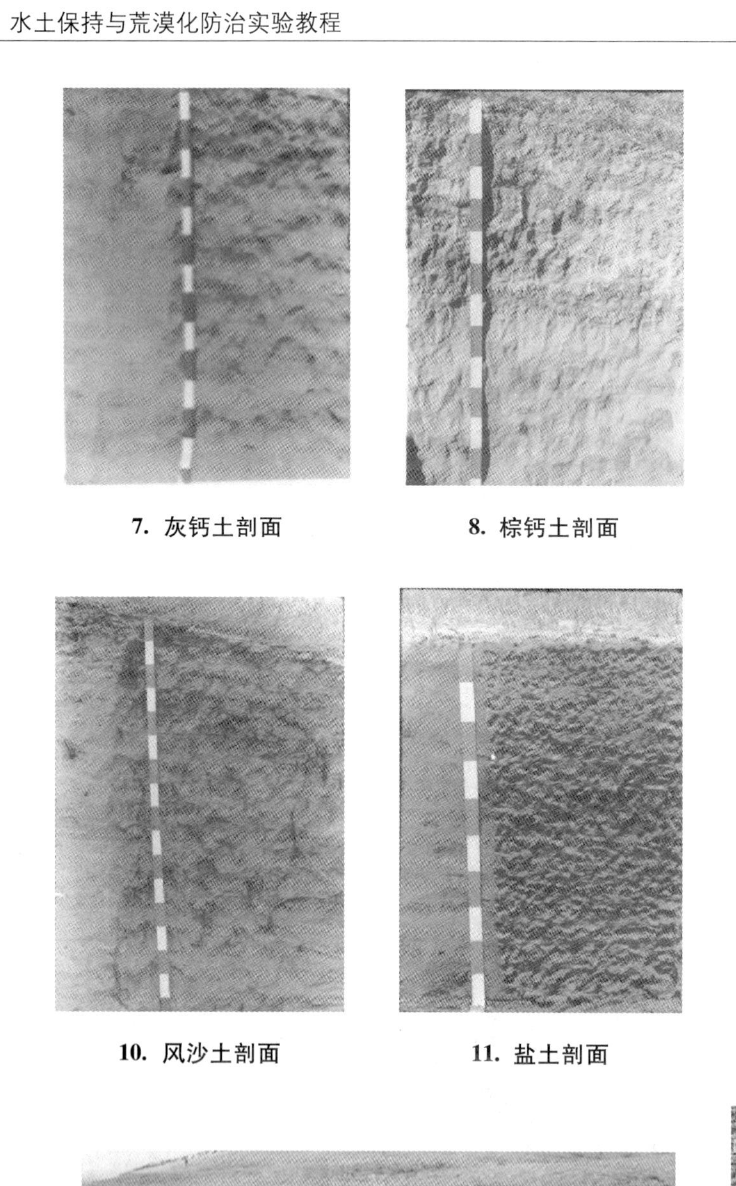

7. 灰钙土剖面 **8.** 棕钙土剖面 **9.** 黑垆土剖面

10. 风沙土剖面 **11.** 盐土剖面 **12.** 碱土剖面

13. 高山草甸土剖面

14. 草甸土剖面

附录 3

次生盐渍化土壤类型识别与土壤剖面观察

15. 滨海次生盐土

16. 沼泽次生盐土

17. 草甸次生盐土

18. 残余次生盐土

19. 洪积次生盐土